Introduction to Optical Satellite Remote Sensing Engineering Design

光学卫星遥感工程设计导论

陈博洋　欧阳平超　陈桂林◎编著

人民邮电出版社

北　京

图书在版编目（CIP）数据

光学卫星遥感工程设计导论 / 陈博洋，欧阳平超，
陈桂林编著. -- 北京 : 人民邮电出版社，2024. 12.
ISBN 978-7-115-64592-0

Ⅰ．TP72

中国国家版本馆 CIP 数据核字第 2024GT8123 号

内 容 提 要

　　本书对与光学卫星遥感工程相关的问题进行全面的剖析和深入的解读。首先，讲解光学卫星遥感的基本概念与光学卫星遥感涉及的基本定理等；其次，剖析光学卫星遥感仪器的结构与性能、遥感资料接收与分发、图像几何定位和数据辐射定标等内容；最后，对与遥感图像处理相关的图像投影、图像基本变换、图像编码与压缩、图像复原、图像增强及彩色图像融合与重建等内容进行讲解。

　　本书涉及的内容广泛、技术思想凝练，从系统论角度突出工程相关各部分的优势互补，并深入阐述核心原理和关键技术，力图深入浅出地讲解相关内容的实际应用。本书对从事光学卫星遥感相关技术研发领域的科研人员、产业从业人员，相关专业的高校学生以及对卫星遥感工程感兴趣的读者，具有一定的参考价值。

◆　编　　著　陈博洋　欧阳平超　陈桂林

　　责任编辑　邢建春

　　责任印制　马振武

◆　人民邮电出版社出版发行　　北京市丰台区成寿寺路 11 号

　　邮编　100164　　电子邮件　315@ptpress.com.cn

　　网址　https://www.ptpress.com.cn

　　固安县铭成印刷有限公司印刷

◆　开本：787×1092　1/16

　　印张：16.75　　　　　　　　　2024 年 12 月第 1 版

　　字数：420 千字　　　　　　　　2024 年 12 月河北第 1 次印刷

定价：159.80 元

读者服务热线：**(010)53913866**　印装质量热线：**(010)81055316**
反盗版热线：**(010)81055315**
广告经营许可证：京东市监广登字 20170147 号
审图号：GS 京（2024）1802 号

这本书讲了什么

卫星遥感在当今社会发挥的作用越来越大。随着科学技术进步，卫星遥感获取图像的能力越来越强，观测数据在气象、海洋、地表观测和科学研究中发挥了至关重要的作用。

卫星遥感是一个多学科交叉的综合领域，涉及天文学、电磁学、光学、机械学、大气学、电子学、图像学等学科。本书系统性讲解卫星遥感图像获取与图像处理，并对其中问题的解决方案进行针对性阐述，希望帮助读者迅速建立起卫星遥感体系的整体概念，从而抛砖引玉，针对实际工作中的问题和读者共同探讨可行的解决方案，共同提高我国遥感技术及其应用水平。

在一个领域，首先要解决"不知为何"的问题，继而再解决"不知何为"的问题。

"不知为何"是说我们不清楚工作与学习的科学目的，不清楚要解决的具体是什么问题。解决遥感工作中的"不知为何"问题，首先要有系统思维，建立起系统的概念，从而综合评估，抓住问题的主要矛盾，进而再解决"不知何为"的问题。

在编写本书的过程中，作者十分注重遥感工程的系统性，力求前后呼应，从而在遥感工程系统级上抓住主要矛盾、解决具体的遥感问题，促进遥感科学的发展。

在科学研究层面，任何一项技术都要符合它的理论基础，而理论要符合它背后的逻辑，进而符合哲学思想。如"基于小波变换的噪声抑制"是一项具体技术，它的理论基础是小波变换能够有效分离真正的信号和噪声信号，逻辑层面则是真正的信号和噪声信号可以分离（假如两种信号就像两杯纯水倒在一起，那无论如何都无法分离），那么在哲学层面，就是真正的信号和噪声信号这两个"主体"之间存在特征差异：这个链条可以适用于各种技术概念。那怎么把科学研究成果更好地用于工程建设呢？

工程中的需求一定来自发生了某种"现象"要加以改变，如卫星遥感图像出现了噪声需要抑制，那么必然有具体的图像规格、基本的噪声特性分析等参数，但必须注意，这些参数是在具体工程中定义约束下的参数，所以明确定义、分析参数显然是具体技术应用的基础，定义和参数是互相匹配的，从而根据定义和参数来明确具体技术在工程中的应用；而遥感图像中出现噪声的理论基础则是遥感图像获取过程中存在误差来源，逻辑层面可以理解为实际系统普遍存在误差，同样地，哲学层面可以归结为实际系统和理论系统这两个"主体"之间存在特征差异，这与技术分析在哲学层面是辩证统一的。

如何阅读这本书

卫星遥感涵盖众多学科，各种需求概念、建设理念、方案设计和技术选择错综复杂，本书针对遥感这个多学科交叉综合领域，从多维度分析阐述卫星遥感的物理过程、基本概念和处理方法，明确卫星遥感面对的"为何"问题和技术方面"何为"解决方案的映射关系，针对卫星遥感图像获取与处理的问题建立分析和解决问题的思路，为丰富多样的卫星遥感工程提供支撑。当然，要加以说明的是，本书不提倡全部程式化地对应具体工作的每个概念，这仅是作者为大家提供的一种分析和解决问题的思考方式；同时，抛开卫星遥感图像获取的背景内容，图像处理部分可以作为图像处理方法学习研究的独立章节。

本书以实际遥感工程为背景，以作者团队在卫星遥感工程中的实际经验为主要内容，力争理论与实践相结合，强调问题分析与处理方法的遥相呼应，强调静态定义与动态实施过程的相辅相成，形成科学、工程与技术相呼应的整体结构体系，编写层面强调以下"三个统一"。

1．原理与技术方法的统一

例如，图像退化模型，在遥感原理中剖析图像降质的物理机理，包括探测器、光学特性与遥感过程衰减等，使物理特性映射到退化模型，从而对图像复原处理的方法进行针对性选择，提高对问题的理解和把握能力。

2．科学技术与工程的统一

例如，在卫星工程中各种定标方法的综合运用，通过对不同方法特性进行分析，从精度、时效、工程操作可行性等方面设计工程定标，以达到最优效果，从而在分析科学问题的同时，把"如何进行工程设计"作为一个科学问题进行分析阐述，强化科学技术的工程应用。

3．概念与动态过程的统一

概念和公式都是静态的，但实际问题是动态的，如定标研究中掌握坐标系转换只是工作的入门，科学问题是如何在特定具体的实际问题中获取观测方程变量，这是基本概念与实际问题动态过程的有机统一，是强调在理论概念基础上对动态过程的掌握。

围绕遥感工程设计，本书共分为12章，系统全面地讲解卫星遥感图像获取与处理中的相关知识，包括光学、大气学、天文学、图像学等学科，因此本书既可以作为初学者的入门教材，帮助其循序渐进开展卫星遥感相关内容的学习，也可以作为资深工作者随时查阅的工具书，为其工作提供便利。

对初学者，建议您从头至尾，耐心地开展系统性学习。本书按照遥感图像获取与处理的物理过程链条进行编写，从头至尾阅读，可以更准确地建立系统性概念、掌握卫星遥感图像获取与处理的相关技能，从而为以后的学习与工作奠定坚实的基础。

对毕业生，假设您已经掌握了一些卫星遥感图像获取与处理的基本科学概念，以及相关处理技能，那么您可以采取跳跃式阅读，直接跳跃到您感兴趣的章节，以提高阅读效率；也可以前后章节进行跳跃阅读，对解决的问题和采用的技术进行相关学习研究。

对从业者，此时您已经是卫星遥感领域的专家，但在工作时不可避免地需要对公式和方法等进行查阅，从而确认一些细节，使工作更加精确、高效，此时可进行查阅式阅读，即把本书作为工具书，随时查阅内容以满足工作的需要，从而高质量完成遥感方面的工作。

希望本书能给您提供有益的建议。

本书最终成稿，离不开领域内很多同行的支持，惠雯、饶鹏、陈凡胜、冯绚、韩昌佩、吴亚鹏、朱怀中、王保勇、李秀举等人参与了本书的编写，在此一并感谢。

当然，由于能力有限，书中难免出现不准确之处，敬请读者批评指正。

目 录

第1章

卫星遥感基础

卫星在当今社会发挥的作用越来越大，越来越多的卫星被发射升空为人类服务。总体来说，通信、导航、遥感卫星是服务作用中的主体部分，其中对地遥感卫星的作用是帮助人类在宇宙空间观测地球。通过对地遥感卫星数据可深入了解农业、林业、海洋、国土、环保、气象等自然现象和环境变化。

如不做特殊说明，本书中的"遥感卫星"均指对地遥感卫星。

1.1 遥感卫星分类

随着遥感卫星的数量越来越多、功能越来越强大，对遥感卫星进行准确的分类是遥感研究与应用的基础，有利于科学交流与讨论。从不同的角度看，遥感卫星可以有不同的分类，下面从常用的分类角度对遥感卫星进行介绍。

1.1.1 按轨道分类

卫星在飞行过程中，隐去了卫星第一特征参数卫星飞行的轨道，即在宇宙空间中的飞行轨迹。卫星轨道如图 1-1 所示，基于卫星轨道可以有不同的分类角度，下面从不同角度对卫星进行分类说明。

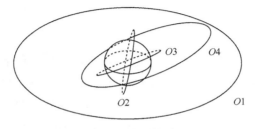

图 1-1　卫星轨道

1. 轨道高度

轨道高度是指卫星飞行时距星下点地球表面的垂直距离，严格地描述卫星轨道需要多个参量，这里仅建立基本的概念。对圆形轨道用轨道高度描述比较准确；对大椭圆轨道来说，这种描述并不准确。圆形轨道卫星基本可分为高轨卫星、低轨卫星。

高轨卫星中有一类卫星的轨道高度是 35786km，即地球同步轨道卫星。图 1-1 中 *O1* 显示了地球同步轨道在宇宙中的位置，卫星轨道位于赤道上空、距离地球表面 35786km。运行在这条轨道上的卫星的最大特点是其轨道周期与地球自转周期相同，卫星相对地球表面就好像静止不动一样，所以称该轨道为地球同步轨道，该轨道卫星也被称为静止卫星。理论上一颗静止卫星的观测范围可覆盖地球表面的 1/3，但是因为静止卫星距离地球较远，与低轨卫星相比，其劣势是卫星接收到的观测目标的能量较弱、地表空间分辨率低。

低轨卫星通常指 1000km 高度以下的卫星。图 1-1 中 *O2*、*O3* 都是低轨道。与高轨道相比，低轨道距离地球表面的高度要低很多。常用的低轨遥感卫星高度为 500～900km，包括海洋卫星、陆地卫星和气象卫星。对于军事卫星来说，降低轨道高度可以提高空间分辨率，便于看得更"清晰"，所以军事卫星的轨道往往会更低一些。

此外还有中轨道，介于低轨道和高轨道之间。中轨卫星可兼顾地球表面覆盖面积和空间分辨率等性能。

2．轨道形状

卫星轨道可以为圆形，也可以为椭圆形。图 1-1 中 *O4* 为大椭圆轨道，除此都为圆形轨道。大椭圆轨道不能简单地用轨道高度来表征其参数，因为该轨道上的卫星运行时距离地球表面的高度是不断变化的，极端距离分别被称为远地点和近地点。

合理设置大椭圆轨道可以使卫星在远地点保持较长的停留时间，因为地球静止轨道卫星只能定点于赤道上空，受地球曲率影响，对高纬度地区观测的地球表面空间分辨率比赤道地区低很多，所以基于大椭圆轨道的某些特点，可将其近似当作高纬度地区的"静止卫星"。

3．轨道覆盖

处在不同轨道上的卫星飞越地球表面的区域是不一样的，因此可以利用不同的轨道特征来观测不同目标。典型的卫星轨道如极轨卫星所在轨道。图 1-1 中 *O2* 为极轨，*O3* 主要覆盖范围是低纬度地区，即赤道附近。

还可以从更详尽的细节来描述不同卫星轨道的卫星差别，这里不再一一列举，但总的来说，轨道是卫星的第一特征，是描述卫星的重要参数。

1.1.2　按波段分类

麦克斯韦电磁理论统一描述了不同波长的电磁波，电磁波在真空中的传播速度约为 $3 \times 10^8 \text{m/s}$，因此无论在哪个轨道上进行地球遥感观测，基本可视为采样与观测同时发生，即卫星接收到的信息为采样时刻目标发出的光，这与天文学观测有很大不同。

依照波长不同，电磁波谱可大致分为无线电波、微波、红外光、可见光、紫外光、X 射线和伽马射线（λ射线）。光学遥感一般指遥感仪器在紫外光到红外光之间探测目标能量。

在光学对地遥感波段，大气层是遥感仪器与被观测地物目标之间不可逾越的一道屏障，大气对不同波长的光的作用也不同。根据能否透过大气进行地球表面观测，通常将光的波段分为窗区波段、吸收波段等。窗区波段指波长处在该范围内的光在大气传输中的透过率较高，吸收波段则指波长处在该范围内的光在大气传输中的透过率很低甚至为零，透过率为零则无法进行地面观测。

目前在遥感中使用的一些大气窗区波段如下，其他则为吸收波段。

① 0.3～1.155μm，包括部分紫外光、全部可见光和部分近红外，即紫外光、可见光、近红外波段，其中，0.3～0.4μm，透过率约为 70%；0.4～0.7μm，透过率大于 95%；0.7～1.1μm，透过率约为 80%，该波段是摄影成像的最佳波段，也是许多卫星遥感仪器成像的常用波段。如 Landsat 卫星有效载荷 TM 的 1～4 波段、SPOT 卫星的 HRV 波段等。

② 1.4～1.9μm，近红外窗区，透过率为 60%～95%，其中 1.55～1.75μm 的透过率较高，在白天日照条件好的时候遥感成像常用这些波段。如 TM 的 5、7b 波段等用来探测植物含水量以及云、雪，或用于地质制图等。

③ 2.0～2.5μm，近红外窗区，透过率约为 80%。

④ 3.5～5.0μm，中红外窗区，透过率为 60%～70%，这一区间除地面物体反射太阳辐射外，地面物体自身也有长波辐射。如 NOAA 卫星的 AVHRR 遥感仪器用 3.55～3.93μm 获得昼夜云图来探测海面温度；根据维恩定律，峰值发射波长在该波段的物体温度在 400K 以上，所以该波段常被用来观测地球表面火点。

⑤ 8.0～14.0μm，热红外窗区，透过率约为 80%。主要观测来自物体热辐射的能量，遥感中常被用于探测地物温度，该波段可设置分裂窗开展探测，利用相近通道的差分来表现目标细节。

图 1-2 所示的是相同区域目标的不同波段遥感图像。图 1-2（a）所示的是可见光图像，可见光遥感能量来自目标反射的太阳光，所以对地形极其敏感，容易看清目标的几何细节特征；图 1-2（b）所示的是窗区红外图像，红外图像主要观测目标的温度，窗区红外的特点是受大气影响较小，所以既可以看到陆地，又可以较清晰地看到目标的轮廓，但是细节不丰富，与图 1-2（a）相比，其目标温度的梯度没有地形梯度大；图 1-2（c）所示的是水汽红外图像，是大气吸收波段，顾名思义，该波段受大气中水汽的影响较大，因此观测到的是大气中水汽的分布，由通道特性决定，该通道几乎看不到地球表面，且由于大气中的水汽浓度在空间上是连续变化的，该通道图像看来更加"柔和"连续。

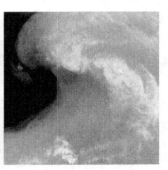

（a）可见光图像　　　　　　　（b）窗区红外图像　　　　　　　（c）水汽红外图像

图 1-2　相同区域目标的不同波段遥感图像

图 1-3 显示了 0.5～15μm 不同波长的透过率情况，可知，不同遥感波段在遥感中发挥的作用有很大不同，因此遥感仪器的波段设计要根据科学目的进行严谨的分析论证。

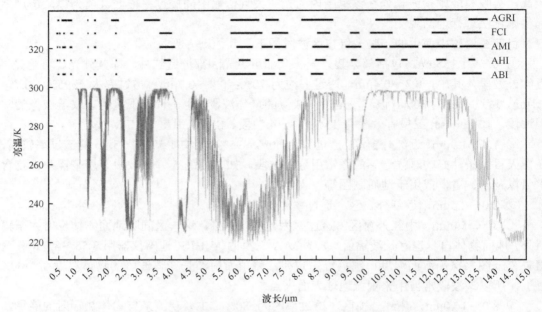

图 1-3   5 台同期静止轨道气象卫星成像仪器的波段设置

1.1.3   按质量分类

一般质量在 1000kg 以上的卫星被称为大卫星或大型卫星。质量在 1000kg 以下的人造卫星被称为"微小卫星"，进一步可细分为："小卫星"，100～1000kg；"微卫星"，10～100kg；"纳卫星"，1～10kg；"皮卫星"，0.1～1kg；"飞卫星"，0.1kg 以下。

由于发射成本等，卫星质量是非常宝贵的资源，质量大意味着卫星燃料多、搭载的仪器多，具有更多的硬件资源等优势，但是大卫星不可避免地存在着建造成本高、周期长等问题，而小卫星相对灵活，但是性能很难和大卫星匹敌。所以不同质量的卫星各有优势，根据实际需求加以设计研制。

1.1.4   按用途分类

按照卫星用途，我国的民用业务遥感卫星主要有气象卫星、陆地卫星和海洋卫星 3 种。这 3 种卫星形成了我国民用业务遥感卫星的主体。

气象卫星是以搜集气象数据为主要任务的遥感卫星，为气象预报、台风形成和运动过程监测、冰雪覆盖监测和大气与空间物理研究等提供大量实时数据。

陆地卫星的主要作用为调查地下矿藏、地下水资源，监视和协助管理农、林、畜牧业和水利资源的合理使用，预报和鉴别农作物的收成，研究自然植物的生长和地貌，考察和预报各种严重的自然灾害（如山体滑坡）和环境污染，拍摄各种目标的图像，以绘制各种专题图（如地质图、地貌图、水文图）等。

海洋卫星是以搜集海洋资源及其环境信息为主要任务的遥感卫星，主要用于海洋水色色素的探测，为海洋生物的资源开发利用、海洋污染监测与防治、海岸带资源开发、海洋科学研究等领域服务。

1.1.5　按用户类型分类

从用户类型上看，遥感卫星大体上分为军用卫星、民用卫星。生活中经常接触的卫星大多为民用卫星。著名的军用卫星有美国的锁眼（KH）系列等。锁眼卫星是美国 1962 年开始准备的，现在使用的是 1989 年发射的锁眼 12，锁眼 12 空间分辨率高。除此外，还有 3 个特点：一是可以机动变轨，侦察时可以改变卫星的轨道、降低高度等；二是大幅度侦察和详查结合；三是通过航天飞机给卫星补充燃料，实现空中补给。

1.1.6　按辐射来源分类

本小节谈的辐射来源与工作波段不同，工作波段不同，其实辐射来源也不同，如可见近红外波段主要来自目标对太阳辐射的反射，而红外遥感主要来自目标的红外辐射。但是本小节提到的按辐射来源分类指的是辐射源是否为卫星主动发射。

大多数光学遥感是被动遥感，即观测的目标辐射来自自然界，自然目标辐射源主要来自反射太阳光和自身红外辐射，原理与人们生活中的数码相机以及人眼工作原理非常类似。

主动遥感，如激光雷达等，光源主动发出辐射能量，然后接收目标返回能量，计算后得到目标参数。

1.1.7　按工作时间分类

卫星飞行掠过目标的时间严格受轨道约束，在应用中直接谈及卫星工作时间能够带来更直接、准确的沟通效果。例如，卫星上搭载的微光遥感仪器工作时间段在夜晚，用来观测地球表面灯光或者在月光下成像，晨昏卫星主要在星下点地方的晨昏线附近观测，虽然这些卫星都通过设计其轨道实现在特定时间段的观测目的，然而用晨昏卫星、微光仪器等代表其某方面观测特点的名称进行交流，显然更具特色和方便。

卫星发展越来越复杂，单一的分类不能准确分列所有卫星，而且很多卫星从不同角度分类具有不同特点，所以工作时要清楚每种分类表述的侧重点。

1.2　遥感工程基本流程

光学卫星遥感工程是一个严密的体系，一颗成功的卫星需要各个环节统一目标、开展系统性设计，才能取得预期效果。光学卫星遥感工程基本流程主要回答以下问题。

想要观测什么目标？需要一颗什么样的卫星？怎么才能研制出这颗卫星？这颗卫星如何在轨工作？数据处理怎么实现？数据应用发挥最大价值的途径？

1.2.1 卫星研制与发射

在光学卫星遥感工程中，卫星研制与发射是初始化过程，即首先具备卫星观测能力。

1. 指标分析与卫星研制

卫星的研制要根据科学目的严谨分析论证，即首先要明确卫星的研制目标和指标。通常来说，卫星指标来自既定的科学目标和工业制造水平，科学目标是牵引，工业制造是保障，实际上卫星指标往往是二者的平衡。

指标论证需要综合考虑多方因素，图 1-3 所示是 5 台同期静止轨道气象卫星成像仪器的波段设置，分别是中国静止气象卫星成像仪器 AGRI、欧洲静止气象卫星成像仪器 FCI、韩国静止气象卫星成像仪器 AMI、日本静止气象卫星成像仪器 AHI、美国静止气象卫星成像仪器 ABI。从图 1-3 可以看出，在波段选择上，5 台仪器略有不同，且在相同波段上，波段宽度略有不同，即使 AMI、AHI 和 ABI 这 3 台仪器是同一家公司制造的。所以说，指标的科学分析论证是卫星研制的牵引，且要结合实际工业制造能力，保证卫星的性能是满足需求的最优结果。

2. 卫星发射与测控

如何将卫星发射到预定工作地点是一个重要问题。火箭和航天飞机是人类迄今掌握的能够发射卫星的两种途径，在航天飞机全部退役后，火箭是目前唯一可选的工具。

选择不同的卫星发射场进行航天发射，依据是不同的发射场能够借助的"地球资源"不同，地球可近似为一个各地线速度不同的刚性自转球体，火箭脱离地球表面进入太空需要足够的速度，地球表面上不同地点的线速度是不同的，因此不同位置发射场的火箭具有不同的初始速度，显然初始速度越大，对发射越有利，再结合卫星轨道特点就可在航天发射方面确定卫星发射场位置。同时也要兼顾考虑气候、地形、交通和安全等方面因素。

1.2.2 遥感观测与数据获取

卫星发射成功，经过一系列测试后就可以开始工作，即为人类在太空中观测地球家园。卫星在轨工作时并不是"断线的风筝"，还有一根"线"要紧紧攥在卫星地面管控系统的"手"里，并且观测数据要尽快传回数据中心才能加以应用。

1. 卫星在轨运行管控

卫星在轨运行管控主要是对卫星的工作状态加以监视、对卫星工作发布指令等。当然，不同卫星的管控密度是不同的，要根据工作场景、工作目标等进行合理的设计。

2. 遥感数据传输

卫星观测的数据要传回地球，供人类使用才会产生价值。除早期应用较多返回式吊舱外，目前卫星观测数据基本利用无线电回传。卫星遥感数据传输链路如图 1-4 所示。

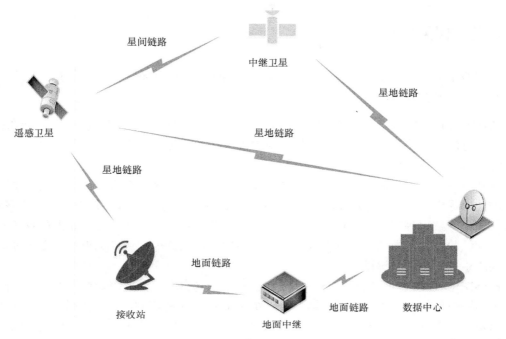

图 1-4　卫星遥感数据传输链路

1.2.3　遥感图像处理

光学遥感成像卫星类似于生活中的数码相机，但是工作环境不同导致二者的设计思路、工作模式等有天壤之别，各种复杂的工况条件使得光学遥感卫星的观测数据要经过一系列处理才能使用。

1. 数据预处理

预处理一般指遥感资料从原始数据到定量化图像的过程。从卫星原始观测数据到定量化图像的主要工作是几何定位和辐射定标。几何定位指赋予图像中每个像素自己的地理经纬度信息，辐射定标指观测数据的无量纲观测值转换成有明确物理意义的辐射值，定位和定标分别解决了"看哪里""看多少"的问题，这两项工作解决的是"定量化图像前"的问题，统称为预处理。

光学遥感卫星的定量化观测与应用趋势越来越明显，国际上主要的光学遥感卫星可见光波段辐射定标精度都要求在 5%以内，其中较好的数据可以做到 2%左右；红外波段辐射定标精度都达到了 0.5K 以内，其中较好的数据可以做到 0.1K～0.2K。面对定量化应用发展趋势，尤其是长时间数据集的地球参数（如气候）变化研究，定标是遥感数据处理中极其重要的工作。

2. 图像处理

面向遥感图像的图像处理的主要目的是通过图像处理方法，便于使用者从中获取感兴趣的信息。图像处理内容庞大，新技术层出不穷，如遥感图像的人工智能处理是当下的重要方向之一。

1.2.4　遥感图像分析与应用

光学遥感数据主要在图像解译、产品反演和模式同化等方面发挥重要作用。

1．图像解译

图像解译也称图像判读，最通俗的解释就是"看图"，它是较传统、较基本的光学遥感图像应用方法。据统计，人眼获取的信息约占人类获取的总信息的 80%，而图像是人眼观察世界的基本单元，视频是流动的图像。

遥感卫星在宇宙空间对地球目标成像，从更广阔的空间区域把瞬时地气三维信息固化成二维图像提供给人类。研究人员通过对这些图像的观察，获得图像表现出来的几何形状、大小、色调、纹理等方面的特征，进而明确图像中的事物本质，并结合研究人员具备的相关理论和经验知识，揭示出事物在成像瞬时的性质，加以分析推测目标事物的变化过程。这就构成了基本的图像解译工作。

遥感图像种类繁多，空间分辨率、时间分辨率、光谱段、时效等参数千变万化，因此不同遥感图像的信息关注点是不一样的。附图 1 显示了 4 幅不同的遥感图像，4 幅图像信息重点是完全不同的，因此我们关注的要点也有很大的不同。首先附图 1（a）和（b）是彩色图像，而附图 1（c）和（d）是黑白（灰度）图像。其次 4 幅图像的空间分辨率不同，分别是 0.6m、2m、30m 和 1000m，可以看出不同空间分辨率所能表现出的细节特征不同，0.6m 图像基本能分清十字路口的车辆排队情况，对公园中树木的分布情况也做到了一目了然；2m 图像对港口布局、船只停泊情况看得非常清楚；30m 空间分辨率图像中城市的轮廓，以及在城市中有一个运动场、一个机场是显而易见的；1000m 空间分辨率灰度图清晰地显示了台风"利奇马"的云系结构。不同空间分辨率表现出的细节特征不同，显然分辨率越高，看到的细节越清晰；同时，在遥感仪器基本性能相当的条件下，空间分辨率越高则展示的目标概貌越少，从十字路口到码头，再到一个城市、一个台风云系，空间分辨率的降低有利于观测尺度的增大，因此遥感卫星的观测性能要与其观测目的相符。

2．产品反演

广义上讲，卫星的所有产出都可以视作卫星的产品，这里需要加以定义，此处提到的产品反演中的产品是指卫星观测结果转换后的能反映大气、陆地和海洋变化特征的多种定量的地球物理参数。一方面，地球目标的物理参数可以直接表述为研究目标的状态量；另一方面，产品可以通过定量化的方式用数值准确描述目标的状态值。

卫星观测是一个正过程，即众多真实存在的物理现象作为条件共同约束了观测结果，在时间顺序上，存在着"发生""观测"的先后过程，无论这个过程多么短暂，这个过程都是存在的。当然，由于光的巨快速度，在一般处理和应用情况下，可以把数据当作观测时间的目标状态。观测过程如式（1.1）所示。

$$I = \sum \text{factor}_i \qquad (1.1)$$

众多因素共同决定了卫星观测结果，从式（1.1）可以看出，当 $i > 1$ 时，仅有一个观测方程是无法准确解出决定观测效果的各因素状态的，因此多波段观测、各种辅助信息的应用对产品反演是必要的。由于定量产品的计算特性，观测数据的定量化是定量产品的基础，确定观测数据的辐射量值的过程叫作辐射定标，换句话说，辐射定标是定量产品的基础，也是预处理工作的重要核心。

风云四号 A 星（FY-4A）搭载的有效载荷 AGRI 是典型的多波段成像仪，观测波段从 0.47 μm 到 13.5 μm 分布了 14 个通道，在辅助信息支撑下，通过通道间的相互计算可以生成数十个定量产品，从概念上看，遥感数据获取定量产品的过程可以看作式（1.1）的逆过程。

3．模式同化

一种典型的模式同化是数值天气预报（NWP）。NWP 是根据大气实际情况，在一定的初始值和边界条件下，通过大型计算机对数值进行计算，求解描述天气演变过程的流体力学和热力学的方程组，预测未来一定时段的大气运动状态和天气现象的方法。

NWP 首先要建立一个较好的反映预报时段（短期、中期、长期）的 NWP 模式，模式所用或所根据的方程组与大气动力学中的方程组相同，即由连续方程、热力学方程、水汽方程、状态方程和 3 个运动方程所构成的方程组。方程组中含有 7 个预报量（速度沿 x、y、z 方向的分量 u、v、w、温度 T、气压 p、空气密度 ρ 和比湿 q）和 7 个预报方程，方程组中的黏性力 F、非绝热加热量 Q 和水汽量 S，一般被当作时间、空间和这 7 个预报量的函数。

卫星观测值作为模式初始场和边界条件加入计算，是 NWP 的重要支撑，尤其高精度定量化的观测数据是 NWP 的重要需求，由此可见遥感数据定量化是遥感应用的重要发展方向之一。

1.3　典型光学遥感卫星与仪器

1.3.1　气象卫星

气象卫星携带各种气象观测仪器，主要目的是测量如大气温度、湿度、风、云等气象要素以及各种天气现象。

1．我国的气象卫星

我国从 1977 年开始研制我国自己的气象卫星——风云系列气象卫星，1988 年发射了风云系列第一颗卫星——风云一号 A 星。

风云系列气象卫星已发展出两类 4 个型号。其中，低轨道气象卫星包括风云一号和风云三号两个型号，地球静止轨道气象卫星包括风云二号和风云四号两个型号。风云一号系列气象卫星是我国第一代极地轨道气象卫星，已经成功发射 4 颗；风云二号系列气象卫星是我国第一代地球静止轨道气象卫星，已经成功发射 7 颗；风云三号系列气象卫星是我国第二代低轨道气象卫星，已经成功发射 6 颗，相较于风云一号，其在功能和技术上向前迈进了一大步，实现了三维大气探测，大幅度提高了全球资料获取能力，进一步提高了云区和地表特征遥感能力，从而能够获取全球、全天候、三维、定量、多光谱的大气、地球表面和海洋表面特性参数；风云四号系列气象卫星是我国第二代地球静止轨道气象卫星，可实现多光谱、高精度定量化测量，可获取地球表面和云的多通道高质量图像，实现大气温湿度三维结构探测、闪电探测，进行云图等遥感产品的广播，已成功发射 2 颗，计划发展光学遥感和微波遥感两种类型的卫星。

风云三号 D 星（FY-3D）和风云四号 A 星（FY-4A）这两类卫星的不同观测特点如下：低轨道气象卫星分辨率高、仪器多、全球巡航，负责全球气象要素收集，一颗 FY-3 气象卫星一天内对地球表面同一地点进行两次观测；地球静止轨道气象卫星负责"站岗放哨"，在地球表面上方同一地点连续不断进行观测，可以对地球表面同一地点高频次观测，获取高时间分辨率的观测数据，这对气象快变目标监测十分有利。FY-3D 卫星遥感仪器主要指标如表 1-1 所示，FY-4A 卫星遥感仪器主要指标如表 1-2 所示。

两类气象卫星联合工作为气象应用提供了不同侧重点的观测数据，目前仅有美国、欧盟和中国同时成功发展了低轨道和地球静止轨道两类气象卫星。

表 1-1　FY-3D 卫星遥感仪器主要指标

仪器名称	主要性能参数
中分辨率光谱成像仪（MERSI-Ⅱ）	通道：25 个 空间分辨率：250m（8192 个探元）/1000m（2048 个探元） 重访周期：1 次/天（VIS、NIR、SWIR 通道），2 次/天（MWIR、TIR 通道）
微波湿度计（MWHS-Ⅱ）	工作频率：183GHz，118GHz 通道：15 个 空间分辨率：32km（118GHz），16km（183GHz） 重访周期：2 次/天
微波温度计（MWTS-Ⅱ）	工作频率：50～57GHz 通道：13 个 空间分辨率：32km 重访周期：2 次/天
红外高光谱大气探测仪（HIRAS）	波段：3 个 通道：1370 个 空间分辨率：16km 重访周期：2 次/天
微波成像仪（MWRI）	工作频率：10～89Hz 通道：10 个 重访周期：1 次/天
近红外高光谱温室气体监测仪（GAS）	波段：4 个（NIR、SWIR） 空间分辨率：10km 重访周期：1 个月
广角极光成像仪（WAI）	波段：140～180nm 空间分辨率：10km 重访周期：1 次/天
电离层光度计（IPM）	波段：135.6nm，140～180nm（LBH 带） 空间分辨率：30km 重访周期：1 次/天 采样频率：20s（氧），2s（氮）

续表

仪器名称	主要性能参数
全球导航卫星掩星探测仪（GNOS）	空间分辨率：300km 垂直分辨率：0.5km 重访周期：2周
空间环境监测器（SEM）	探测能量范围：电子（0.25～2.0MeV），质子（6.4～38MeV），α粒子（15～60MeV）

表 1-2　FY-4A 卫星遥感仪器主要指标

仪器名称	主要性能参数
先进的静止轨道辐射成像仪（AGRI）	通道：14 个 空间分辨率：VIS（0.5～1km），NIR（2km），IR（4km） 时间分辨率：15min/地球圆盘 MTF>0.2
干涉式大气垂直探测仪（GIIRS）	光谱范围：700～1130cm^{-1}，1650～2250cm^{-1} 空间分辨率：VIS（2km），IR（16km） 时间分辨率：1h/（5000km×5000km）
闪电成像仪（LMI）	空间分辨率：7.8km 探测器规模：400×600，共计 240000 个像元 波长：777.4±1nm 帧时：2ms

2. 其他国家和地区的气象卫星

1958 年，美国发射的人造卫星开始携带气象仪器。1960 年，美国发射了人造试验气象卫星"泰罗斯"1 号，星上装有电视摄像机、遥控磁带记录器及照片资料传输装置。从 1960 年至 1965 年，美国共发射了 10 颗"泰罗斯"气象卫星，其中最后两颗是太阳同步轨道卫星。1966 年，美国研制并发射了实用气象卫星"艾萨"1 号，它是美国第二代太阳同步轨道气象卫星，轨道高度约为 1400km，星下点分辨率为 4km。日本、欧洲也发射了地球静止气象卫星。印度发射了通信广播和气象多用途卫星。目前，全球性的气象卫星网已形成。

国外极轨气象卫星主要有美国 NOAA 和 DMSP 系列卫星、欧洲 METOP 系列卫星。考虑到军用极轨气象卫星和民用极轨气象卫星的任务基本相同，都是收集、处理和分发气象、海洋和空间环境数据，为减少重复开发并节约开支，美国计划将 NOAA 和 DMSP 卫星系统整合为军民共用的国家极轨业务环境卫星系统，但最终仅改组并维持了民用的联合极轨卫星系统。METOP 是欧盟计划发展的极轨气象观测系统的重要组成部分，并与美国 NOAA 气象卫星一起组成双星运行的全球观测系统。欧洲太阳同步轨道气象卫星是在借鉴美国 NOAA 极轨气象卫星成熟经验的基础上发展起来的，且根据未来气象观测的应用需求，增加了若干包括高光谱大气温湿廓线、痕量气体、海面风场等方面的探测仪器，在探测技术的继承性和前瞻性上具有自身特色。

静止气象卫星主要有欧洲 Meteosat 系列、美国 GOES 系列以及日本的 GMS 和 MTSAT

系列卫星。Meteosat 的主要有效载荷为可见光和红外成像仪，在静止气象卫星中它是第一个有水汽通道的仪器；欧洲第二代静止气象卫星（MSG）是自旋稳定卫星，但与 Meteosat 系列相比，MSG 在通道数量、成像时间、空间分辨率、量化等级等方面有重大改进；欧洲第三代静止气象卫星（MTG）采用三轴稳定姿态，其发展思路是面向高空间分辨率、高光谱分辨率的全波段成像、探测综合观测，并积极开展大气痕量气体监测。美国第一代静止气象卫星业务系列共发射 5 颗，由 2 颗同步气象卫星（SMS）和 3 颗地球静止环境卫星（GOES）组成；GOES-D～H 为美国第二代地球静止环境业务卫星，与第一代相比，其最大改变是除成像外还有垂直探测功能；美国第三代静止气象卫星（GOES-I～Q）的观测能力有重大飞跃，成像与垂直探测独立、同时进行，且探测区域可在东西、南北两个方向灵活控制，观测频次大为增加。日本 GMS 卫星研制主要采取日美合作的方式进行，GMS 卫星 20 多年来只发射 5 颗，但相当稳定可靠，起了重要的作用；日本第二代静止气象卫星（MTSAT）是三轴稳定多用途卫星，与 GMS 系列相比，除姿态变化外，首次实现了可见光分辨率达到 0.5km，探测灵敏度和量化等级都获得极大的提高。第五代 NOAA 卫星部分载荷主要指标如表 1-3 所示，GOES-R 卫星载荷主要指标如表 1-4 所示。

表 1-3   第五代 NOAA 卫星部分载荷主要指标

名称	空间分辨率/km	幅宽/km
先进的甚高分辨率辐射计-3	1.1	2900
先进的微波探测仪-A1	50	2100
先进的微波探测仪-B	16	2100
高分辨率红外辐射探测器-3	18.9/20.3	1080
微波湿度探测器	16.3	1078

表 1-4   GOES-R 卫星载荷主要指标

仪器名称	主要性能参数
多通道扫描成像辐射计	通道：16 个 空间分辨率：VIS、NIR（0.5～1km），IR（2km） 时间分辨率：5min/地球圆盘[*]

[*]注：指仪器的观测能力，不等于业务模式。

1.3.2 陆地卫星

陆地卫星是探测地球资源与环境的遥感卫星，主要用于地球陆地资源的调查、监测与评价，是对地遥感卫星中的主要类型。

1. 我国的陆地卫星

我国已陆续发射资源一号、资源二号和资源三号卫星。资源一号卫星，又称中巴地球资源卫星，于 1999 年 10 月首次发射，由中国和巴西联合研制，是我国第一代传输型地球资源卫星，包含资源一号 01 星（已退役）、02 星（已退役）、02B 星（已退役）、02C 星、04 星、04A 星 6 颗卫星；资源二号卫星是我国自主研制的传输型遥感卫星，主要应用于国土普查、城市规划、作物估产、灾害监测和空间科学试验等领域，于 2000 年 9 月发射，具有轨道机动能力，空间分辨率可以达到 3m；资源三号卫星是我国首颗自主的民用高分辨率光学传输型立体测绘卫星，发射于 2012 年 1 月，星上搭载前、后、正视相机，可获取同一地区 3 个不同观测角度的立体像对，提供三维几何信息。

资源一号 01/02 星平台分别搭载 3 种传感器：CCD 相机、红外多光谱扫描仪（IRMSS）、宽视场成像仪（WFI）。CCD 相机有蓝、绿、红、近红外和全色 5 个光谱段，采用推扫式成像技术获取地球图像信息，并有侧视功能（测视范围为 ±32°），由波段决定仪器只在白天工作；红外多光谱扫描仪有可见光、短波红外和热红外 3 个谱段，采用双向扫描技术获取地球图像信息，可昼夜成像；宽视场成像仪具有红光和近红外谱段，由于扫描幅宽达 890km，因而 5 天内可对地球覆盖一遍。3 台遥感仪器的图像数据传输均采用 X 频段。CCD 相机数据传输分两个通道，红外多光谱扫描仪和宽视场成像仪共用第 3 个数据传输通道。图像数据经编码、调制、变频和功放由天线发射出射频信号，在卫星经过地面站上空时，被地面接收站接收。

资源一号 02B 星是具有高、中、低 3 种空间分辨率的对地观测卫星，搭载了 CCD 相机、高分辨率（HR）相机、WFI；02C 星搭载有全色多光谱相机和全色高分辨率相机，具有两个显著特点，一是配置的 10m 分辨率的 P/MS 多光谱相机是当时我国民用遥感卫星中最高分辨率的多光谱相机，二是配置的两台 2.36m 分辨率的 HR 相机使数据的幅宽达到 54km，从而使数据覆盖能力大幅增强，重访周期大大缩短。资源一号 04 星共搭载 4 台相机，其中 5m/10m 空间分辨率的全色多光谱（PAN）相机和 40m/80m 空间分辨率的红外多光谱扫描仪（IRS）由我国研制，20m 空间分辨率的多光谱（MUX）相机和 73m 空间分辨率的宽视场成像仪由巴西研制。资源一号 04A 星搭载了 3 台光学载荷，包括我国研制的宽幅全色多光谱相机、巴西研制的多光谱相机和宽视场成像仪。宽幅全色多光谱相机是中巴资源合作卫星中分辨率最高的相机，分辨率从资源一号 04 星相机的 5m 提升至 2m，拍摄幅宽从 04 星相机的 60km 提升至 90km 以上。资源一号 04 星载荷指标如表 1-5 所示。资源三号 02 星载荷指标如表 1-6 所示。

表 1-5　资源一号 04 星载荷指标

载荷	波段号	波长/μm	空间分辨率/m	幅宽/km	侧摆能力	重访周期/天
全色多光谱相机（PAN 相机）	1	0.51～0.85	5	60	±32°	52
	2	0.52～0.59	10			
	3	0.63～0.69	10			
	4	0.77～0.89	10			
多光谱相机（MUX 相机）	1	0.45～0.52	20	120	—	26
	2	0.52～0.59	20			
	3	0.63～0.69	20			
	4	0.77～0.89	20			

续表

载荷	波段号	波长/μm	空间分辨率/m	幅宽/km	侧摆能力	重访周期/天
红外多光谱 扫描仪（IRS）	1	0.50～0.90	40	120	—	26
	2	1.55～1.75	40			
	3	2.08～2.35	40			
	4	10.4～12.5	80			
宽视场成像仪 （WFI）	1	0.45～0.52	73	866	—	5
	2	0.52～0.59	73			
	3	0.63～0.69	73			
	4	0.77～0.89	73			

表 1-6　资源三号 02 星载荷指标

有效载荷	波段号	波长/μm	空间分辨率/m	幅宽/km	量化等级/bit	标准景尺寸	侧摆能力	重访周期/天	全球覆盖能力/天
前视相机	—	0.50～0.80	2.5					3～5	
后视相机	—	0.50～0.80							
正视相机	—	0.50～0.80	2.1						
多光谱相机	1	0.45～0.52	5.8	51	10	51km×51km	±32°	3	59
	2	0.52～0.59							
	3	0.53～0.69							
	4	0.77～0.89							

2．其他国家和地区的陆地卫星

国外的陆地卫星系列主要包括美国陆地卫星 Landsat、法国陆地观测卫星 SPOT、欧洲空间局（简称欧空局）地球资源卫星 ERS、俄罗斯钻石卫星 Almaz、日本地球资源卫星 JERS、印度遥感卫星 IRS。

Landsat 系列卫星自 1972 年起陆续发射，是美国用于探测地球资源与环境的系列地球观测卫星系统，曾被称作地球资源技术卫星。Landsat-8 是美国陆地卫星计划的第 8 颗星，星上携带陆地成像仪（OLI）和热红外传感器（TIRS）。OLI 被动感应地球表面反射的太阳辐射和散发的热辐射，有 9 个波段的感应器，覆盖了从可见光到红外的不同波长范围。与 Landsat-7 卫星的 ETM+传感器相比，OLI 增加了一个蓝光波段（0.433～0.453μm）和一个短波红外波段（1.360～1.390μm），蓝光波段主要用于海岸带观测，短波红外波段包括水汽强吸收特征，可用于云检测。TIRS 具有很好的性能，可收集地球热量流失数据，了解所观测地带水分消耗情况，特别是干旱地区水分消耗情况。Landsat-8 波段设置如表 1-7 所示。

SPOT 是法国研制的地球观测卫星系统，包括一系列卫星及用于卫星控制、数据处理和分发的地面系统。SPOT 系列卫星有相同的卫星轨道和相似的传感器，均采用线阵电荷耦合器件（CCD）的推扫式光电扫描仪，并可以在 27°左右侧视观测。由于 SPOT-1/2/4/5/6/7 卫星具有侧视观测能力，且卫星数据空间分辨率适中，因此在资源调查、土地管理、大比例尺地形图测绘等方面有着十分广泛的应用。SPOT-6 和 SPOT-7 具有相同的性能指标，全色分辨率为 1.5m，多光谱分辨率为 6m，总幅宽为 60km，SPOT-6 和 SPOT-7 星群能够以每天 $6×10^6 km^2$ 的覆盖能力重访地球上的任何地方。

ERS-1、ERS-2、ENVISAT-1 这 3 颗对地观测雷达卫星由欧空局研制。ERS-1 卫星是欧空局的第一颗对地观测卫星，于 1991 年发射，卫星高度在 782～785km；ERS-1 卫星的后继星 ERS-2 卫星于 1995 年发射；ENVISAT-1 卫星于 2002 年发射，星上的先进合成孔径雷达（ASAR）传感器与 ERS-1/2 卫星的合成孔径雷达（SAR）相比，具有较大改进，可使用多种侧视角、两种不同极化方式进行对地观测。雷达卫星使用雷达波进行遥感，属于主动遥感，雷达波可穿透云层，因此 ERS-1/2 和 ENVISAT-1 卫星不受被观测地区天气的影响，可以全天时、全天候地进行观测。

俄罗斯分别于 1991 年和 1998 年将 Almaz 系列雷达成像卫星——Almaz-1 和 Almaz-1B 送入倾角为 73° 的非太阳同步圆形近地轨道。其中，Almaz-1 是一颗对地观测雷达成像卫星，工作在 S 波段（中心频率为 3.125GHz），采用单极化、双侧视工作方式，入射角可变（30°～60°），分辨率达到 10～15m。Almaz-1B 是一颗用于海洋和陆地探测的雷达卫星，星上搭载 3 种 SAR 载荷，即 SAR-10（波长为 9.6cm，分辨率为 5～40m）、SAR-70（波长为 7cm，分辨率为 15～60m）和 SAR-10（波长为 3.6cm，分辨率为 5～7m），3 种 SAR 载荷均采用 HH 方式。

日本地球资源卫星（JERS-1）发射于 1992 年，是将光学传感器和 SAR 系统设置于同一平台上的卫星，卫星携带新一代的合成孔径雷达和光学传感器，能覆盖全球的陆地。合成孔径雷达是一种有源微波传感器，通过接收来自地球表面的反射脉冲信号值，进行地物判读。光学传感器采用 CCD 相机进行对地观测，接收 7 个波段的地面反射光谱，包括可见光、近红外、远红外等。两种传感器的地面分辨率均为 18m，可提供影像清晰的图像。

IRS 是印度研制的地球观测卫星系统，自 1988 年起陆续发射。已发射的 IRS 系列卫星包括 IRS-1C、IRS-1D、IRS-2A、IRS-2B、IRS-2C、IRS-P3、IRS-P4、IRS-P6、IRS-P5 等。IRS 系列卫星提供了不同空间分辨率、光谱分辨率和时间分辨率的卫星数据。IRS-P6（RESOURCESAT-1）卫星于 2003 年发射，它具有典型的光学遥感卫星的特点，星上携带 3 个传感器（多光谱传感器 LISS-3 和 LISS-4 以及高级广角传感器 AWIFS），接收空间分辨率为 5.8m 的全色图像信息和空间分辨率为 23.5m 与 56m 的多光谱信息。

表 1-7　Landsat-8 波段设置

波段号	波段特点	波长/μm	空间分辨率/m	主要用途
1	海岸波段（Coastal）	0.433～0.453	30	主要用于海岸带观测
2	蓝光波段（Blue）	0.450～0.515	30	用于水体穿透，分辨土壤植被
3	绿光波段（Green）	0.525～0.600	30	用于分辨植被
4	红光波段（Red）	0.630～0.680	30	处于叶绿素吸收区，用于观测道路、裸露土壤、植被种类等
5	近红外波段（NIR）	0.845～0.885	30	用于估算生物量、分辨潮湿土壤
6	短波红外波段 1（SWIR1）	1.560～1.660	30	用于分辨道路、裸露土壤、水，在不同植被之间有好的对比度，并且有较好的大气、云雾分辨能力

波段号	波段特点	波长/μm	空间分辨率/m	主要用途
7	短波红外波段 2（SWIR2）	2.100～2.300	30	用于岩石、矿物的分辨，也可用于植被覆盖和湿润土壤辨识
8	全色波段（Pan）	0.500～0.680	15	为 15m 分辨率的黑白图像，用于增强分辨率
9	卷云波段（Cirrus）	1.360～1.390	30	包含水汽强吸收特征，可用于云检测
10	热红外波段 1（TIRS1）	10.60～11.19	100	感应热辐射的目标
11	热红外波段 2（TIRS2）	11.50～12.51	100	感应热辐射的目标

1.3.3　海洋卫星

海洋卫星是针对地球海洋表面进行观测的遥感卫星，主要用于海洋温度场、海流、海浪、海盐等方面的动态监测。

1．我国的海洋卫星

海洋卫星专用于对海洋进行观测。海洋卫星搭载的各种传感器接收来自海面目标发射或反射的特定波长范围的电磁波信号，研究人员通过对电磁波信号的处理和分析获取海洋环境信息。我国的海洋卫星体系以海洋水色卫星、海洋动力环境卫星、海洋监视监测卫星三大类为主。其中海洋水色卫星主要用于探测叶绿素、悬浮泥沙、可溶性有机物、污染、海冰和海流等；海洋动力环境卫星主要用于探测海洋风速、风向、海面高度、冰面拓扑、波高、波向及波谱、海洋重力场、大地水准面、洋流海表面温度、海流潮汐、内波、岸带水下地形、污染等；海洋监视监测卫星主要用于探测海面高度、有效波高、海面风速、海洋重力场、潮汐洋流、大气水汽等。

海洋一号（HY-1）海洋水色卫星系列：以全球海洋的叶绿素浓度、悬浮泥沙、可溶性有机物等海洋水色信息，以及海表温度、海冰、海雾、赤潮、绿潮、污染、突发事件和海岸带动态变化信息等为观测目标。遥感载荷为海洋水色扫描仪和海岸带成像仪，可以提供 250～1000m 空间分辨率的可见光、红外卫星数据。HY-1A 属于试验型业务卫星，于 2002 年 5 月 15 日发射成功，总计在轨 686 天，为我国海洋卫星系列的发展奠定了技术基础。HY-1D 卫星于 2020 年 6 月发射，与 HY-1C 组网观测，增加了观测次数，同时还增加了紫外观测波段和星上定标系统，加大了海岸带成像仪的覆盖宽度、提高了空间分辨率。

海洋二号（HY-2）、中法海洋卫星（CFOSAT）海洋动力环境卫星系列：以全球海面高度、海面风场、海表面温度、有效波高、海浪谱、海表盐度、海洋重力场等海洋动力环境要素为观测目标。遥感载荷包括微波散射计、雷达高度计和微波辐射计等，提供的数据空间分辨率（25km）较低，主要用于满足海洋动力环境预报、海洋灾害预警等要求。2011 年 8 月 16 日，我国海洋动力环境卫星 HY-2A 发射，它集主动、被动微波遥感器于一体，具有高精度测轨、定轨能力与全天候、全天时、全球探测能力，使我国首次具备了全天候、全天时观测海洋的能力。2020 年 9 月，HY-2C 卫星发射。CFOSAT 作为我国和法国两国合作研制的首颗卫星，实现了海洋表面风浪的大面积、高精度同步联合观测，我国提供的扇形波束旋转扫描散射计可以与法国提供的海浪波谱仪（SWIM）实现观测角互补，对研究海洋动力环境作用过程和表面散射特性具有重要意义。

海洋三号（HY-3）海洋监视监测卫星系列：以对全球船舶、岛礁、海上构筑物、海冰、海上溢油等海面目标，以及海面风场、海浪方向谱、内波、锋面、中尺度涡、海底地形等海洋现象和地形特征进行大范围、高精度、高时效的监视监测为目标。遥感载荷为多极化、多模式合成孔径雷达，该传感器可以不受天气影响提供卫星数据，其空间分辨率最高可达米级，但是观测范围有限。

2．其他国家和地区的海洋卫星

国外对海洋卫星的研制起步较早，全球专用海洋卫星 Seasat 由美国于 1978 年发射，成功实现了对海岸带水色的观测。

美国 Nimbus-7 雨云气象卫星，载有海岸带水色扫描仪（CZCS）和扫描多频道微波辐射计（SMMR）；美国 SeaStar 卫星，载有宽视场水色扫描仪（SeaWiFS）；日本 ADEOS 系列卫星，其中 ADEOS-1 载有海洋水色温度扫描仪（OCTS）和 Ku 波段主动式微波散射计（NSCAT），ADEOS-2 载有高级微波扫描辐射计（AMSR）、全球成像仪（GLI）和海风探测器（SeaWinds）；印度 IRS 卫星，IRS-P3 载有模块式光电扫描仪（MOS）、宽视场扫描仪（WiFS）。国外主要水色遥感卫星性能如表 1-8 所示。

表 1-8　国外主要水色遥感卫星性能

卫星	载荷	通道/nm	空间分辨率/km	观测范围
Nimbus-7	CZCS	443，520，550，670，750，11500	0.825	近全球
SeaStar	SeaWiFS	412，443，490，510，555，670，765，865	1.1	全球
ADEOS-1	OCTS	412，443，490，520，565，670，765，865，3715，8525，10800，12000	0.7	全球
IRS-P3	MOS	408，443，485，520，570，615，685，750，756.7，760.6，763.5，766.4，815，870，945，1010，1600	1.5（776nm） 0.5（其他）	全球

美国和法国联合研制的 TOPEX/Poseidon 卫星，主载荷为 NASA 双频（C 波段和 Ku 波段）雷达高度计，以及 Jason-2/3 卫星，主载荷为 Poseidon-3 和 Poseidon-3B 激光反射计；欧空局研制的 Envisat 卫星，主载荷为 RA-2 雷达高度计。国外主要遥感卫星雷达高度计性能如表 1-9 所示。

表 1-9　国外主要遥感卫星雷达高度计性能

卫星	载荷	工作频率/GHz	空间分辨率/km	观测范围	重访周期
TOPEX/Poseidon	NASA	5.3，13.6	30	全球	
Jason-2/3	Poseidon-3/Poseidon-3B	5.3，13.58	30	全球	1月@30km间隔；10天@100km 间隔
Seasat	ALT	13.5	12	全球	
Envisat	RA-2	3.2，13.6	20	全球	

美国 Seasat 卫星，主载荷为海洋状态卫星系统（SASS），主要有 5 类海洋遥感探测器，即 SAR、雷达高度计、微波散射计、多通道扫描微波辐射计、可见光红外辐射计；美国 QuickSCAT 卫星，主载荷为 SeaWinds；欧洲 ERS 卫星，与海洋有关的载荷包括有源微波仪、合成孔径雷达（SAR）、测风散射计、雷达测高计、轨道跟踪扫描辐射计和微波探测器，主载荷为 SAR；日本 ADEOS-1 卫星，载荷包括微波扫描辐射计（AMRS）、臭氧总量映射光谱仪（TOMS）、风散射计（NSCAT）及海洋色彩和温度扫描仪（OCTS），主载荷为 NSCAT。国外主要遥感卫星微波散射计性能如表 1-10 所示。

表 1-10　国外主要遥感卫星微波散射计性能

卫星	载荷	工作频率/GHz	空间分辨率/km	观测范围	重访周期
Seasat	SASS	14.599	50	全球	1.5 天
QuickSCAT	SeaWinds	13.4	12.5～50	全球	1 天
ERS	SAR	5.3	25～50	全球	平均 3 天
ADEOS-1	NSCAT	13.995	25～50	全球	1.5 天

1.3.4　高分系列卫星

高分系列卫星是我国"高分专项"规划的高分辨率对地观测系列卫星，覆盖了从全色、多光谱到高光谱，从光学到雷达，从太阳同步轨道到地球同步轨道等多种类型，构成了一个具有高空间分辨率、高时间分辨率和高光谱分辨率能力的对地观测系统。

高分系列卫星共发射 14 颗对地观测卫星，高分一号于 2013 年发射成功，随后 7 年间，其他 13 颗高分系列卫星陆续发射，2020 年 12 月 6 日高分十四号发射成功，完成了高分卫星专项系统建设的收官之战。

高分一号为光学成像遥感卫星，一次成像可覆盖 64000km²；高分二号也是光学遥感卫星，但全色相机和多光谱相机的空间分辨率都提高了一倍，分别达到了 1m 空间分辨率的全色观测和 4m 空间分辨率的多光谱观测，是我国首颗亚米级民用遥感卫星；高分三号为 1m 空间分辨率的微波遥感卫星，也是我国首颗分辨率达到 1m 的 C 频段多极化合成孔径雷达（SAR）成像卫星；高分四号为地球静止轨道光学卫星，可见光和多光谱空间分辨率优于 50m，红外谱段空间分辨率优于 400m，是全球分辨率最高的地球静止轨道卫星；高分五号搭载的可见短波红外高光谱相机是国际上首台同时兼顾宽覆盖和宽谱段的高光谱相机，不仅如此，还搭载了多部大气环境和成分探测设备，如可以间接测定 PM2.5 的气溶胶探测仪，是同时对陆地和大气进行综合观测的卫星；高分六号的载荷性能与高分一号相似，与高分一号组网实现了对中国陆地区域 2 天的重访观测，极大提高了中高空间分辨率多光谱卫星数据的获取规模和时效；高分七号则属于高分辨率空间立体测绘卫星，是我国首颗民用亚米级光学传输型立体测绘卫星。高分一号到七号卫星载荷主要指标如表 1-11 所示。

高分八号是高分辨率光学遥感卫星，主要应用于国土普查、城市规划、土地确权、路网设计、农作物估产和防灾减灾等领域；高分九号是我国首颗敏捷卫星，可实现卫星快速机动、稳定成像的功能，相机可实现全色分辨率 0.5m、多光谱分辨率 2m；高分十号、十一号和十二号的像元分辨率最高可达亚米级，其中高分十号和十二号是微波遥感卫星，其工作不受气象条件和日照影响，甚至可穿透地球表面植被，而高分十一号是光学遥感卫星，首次实现了单机产品 100%国产化；高分十三号是高轨光学遥感卫星；高分十四号则是光学立体测绘卫星，可高效获取全球范围的高精度立体影像。

表 1-11　高分一号到七号卫星载荷主要指标

卫星	分辨率	幅宽	波段
高分一号	全色 2m，多光谱 8m	60km	全色，蓝，绿，红，近红外
高分二号	全色 0.8m，多光谱 3.2m	45km	全色，蓝，绿，红，近红外
高分三号	1～500m	10～100km	C 波段 SAR
高分四号	50～4000m	400km	可见近红外，中波红外
高分五号	30m	60km	可见光～短波红外，全谱段
高分六号	全色 2m，多光谱 8m	90km	全色，蓝，绿，红，近红外
高分七号	全色≤0.8m，多光谱≤3.2m	≥20km	全色，蓝，绿，红，近红外

第2章

辐射与遥感

物体以辐射的方式向外发射能量,遥感仪器接收能量,目标与遥感仪器通过辐射建立了某种"联系",这种联系就是遥感的本质。物体的辐射特性是遥感的基础,遥感理论分析、遥感仪器设计和应用都是基于物体辐射规律的,因此掌握辐射规律是正确、高效实施遥感工程和开展数据应用的前提条件。

2.1 电磁波与辐射

2.1.1 电磁波

物体内部的分子、电子或者原子在发生能级跃迁时,向外发射出的能量被称为辐射。辐射出的电磁能,在空间中以波的形式存在,形成了电磁波,电磁波是宇宙空间内广泛存在的能量形式,光学对地遥感卫星接收到的能量主要来自目标反射或发射的电磁辐射。

电磁波是一个庞大的家族,波长由短到长分别定义为 γ 射线、X 射线、紫外线、可见光、红外线、微波以及无线电波,这些电磁波中波长最短的 γ 射线波长小于 0.01 Å (埃),$1\text{Å}=10^{-10}\text{m}$,无线电波的波长可达到 30000m,这些电磁波共同构成了电磁波频谱。

电磁辐射在真空中以光速传播,真空中的光速为 $2.99793\ (\pm0.00001)\times10^{8}\text{m}\cdot\text{s}^{-1}$,大气中的光速也非常接近这一数值,不同谱段的电磁波都遵守相同的反射、折射、衍射和偏振等定律,电磁波的波长与其频率满足

$$\lambda f = c \tag{2.1}$$

式中,λ 是电磁波波长,f 是电磁波频率,c 是光速。

人眼通过光来观察世界,我们通常所说的"光"只是在电磁波频谱图上很窄的一段电磁辐射,一般来说,人眼视网膜所敏感的电磁波频率为 $4.3\times10^{14}\sim75\times10^{14}\text{Hz}$,因为是人能够"看见"的,所以这一频带称为电磁波频谱的可见光区。

电磁波的波长是电磁波的重要属性,根据式(2.1),波长和频率可以相互转化。常用

的描述波长的单位有 $1m = 10^2 cm = 10^3 mm = 10^6 \mu m = 10^9 nm = 10^{10} Å$ 。对于光学遥感来说，考虑到波长的数值大小， μm 和 nm 是常用单位。此外，在红外波段，波数也是描述红外波段特征的常用重要单位，表示单位距离内包含的波的个数，波数的定义为

$$\upsilon = \frac{f}{c} = \frac{1}{\lambda} \tag{2.2}$$

显然，当 $\lambda = 1\mu m$ 时，其波数 $\upsilon_{1\mu m} = \frac{1}{1\mu m} = 10^6\,\mathrm{m}^{-1}$ ，通常描述红外光的波数单位用 cm^{-1} 来表示，即 $\upsilon_{1\mu m} = \frac{1}{1\mu m} = 10^4\,\mathrm{cm}^{-1}$ ，所以以 μm 为单位的波长换算成以 cm^{-1} 为单位的波数的简便算法是

$$\upsilon = \frac{10000}{\lambda} \tag{2.3}$$

由此可知， $10\mu m$ 的红外光波数是 $1000\,\mathrm{cm}^{-1}$ 。

2.1.2　辐射量

下面从基本的能量特征推导出不同的术语概念。

1．辐射能
辐射能指电磁辐射携带的能量，能量标准单位为 J（焦耳），这里用 Q 表示辐射能。

2．辐射通量
辐射通量指辐射能发射的速率，即辐射功率，它的单位是 W（瓦）。用 P 表示，则

$$P = \frac{\mathrm{d}Q}{\mathrm{d}t} \tag{2.4}$$

3．辐射通量密度
辐射通量密度指通过单位面积的辐射通量，是辐射发射的面密度，它的单位是 $W \cdot m^{-2}$ （瓦每平方米）。用 F 表示，则

$$F = \frac{\mathrm{d}P}{\mathrm{d}A} \tag{2.5}$$

辐射通量密度是从能量角度定义的，从介质表面角度还可以做如下定义。

辐照度 E ：投射到介质表面的辐射通量密度。

出射度 M ：介质表面发出的辐射通量密度。

辐照度和出射度描述的是辐射介质表面的辐射通量特征，因此谈到辐照度和出射度，其本质仍然是指辐射通量密度，所以 F、E、M 具有相同的物理单位。

4．辐射强度
辐射强度指辐射源在单位立体角内的辐射功率，是辐射传递的空间分布特性，它的单

位是 $W \cdot sr^{-1}$（瓦每球面度）。这里用 I 表示，则

$$I = \frac{dP}{d\Omega} \tag{2.6}$$

5. 辐射亮度

辐射亮度又可称为辐射率、辐亮度，指辐射源在视线方向的单位投影面积向单位立体角发出辐射的功率，它的单位是 $W \cdot m^{-2} \cdot sr^{-1}$（瓦每平方米每球面度）。这里用 L 表示，则

$$L = \frac{dP}{dAd\Omega} \tag{2.7}$$

6. 光谱辐射量

首先要说明的是，与前边提到的辐射能、辐射通量等不同，光谱辐射量不是一个固定的物理量或者单位。

任何辐射体都有其独特的光谱特性，前述各辐射量均有一定的光谱范围，任何光学系统透过率和探测器响应也有特定的光谱范围，且光谱范围内的响应特性未必一致，因此在描述光学遥感辐射量时，经常用到光谱辐射量，表示在特定波长上的辐射特性。

前述的 5 个辐射量都可以用光谱辐射量的方式给出，表示在特定波长上的量值，如光谱辐亮度 L_λ，L_λ 与 L 存在下面的关系

$$L = \int_{\lambda 1}^{\lambda 2} L_\lambda d\lambda \tag{2.8}$$

L 的量纲对波长 λ 进行归一化得到 L_λ 的量纲，即 $W \cdot m^{-2} \cdot m^{-1} \cdot sr^{-1}$，考虑到光学遥感波段的电磁波波长常用 μm 进行定义，则 L_λ 的常用单位之一为 $W \cdot m^{-2} \cdot \mu m^{-1} \cdot sr^{-1}$，表示单位立体角、单位面积、单位波长上的辐射通量。

需要强调的是，一个数值是光谱辐射量时，符号层面可以加波长下标；如无特殊说明，这些辐射量应该被默认为波段辐射量。当然，带有物理量纲的数值是很容易区分其准确定义的。

2.1.3 辐射量与光度量

前边讨论的辐射定义都是物理学定义，但是人眼对光的感受和绝对的物理学又有所不同，如辐射能量相同而波长不同的可见光作用于人眼，感受到的明亮程度是不一样的，根据人眼的视觉感知来进行辐射计量称为光度量，光度量与辐射量的单位对应关系如表 2-1 所示。

人眼对不同波长的光的感受不一样，被称为视觉灵敏度不一样。视觉灵敏度是波长的函数，被称为视见函数，或光见度函数。根据观察场明暗不同时，视见函数稍有不同，国际照明委员会规定了两种视见函数，分别如下。

明视见函数：峰值波长为 $0.555nm$，峰值波长单色光 $1W = 683lm$。
暗视见函数：峰值波长为 $0.507nm$，峰值波长单色光 $1W = 1\,755lm$。

表 2-1　光度量与辐射量的单位对应关系

光度量	单位	辐射量	单位
光能	lm·s （流明·秒）	辐射能	J （焦耳）
光通量	lm （流明）	辐射通量	W （瓦）
照度	lx （勒克斯）	辐照度	W·m^{-2} （瓦每平方米）
光出射度	lm·m^{-2} （流明每平方米）	辐出射度	W·m^{-2} （瓦每平方米）
发光强度	cd （坎德拉）	辐射强度	W·sr^{-1} （瓦每球面度）
亮度	cd·m^{-2} （坎德拉每平方米）	辐射亮度	W·m^{-2}·sr^{-1} （瓦每平方米每球面度）

注：其中，勒克斯＝流明每平方米，坎德拉＝流明每球面度。

2.2　辐射基本定理

辐射基本定理刻画了物体辐射的客观物理规律，是辐射遥感的基础。无论遥感原理分析还是遥感仪器设计，或遥感数据分析应用，都离不开辐射基本定理的支撑。黑体辐射（blackbody radiation）定律是了解吸收和发射过程的基础，本节介绍描述黑体辐射的 4 个基本定理。

2.2.1　黑体、灰体、选择性辐射体、朗伯体

谈到辐射基本定理，首先要明确几个基本概念，即什么是黑体、灰体、选择性辐射体以及朗伯体。

1. 黑体

黑体是物理学中的一个基本概念，指某一物体在任何温度下，对任意方向和任意波长的吸收率或者发射率都等于 1，即

$$\varepsilon(\lambda) \equiv 1 \tag{2.9}$$

黑体是一个理想的热辐射体，在自然界中并不存在，但是可以近似地制作一个黑体。在一个圆形空腔壁上开一个很小的孔，孔很小以至于从孔入射到腔内的辐射经过腔内壁反射后，几乎无法从小孔射出，进入的辐射能全部被腔体吸收，即它的吸收率几乎为 1，可以称之为黑体。这也正是工程上腔式黑体的物理原理。

工程上的另一种黑体是面源黑体，就是在非腔式结构的黑体基材上面涂高发射率的黑漆。

当然，工程上的黑体很难达到物理意义上的黑体。工程里的黑体都是指特定条件下性能接近黑体的辐射源，因此工程上的黑体发射率 ε 很难等于 1，ε 越接近 1，则该黑体越"黑"，性能越好。

发射率 ε 指辐射体的辐射通量密度 F' 与同一温度的黑体的辐射通量密度 F 的比值。

$$\varepsilon = \frac{F'}{F} \qquad (2.10)$$

ε 也称为比辐射率。

2. 灰体

相较于黑体，灰体吸收率或者发射率则不那么"绝对"，灰体的定义为

$$\varepsilon(\lambda) \equiv a < 1，（a \text{ 为常数})。 \qquad (2.11)$$

3. 选择性辐射体

如果物体的吸收率或发射率随波长变化，则称之为选择性辐射体。

$$\varepsilon(\lambda) \equiv a(\lambda) \qquad (2.12)$$

$a(\lambda)$ 是 λ 的函数。

工程上的黑体其实在物理定义上应该是选择性辐射体，只是其在特定波长间隔内发射率接近 1，所以工程上称为黑体，作为黑体使用。但是在使用时要极为重视两点。

① 发射率 ε 不为 1。

② 发射率 ε 也是波长的函数，记为 ε_λ，要在不同波长上分别测定。

4. 朗伯体

讨论黑体定义时提到，需要发射率在任意情况下都一样，但实际上物体辐射或反射均有方向性。如果一个漫辐射体或漫反射体能向半球空间均匀发射能量，辐射亮度不随发射方向变化，是常数，这种理想的漫辐射体被称为朗伯体。

朗伯体面源的辐射强度只与发射方向与面源法线夹角的余弦成正比，即遵循朗伯余弦定律

$$I_\theta = I_0 \cos\theta \qquad (2.13)$$

但是倾斜 θ 角后，视线方向的有效面积为

$$S_\theta = S_0 \cos\theta \qquad (2.14)$$

根据式（2.15）

$$L = \frac{\mathrm{d}I}{\mathrm{d}A} \qquad (2.15)$$

显然

$$L_\theta = L_0 \qquad (2.16)$$

式中，I_θ 为朗伯体面源沿与法线夹角为 θ 方向发射的辐射强度，I_0 为朗伯体面源沿法线方向发射的辐射强度。

理想的朗伯体向半球发射的辐射通量密度与其辐射亮度之间存在较简洁的关系。

$$F = \int_\Omega L_\theta \cos\theta \mathrm{d}\Omega = L \int_\Omega \cos\theta \mathrm{d}\Omega =$$
$$L \int_0^{2\pi} \mathrm{d}\varphi \int_0^{\pi/2} \cos\theta \sin\theta \mathrm{d}\theta = \pi L \qquad (2.17)$$

5．辐射吸收、反射和透射

辐射以总能量 Q 入射到介质表面，入射辐射与介质表面发生作用后，Q_a 是介质对辐射能的吸收，Q_r 是介质对辐射能的反射，Q_t 是透射过介质的辐射能，显然能量守恒

$$Q = Q_a + Q_r + Q_t \qquad (2.18)$$

那么吸收率、反射率和透过率分别有

$$\begin{cases} a = \dfrac{Q_a}{Q} \\[2mm] r = \dfrac{Q_r}{Q} \\[2mm] t = \dfrac{Q_t}{Q} \end{cases} \qquad (2.19)$$

那么

$$a + r + t = 1 \qquad (2.20)$$

如果介质对辐射是不可透射的，即式（2.20）中 $t = 0$，则有

$$a + r = 1 \qquad (2.21)$$

也就是说，对于不可透射介质，吸收率与反射率之和为 1，那么在热平衡时，介质吸收率 ≡ 发射率，则有

$$\varepsilon + r = 1 \qquad (2.22)$$

在实际工作中，吸收率难以直接高精度测量，因此往往测量的是反射率。

2.2.2　普朗克定律

19 世纪末，维恩首先推导出了短波黑体辐射的表达式，且完美地与实验现象相符合，不久瑞利和金斯又得出了长波黑体辐射的表达式，但是没能获得统一的在所有波长上适合黑体辐射的表达。1900 年，普朗克（Planck）提出了能量量子化假设，即谐振子能量不连续，以 $E_n = nhf(n = 1,2,3,\cdots)$ 形式存在。式中，f 是谐振子频率，h 是普朗克常数，n 是量子数；且振子不能连续吸收或者发射能量，只能以 hf 的整数倍数吸收或者发射能量。

根据以上假设，得到了与实验结果一致的普朗克公式，温度为 T、波长为 λ 的黑体分谱辐射公式为

$$M_\lambda(T) = \frac{2\pi h c^2}{\lambda^5 \left(\mathrm{e}^{hc/\lambda kT} - 1 \right)} = \frac{c_1}{\lambda^5 \left(\mathrm{e}^{c_2/\lambda T} - 1 \right)} \qquad (2.23)$$

式中，$M_\lambda(T)$ 是分谱辐射通量密度，h 是普朗克常数，k 是玻尔兹曼常数，c 是光速，第一辐射常数 $c_1 = 2\pi hc^2 = 3.7418 \times 10^{-16}\,\mathrm{W \cdot m^2}$，第二辐射常数 $c_2 = hc/k = 1.4388 \times 10^{-2}\,\mathrm{m \cdot K}$。

辐亮度形式的普朗克公式为

$$B_\lambda(T) = \frac{2hc^2}{\lambda^5(\mathrm{e}^{hc/\lambda kT}-1)} \tag{2.24}$$

用频率表示的普朗克公式为

$$B_f(T) = \frac{2hf^3}{c^2(\mathrm{e}^{hf/kT}-1)} \tag{2.25}$$

用波数表示的普朗克公式为

$$B_v(T) = \frac{2hc^2v^3}{\mathrm{e}^{hcv/kT}-1} \tag{2.26}$$

当波长向两端变化时，普朗克函数的性质变得很不一样，当 $\lambda \to \infty$ 时，称为瑞利–金斯分布；当 $\lambda \to 0$ 时，称为维恩分布。

2.2.3 斯蒂芬–玻尔兹曼定律

黑体的总辐射强度可由普朗克函数在由 0 至∞的整个波长域上积分得到，因此

$$B(T) = \int_0^\infty B_\lambda(T)\mathrm{d}\lambda = \int_0^\infty \frac{2hc^2}{\lambda^5(\mathrm{e}^{hc/\lambda kT}-1)}\mathrm{d}\lambda \tag{2.27}$$

令 $x = hc/\lambda kt$，那么式（2.27）可以写成

$$B(T) = \frac{2k^4 T^4}{h^3 c^2}\int_0^\infty \frac{x^3}{(\mathrm{e}^x-1)}\mathrm{d}x = \frac{2\pi^4 k^4 T^4}{15h^3 c^2} \tag{2.28}$$

设 $b = \dfrac{2\pi^4 k^4}{15h^3 c^2}$，则

$$B(T) = bT^4 \tag{2.29}$$

黑体辐射是各向同性的，因此辐射通量密度

$$F = \pi B(T) = \delta T^4 \tag{2.30}$$

其中，$\delta = \dfrac{2\pi^5 k^4}{15h^3 c^2} = 5.6705 \times 10^{-8}\,\mathrm{W \cdot m^{-2} \cdot K^{-4}}$ 为斯蒂芬–玻尔兹曼常数，由式（2.30）可知，黑体辐射通量密度与温度的 4 次方成正比，称为斯蒂芬–玻尔兹曼定律。

2.2.4　维恩位移定律

将普朗克函数对波长微分，再令其结果等于零，即

$$\frac{\mathrm{d}B_\lambda(T)}{\mathrm{d}\lambda} = 0 \tag{2.31}$$

可以得到

$$\lambda_{\max} T = 2897.8 \mu\mathrm{m} \cdot \mathrm{K} \tag{2.32}$$

即黑体辐射的最大单色强度与温度的乘积是定值，维恩位移定律表明黑体辐射强度最大的波长与温度成反比，最大辐射强度对应的波长称峰值波长。根据式（2.32）可以计算目标黑体的温度或者最大辐射波长。

太阳辐射的最大辐射波长为 0.50μm 左右，那么可以计算太阳表面温度，如式（2.33）所示。

$$T_{\mathrm{sun}} = \frac{2897.8}{0.50} = 5795\mathrm{K} \tag{2.33}$$

假设地球表面温度为 300K，可以计算地球表面的最大辐射波长，如式（2.34）所示。

$$\lambda_{\mathrm{earth}} = \frac{2897.8}{300} = 9.66 \mu\mathrm{m} \tag{2.34}$$

2.2.5　维恩和瑞利−金斯辐射公式

在 2.2.2 节讲解普朗克定律时提到过，维恩以及瑞利和金斯分别推导出了与实验相符合的黑体辐射短波表达式以及长波表达式，维恩辐射公式为

$$M_\lambda(T) = \frac{c_1}{\lambda^5 \mathrm{e}^{-c_2/\lambda T}} \tag{2.35}$$

下面比较维恩辐射公式和普朗克公式，在短波波段，一般认为可见光和紫外波段在常温下很难满足 λT，此时普朗克公式中

$$\mathrm{e}^{c_2/\lambda T} - 1 \approx \mathrm{e}^{-c_2/\lambda T} \tag{2.36}$$

将此结果代入普朗克公式，完美得到维恩公式。实际上，普朗克公式于 1900 年提出，维恩公式于 1896 年提出，且有复杂的推导过程，这里的讲解仅仅在数学上做了变换，说明其在物理意义上的统一。

用同样的方法分析瑞利−金斯公式，瑞利−金斯公式为

$$B_\lambda(T) = \frac{2kc}{\lambda^4} T \tag{2.37}$$

再次比较普朗克公式，一般认为波长大于 1mm 区域，$hf \ll kT$，则可展开

$$\mathrm{e}^{hf/kT} = 1 + \frac{hf}{kT} + \frac{1}{2!}\left(\frac{hf}{kT}\right)^2 + \cdots \approx 1 + \frac{hf}{kT} \tag{2.38}$$

代入式（2.25），得到

$$B_f(T) = \frac{2f^2}{c^2}kT \tag{2.39}$$

用波长形式表示的瑞利–金斯公式为

$$B_\lambda(T) = \frac{2kc}{\lambda^4}T \tag{2.40}$$

再次强调，无论是维恩公式还是瑞利–金斯公式，或者普朗克公式，都有复杂的实验和思维过程，这里的讲解仅仅在数学上进行了变换，说明不同的物理公式在一定条件下物理本质上的统一，便于准确理解各公式。

2.3　地球表面辐射

地球表面辐射主要存在以下 4 个过程。
① 反射入射辐射。② 吸收入射辐射。③ 发射辐射。④ 传输辐射。

2.3.1　地球表面吸收率

地球表面是选择性辐射体，即辐射特性与波长 λ 相关，地球表面吸收率定义为地球表面吸收的辐射能与入射到地球表面的辐射能之比，即

$$a_\lambda(\hat{d},T) = \frac{L^\downarrow_{\lambda,a}(\hat{d})}{L^\downarrow_\lambda(\hat{d})} \tag{2.41}$$

式中，$\hat{d}$ 表示辐射入射方向。

2.3.2　地球表面发射率

地球表面发射率定义为其发射辐射与具有同一波长和相同温度的黑体发射辐射之比，即

$$\varepsilon_\lambda(\hat{d},T) = \frac{L^\uparrow_{\lambda,e}(\hat{d})}{B_\lambda(T)} \tag{2.42}$$

式中，$\hat{d}$ 表示辐射发射方向。

2.3.3　地球表面反射率和表观反射率

由于地球表面的复杂性，入射辐射的反射方向是不确定的，换言之某一方向的反射辐射的来源也是不确定的，通常可以表示为所有入射方向的反射辐射贡献之和，所以地球表

面反射率并不是一个固定的比值常数,而是入射角度和反射角度的函数,这个与入射出射方向相关的反射率函数叫作双向反射分布函数(BRDF)。

卫星遥感通常很关心大气层顶的反射率,大气层顶的半球反射率称为表观反射率。本节讲解 BRDF、半球反射率,并在此基础上讲解表观反射率。

1. BRDF

BRDF 的定义见式(2.43),在某个入射方向上以辐亮度 $L_\lambda^\downarrow(\hat{a}')$ 入射的辐照度与在某个反射方向上的辐亮度 $dL_{\lambda,r}^\uparrow(\hat{a})$ 满足

$$\rho_\lambda(\hat{a}' \to \hat{a}) = \frac{dL_{\lambda,r}^\uparrow(\hat{a})}{L_\lambda^\downarrow(\hat{a}')\cos\theta' d\omega'} \qquad (2.43)$$

式中, $\hat{a}' \to \hat{a}$ 表示在 $\hat{a}'$ 方向上入射,在 $\hat{a}$ 方向上反射, θ' 是入射方向天顶角, $d\omega'$ 是入射立体角。根据式(2.43),显然 $\rho_\lambda(\hat{a}' \to \hat{a})$ 的物理单位为 sr^{-1}。清楚这一点可以更好地理解式(2.45)。

式(2.43)定义了某个入射方向在 $\hat{a}$ 方向上反射的辐亮度 $dL_{\lambda,r}^\uparrow(\hat{a})$,称之为微分辐亮度,那么在 $\hat{a}$ 方向上反射的总辐亮度显然是所有入射方向在该方向上的反射辐亮度的积分,为

$$L_{\lambda,r}^\uparrow(\hat{a}) = \int dL_{\lambda,r}^\uparrow(\hat{a}) = \\ \int \rho_\lambda(\hat{a}' \to \hat{a})L_\lambda^\downarrow(\hat{a}')\cos\theta' d\omega' \qquad (2.44)$$

对于朗伯体, $\rho_\lambda(\hat{a}' \to \hat{a})$ 与具体方向无关,因此可以记为与方向无关的常值 $\rho_{\lambda,L}$,则式(2.44)可以写为

$$L_{\lambda,r}^\uparrow = \rho_{\lambda,L} \int L_\lambda^\downarrow(\hat{a})\cos\theta' d\omega' = \rho_{\lambda,L} F_\lambda^\downarrow \qquad (2.45)$$

可见,朗伯体在任意观测方向上的反射辐亮度为其辐射通量密度的 $\rho_{\lambda,L}$ 倍,前文提到 $\rho_{\lambda,L}$ 虽然名称为反射率,但是是有物理单位的,因此辐射通量密度的 $\rho_{\lambda,L}$ 倍得到的是辐亮度物理量。

通常把 BRDF 写作入射、出射角的函数,见式(2.46)。

$$BRDF = \rho_\lambda(\theta', \varphi; \theta, \varphi) \qquad (2.46)$$

式中, θ' 和 φ' 是入射辐射的顶角和方位角; θ 和 φ 是反射辐射的顶角和方位角。

2. 半球反射率

半球反射率指介质表面对入射辐射在半球方向上的总反射与入射辐射的比值,半球反射率可以通过 BRDF 在半球方向上的积分获得:

$$r_{\lambda,H} = \int_\Omega \rho_\lambda(\theta, \varphi; \theta', \varphi')\cos\theta' d\omega' \qquad (2.47)$$

式中, Ω 表示半球空间立体角。

同样地,将朗伯体 $\rho_\lambda(\theta, \varphi; \theta', \varphi')$ 记为与方向无关的常值 $\rho_{\lambda,L}$,则

$$r_{\lambda,H,L} = \rho_{\lambda,L} \int_\Omega \cos\theta' d\Omega = \\ \rho_{\lambda,L} \int_0^{2\pi} d\varphi \int_0^{2\pi} \cos\theta' \sin\theta' d\theta' = \pi\rho_{\lambda,L} \qquad (2.48)$$

3. 表观反射率

对于对地遥感来说，表观反射率是与卫星观测直接相关的，因为光学遥感观测的总能量为大气层顶的辐射能，从观测角度来说，表观反射率为

$$r_{\text{TOA}} = \frac{\pi L D^2}{E_{\text{SUN}}^{\lambda 1 \to \lambda 2} \cos\gamma} \tag{2.49}$$

式中，L 是卫星观测辐亮度，D 是日地距离订正因子，γ 是太阳入射天顶角，$E_{\text{SUN}}^{\lambda 1 \to \lambda 2}$ 是波长在 $\lambda 1 \sim \lambda 2$ 内的太阳辐照度。

2.3.4 行星反照率和地表反照率

当关注的焦点是地球对太阳辐射的反射时，定义行星反照率为地球反射的太阳辐射与入射太阳辐射的比值，行星反照率

$$b_{\text{TOA}} = \frac{E_{\lambda,r}^{\uparrow}}{E_{\text{SUN}} \cos\gamma} \tag{2.50}$$

这里 $E_{\lambda,r}^{\uparrow}$ 和 E_{SUN} 都是太阳辐射的全波段量值，显然行星反照率是表观反射率在全波段范围的积分。

$$b_{\text{TOA}} = \int_0^{\infty} r_{\text{TOA}} \mathrm{d}\lambda \tag{2.51}$$

行星反照率是大气反照率和地球表面反照率的综合贡献，只考虑一次反射时，地球表面反照率与行星反照率满足

$$b_{\text{TOA}} = b_{\text{ATO}}^{\uparrow} + \left(1 - b_{\text{ATO}}^{\uparrow} - a_{\text{ATO}}\right) \cdot b_{\text{GROUND}} \cdot \left(1 - b_{\text{ATO}}^{\downarrow}\right) \tag{2.52}$$

式中，$b_{\text{ATO}}^{\uparrow}$ 是大气对太阳辐射的向上反照率，$b_{\text{ATO}}^{\downarrow}$ 是大气对地面反射的太阳辐射的向下反照率，则有

$$b_{\text{GROUND}} = \frac{b_{\text{TOA}} - b_{\text{ATO}}^{\uparrow}}{\left(1 - b_{\text{ATO}}^{\uparrow} - a_{\text{ATO}}\right) \cdot \left(1 - b_{\text{ATO}}^{\downarrow}\right)} \tag{2.53}$$

2.3.5 地球表面覆盖物的反射波谱

反射波段光学遥感数据可以体现观测目标的典型特征，理论基础是不同目标的反射波谱不同，如图 2-1 所示，图中是雪地、小麦、湿地和沙漠 4 种不同典型地球表面目标的反射波谱，可见，如在 0.8μm 波长附近观测，雪地和沙漠的可区分度非常弱，而小麦与湿地的可区分度则很强；而在 0.5μm 波长附近观测，雪地和沙漠的可区分度则比较强。显而易见，如果遥感观测的重点目标是雪地和沙漠，那么在 0.5μm 波长附近设置观测通道，两种重点目标的观测对比度很高且能量较强；如果遥感观测的重点目标是小麦和湿地，那么在 0.8μm 波长附近设置观测通道，两种重点目标的观测对比度很高且能量较强。

这里仅体现了地球表面目标反射波谱对遥感效果的基本影响，从理论上看，在观测波长位置确定合理的情况下，观测带宽越窄，则目标可区分度越高，然而遥感通道设置不单

是目标反射波谱的单一效果，而是各种情况的综合结果，还要考虑大气透过率、仪器信噪比、多通道联合应用等多种因素。但无论如何，了解观测目标的波谱特征并运用好这种特征，是高质量遥感的一个重要基础。

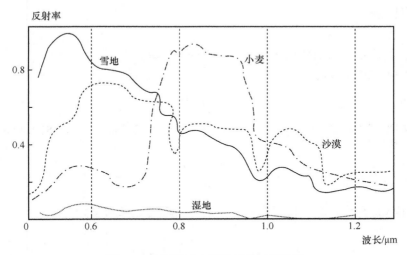

图 2-1　典型地球表面目标的反射波谱

2.4　大气层顶太阳辐射

2.4.1　太阳常数

太阳发射的电磁辐射在地球大气顶随波长的分布叫作太阳光谱，而太阳常数指到达大气顶的总太阳能量，太阳常数定义为：在日地平均距离处于太阳光垂直的单位面积上的太阳辐射功率。

已知，太阳辐射出射度为 $6.3\times10^{7}\,\mathrm{W\cdot m^{-2}}$，且向 4π 球面度的空间均匀发出辐射，太阳常数 S 等于太阳在半径 1A.U.（1A.U. = 149597870km）球面上的辐照度，由能量守恒可知

$$6.3\times10^7\times4\pi r_{\mathrm{SUN}}^2=4S\pi\left(1\mathrm{A.U.}\right)^2 \tag{2.54}$$

所以太阳常数为

$$S=\frac{6.3\times10^7\times r_{\mathrm{SUN}}^2}{\left(1\mathrm{A.U.}\right)^2}=1.367\times10^3 \tag{2.55}$$

然而我们不可能"先天"地知道太阳辐射出射度的准确数值，在实际工作中是通过测量太阳常数进而推导计算太阳自身的相关参数，测定太阳常数的方法主要有兰利法等。

根据斯蒂芬–玻尔兹曼公式，太阳表面温度为

$$T = \sqrt[4]{\frac{F}{\delta}} = \sqrt[4]{\frac{6.3 \times 10^7}{5.67 \times 10^{-8}}} = 5781\text{K} \tag{2.56}$$

2.4.2　太阳日射

太阳日射指确定地点的单位水平面上的太阳辐射能。

由式（2.54）可以得到

$$4F_t \pi l_{\text{SUN}}^2 = 4S\pi(1\text{A.U.})^2 \tag{2.57}$$

式中，F_t 是指地球与太阳距离 l_{SUN} 时的辐照度，S 为太阳常数，式（2.57）可写为

$$F_t = S\left(\frac{1\text{A.U.}}{l_{\text{SUN}}^2}\right)^2 \tag{2.58}$$

那么太阳入射角为 θ 时，目标介质表面的入射辐射通量密度为

$$F_r = F_t \cos\theta = S\left(\frac{1\text{A.U.}}{l_{\text{SUN}}^2}\right)^2 \cos\theta \tag{2.59}$$

在指定时间段内的太阳辐射能积分为

$$Q_S = \int_t F_r(t)\mathrm{d}t = \int_{t1}^{t2} S\left(\frac{1\text{A.U.}}{l_{\text{SUN}}^2}\right)^2 \cos\theta \tag{2.60}$$

l_{SUN} 和 θ 都是与时间相关的天文函数，具体不再展开。

2.5　大气辐射传输

大气在光学对地遥感中扮演着极为重要的角色。一方面，大气本身和我们的日常生活息息相关，大气也是光学对地遥感的目标之一；另一方面，当遥感目标处在大气中或大气下时，大气又是遥感观测的"障碍"，来自目标的能量会被大气削弱或者增强，仪器接收的能量不等同于目标发射的能量。因此，弄清楚辐射在大气中的传输过程对光学对地遥感是非常重要的。

辐射在大气中传输时，与大气发生相互作用从而引起辐射能变化。与大气发生的相互作用主要是散射、吸收和辐射，具体作用效果与大气成分息息相关。

大气成分随着高度和气压的改变，组成比例也会发生改变，而且随不同地区变化也有所不同，本节主要讲解光在大气中辐射传输方面的内容，即光辐射在经过大气时的变化。

2.5.1　大气中的散射

太阳辐射与大气发生的相互作用之一是散射，散射指通过介质的光被介质导向不同方

向的现象，有多种散射，如瑞利散射、康普顿散射、米散射和拉曼散射等，其中太阳辐射与大气发生散射作用的主要方式为瑞利散射和米散射。

决定辐射与大气发生散射作用类型的重要特征是散射粒子的直径与波长的比值，一般来说，在散射粒子直径小于入射波长 1/10 时，符合瑞利散射关系；散射粒子直径大于入射波长 1/10 且小于 50 倍入射波长时，符合米散射关系；粒子直径再大时，主要呈现几何光学关系。

1. 瑞利散射

瑞利散射是光散射定律中简单且在某种程度上又是最重要的散射关系，由瑞利导出的最初瑞利散射公式为

$$I_s = I_0 \left(\frac{\alpha}{r}\right)^2 \left(\frac{2\pi}{\lambda}\right)^4 \frac{1 + \cos^2 \Theta}{2} \tag{2.61}$$

式中，I_0 是入射辐射强度，α 是粒子极化率，r 是对粒子的观测距离，λ 是入射光波长，Θ 是散射角，描述了散射能的角度分布特征。

从式（2.61）看出，分子对非偏振太阳光的散射强度与入射辐射强度成正比，与观测距离的平方成反比，且入射波长越长，散射越弱，散射还与分子自身的极化率和散射角有关。入射波长、极化率和散射角这 3 个参数给散射引入了许多重要的物理特征。

把散射角写成相函数形式，非偏振太阳光的瑞利散射相函数为

$$P(\cos\Theta) = \frac{3}{4}(1 + \cos^2 \Theta) \tag{2.62}$$

分析相函数可以知道，粒子的散射光并不仅仅限于入射平面，而是在所有方向上都有，对非偏振太阳光的瑞利散射在前向（0°）和后向（180°）具有极大值，而在两侧方向（90°和 270°）具有极小值。假设粒子是球面对称的，则在三维空间中散射图形也是对称的。

将式（2.62）代入式（2.61）得到

$$I_s(\Theta) = I_0 \left(\frac{\alpha}{r}\right)^2 \frac{128\pi^5}{3\lambda^4} \frac{P(\Theta)}{4\pi} \tag{2.63}$$

定义散射截面

$$\delta_s = \frac{\dfrac{128\pi^5 \alpha^2}{3\lambda^4} F_0}{F_0} = \frac{128\pi^5 \alpha^2}{3\lambda^4} \tag{2.64}$$

散射截面 δ_s 代表单散射作用导致入射能量从初始方向上移除的量，该能量在以散射元为中心、以 r 为半径的球面上各向同性地重新分布。按散射截面，散射强度可表达为

$$I_s(\Theta) = I_0 \delta_s \frac{1}{r^2} \frac{P(\Theta)}{4\pi} \tag{2.65}$$

其中极化率是

$$\alpha = \frac{3}{4\pi N_s}\left(\frac{m^2 - 1}{m^2 + 2}\right) \tag{2.66}$$

N_s 是单位体积的分子总数，m 是折射率，光学厚度可以由散射截面来计算，计算式如下。

$$\tau_\lambda = \delta_{\lambda,s} \int_0^\infty N(z) \mathrm{d}z \tag{2.67}$$

2. 米散射

米散射的条件与瑞利散射不同，米散射的粒子与入射光波长的比值和瑞利散射时不同，不过散射强度仍然遵循式（2.61），但是发生米散射时散射截面与式（2.64）不同，由球体光散射的洛伦兹米理论导出米散射时的散射截面，可以写成下列展开式。

$$Q_s = \frac{\delta_s}{\pi a^2} c_1 x^4 \left(1 + c_2 x^2 + c_3 x^4 + \cdots\right) \tag{2.68}$$

式中，a 是散射粒子半径，$x = 2\pi a / \lambda$，Q_s 称为散射效率。粒子在无吸收情况下的系数 c_1、c_2、c_3 等由下式给出。

$$\begin{cases} c_1 = \dfrac{8}{3}\left(\dfrac{m^2-1}{m^2+1}\right) \\[2mm] c_2 = \dfrac{6}{5}\left(\dfrac{m^2-1}{m^2+1}\right) \\[2mm] c_3 = \dfrac{8}{3}\dfrac{m^6+41m^4-28m^2+284}{(m^2+2)^2} + \dfrac{1}{900}\left(\dfrac{m^2+2}{2m^2+2}\right)^2 \left[15+(2m^2+3)^2\right] \end{cases} \tag{2.69}$$

3. 非球形粒子的散射

瑞利散射和米散射研究的都是球形粒子的光散射，然而地球大气极其复杂，除大量的球形粒子对辐射产生散射作用外，还有大量的多种尺度、形状复杂的非球形气溶胶和非球形冰晶，这些非球形粒子对辐射的散射作用不能用球形粒子散射理论来解释。

可采用一些特定的方法来解决非球形粒子的散射问题，对于非球形气溶胶来说，时域有限差分方法和 T 矩阵方法是比较有效的计算方法。

对于非球形冰晶来说，由于其粒子直径较大，基于几何光学方法包括改进的几何光学方法、基于光线追踪的蒙特卡洛方法等，以及时域有限差分方法是比较有效的计算方法。

2.5.2 大气中的辐射吸收与发射

根据粒子能级跃迁理论，辐射产生的原因是粒子跃迁释放出的能量，从另一个角度看，若粒子吸收辐射能，也会造成粒子的跃迁，所以太阳辐射在大气中传输被吸收或者大气对外辐射能的本质是辐射能与粒子发生了相互作用。

1. 大气中的太阳辐射吸收

太阳的温度高达 5800K，通过维恩移位定理知道，太阳发出辐射的主要谱段在可见光谱段附近，大气中的多种气体对太阳辐射有吸收作用。

氮分子、氧分子和臭氧等可以在紫外谱段对太阳辐射产生吸收，其中氮分子的紫外吸收谱主要分布在 112～145nm，称为莱曼-伯格-霍普菲带；氧分子的紫外吸收谱主要在 130～

260nm，分布着赫茨堡带和舒曼–容格带；最强的臭氧吸收谱在 200～300nm，称为哈特莱带，臭氧吸收谱在 300～360nm 称为哈金斯带。

水汽和二氧化碳在可见近红外谱段对太阳辐射形成了吸收，水汽吸收普遍分布在 $0.72\mu m$、$0.82\mu m$、$0.92\mu m$、$1.1\mu m$、$1.38\mu m$、$1.87\mu m$、$2.7\mu m$ 和 $3.2\mu m$ 吸收带上，因此水汽是太阳近红外谱段最重要的吸收物质，吸收了大约 50%的太阳能量；二氧化碳吸收分布在 $1.4\mu m$、$1.6\mu m$、$2.0\mu m$、$2.7\mu m$ 和 $4.3\mu m$ 吸收带上。

其他痕量气体的吸收不再一一列举。

2. 大气中的红外辐射吸收与发射

根据维恩位移定律，式（2.34）计算出 300K 温度的目标的峰值辐射波长是 $9.66\mu m$，可见地球表面的主要发射波段在红外波段，因此大气对热红外辐射的作用除吸收与散射外，还有发射。大气中主要的红外吸收与发射物质包括水汽、二氧化碳、臭氧和甲烷等。

水汽的一个重要吸收带在 $6.25\mu m$ 附近，参见图 1-2（c），大气中的水汽完全吸收了来自地球表面的辐射，因此图中显示的内容是大气中的水汽分布，该波长附近谱段也是红外遥感水汽通道的重要选择，另外两个吸收带中心在 $2.7\mu m$；在热红外窗区，由于 11～12μm 存在一个弱的水汽吸收峰，而 10～11μm 被普遍认为是较纯净的大气窗区，因此红外光学遥感的一个重要观测方式"分裂窗"应运而生：$11\mu m$ 前后相邻较近的两个热红外通道同时观测，应用中可通过差分方式获得丰富的信息。

二氧化碳的一个吸收带在 $15\mu m$ 附近，我国第二代静止气象卫星（FY-4A）、国外第三代静止气象卫星（GOES-R、Himawari-8/9）成像仪普遍把热红外通道的观测波长延伸到 $13\mu m$ 附近，便于开展二氧化碳观测。

在红外谱区还有几个二氧化碳的泛频带和组合带，如位于 $10.6\mu m$ 的二氧化碳激光发射器、在 $5\mu m$ 附近的几个组合带。

臭氧在 $9.6\mu m$ 和 $14.27\mu m$ 具有较强的吸收，最著名的是 $9.6\mu m$ 臭氧带中心，而在 $14.27\mu m$ 的吸收带被二氧化碳 $15\mu m$ 吸收带混淆，该谱段主要表现出二氧化碳吸收带特征；另外，在 $4.75\mu m$ 也有一个较强的臭氧带。

甲烷的吸收带中心波长在 $3.3\mu m$、$7.66\mu m$、$3.43\mu m$ 和 $6.55\mu m$，其中 $3.3\mu m$ 和 $7.66\mu m$ 两个吸收带较活跃，且 $7.66\mu m$ 吸收带在温室效应中起着重要作用；甲烷还有着丰富的泛频带和组合带谱，它们均已从太阳光谱中被辨认出来。

其他微量气体的吸收与散射不再一一详细介绍。

总之，不同物质的吸收谱在大气辐射传输中起着重要的作用，是光学卫星遥感通道设置的重要理论基础。高光谱仪器的发展和应用，可以在更细小的谱段间隔内遥感观测大气和地球表面目标，对于吸收谱线的应用起到重要作用。

2.5.3　辐射传输方程

辐射在大气中的传输过程可以用大气辐射传输方程来表示。

1. 辐射传输方程一般形式

辐射在介质中传输，辐射能量会与介质发生复杂的相互作用，总体来说包括吸收、散射与发射，如果一束辐射强度为 I_λ，在它传播方向上在介质内通过厚度 $\mathrm{d}s$ 后变为 $I_\lambda+\mathrm{d}I_\lambda$，

那么有

$$dI_{\lambda-} = -k_{\lambda}\rho I_{\lambda}ds \tag{2.70}$$

式中，k_{λ} 是质量消光截面（质量消光截面等于质量吸收截面与质量散射截面之和），ρ 是介质密度，$dI_{\lambda-}$ 表示由物质中的吸收以及物质对辐射的散射造成的辐射强度减弱量。

另外，穿过大气的辐射的强度也可以因为物质发射的相同波长上的辐射以及多次散射而增强。多次散射使所有其他方向的一部分辐射进入所研究的辐射方向。如下定义源函数系数 j_{λ}，使发射和多次散射造成的强度增大为

$$dI_{\lambda+} = -j_{\lambda}\rho ds \tag{2.71}$$

从而辐射经过介质后的总变化

$$dI_{\lambda} = dI_{\lambda-} + dI_{\lambda+} = -k_{\lambda}\rho I_{\lambda}ds + j_{\lambda}\rho ds = -k_{\lambda}\rho I_{\lambda}ds + J_{\lambda}\rho ds \tag{2.72}$$

式中 $J_{\lambda} = \dfrac{j_{\lambda}}{k_{\lambda}}$，则源函数具有辐射强度的单位。因此，式（2.72）可重新排列得到

$$\frac{dI_{\lambda}}{k_{\lambda}\rho ds} = -I_{\lambda} + J_{\lambda} \tag{2.73}$$

式（2.73）是辐射传输方程的一般形式，它是讨论任何辐射传输过程的基础。被动光学遥感的能量来源一个是目标反射的太阳辐射，另一个是目标的发射辐射。

2．比尔（布格、朗伯）定律

太阳光在地球大气中传输，若波长较短、大气系统的发射辐射的贡献可以忽略，而且多次散射产生的漫射辐射也可以略去，则式（2.73）可以简化为如下形式。

$$\frac{dI_{\lambda}}{k_{\lambda}\rho ds} = -I_{\lambda} \tag{2.74}$$

令在 $s=0$ 处的入射强度为 $I(0)$，则辐射在经过介质中的间隔距离 s_1 后，其出射强度可由式（2.74）积分而得，即

$$I_{\lambda}(s_1) = I_{\lambda}(0)e^{-\int_0^{s_1} k_{\lambda}\rho ds} \tag{2.75}$$

假定介质是均匀的，则 k_{λ} 与距离 s 无关，因此定义路径长度

$$u = \int_0^{s_1}\rho ds \tag{2.76}$$

那么式（2.75）可以变换为

$$I_{\lambda}(s_1) = I_{\lambda}(0)e^{-k_{\lambda}u} \tag{2.77}$$

这就是著名的比尔定律，也称布格定律，也可称朗伯定律。通过比尔定律的数学表达式可以看出，辐射通过均匀消光介质传输后，其强度按指数函数减弱，该指数函数的自变量是质量消光截面和路径长度的乘积。

比尔定律没有方向因子，所以它不仅适用于强度量，而且也适用于通量密度和通量，根据式（2.77），定义单色透射率

$$t_{\lambda} = \frac{I_{\lambda}(s_1)}{I_{\lambda}(0)} = \mathrm{e}^{-k_{\lambda}u} \tag{2.78}$$

3. 施瓦兹希尔德方程的解

强度为 I_{λ} 的辐射穿过介质，假设介质处于局地热平衡状态且无散射时，辐射与介质会发生吸收和发射两种过程。这时式（2.73）中的源函数由普朗克函数给出，则辐射传输方程一般形式表示为

$$\frac{\mathrm{d}I_{\lambda}}{k_{\lambda}\rho\mathrm{d}s} = -I_{\lambda} + B_{\lambda}(T) \tag{2.79}$$

式（2.79）中，等号右边的第一项为吸收造成的辐射强度的减弱，第二项表示介质黑体发射造成的辐射强度的增加，式（2.79）称为施瓦兹希尔德（施瓦氏）方程。为了求解施瓦氏方程，这里定义介质中 s 和 s_1 两点之间的单色光学厚度为

$$\tau_{\lambda}(s_1, s) = \int_{s}^{s_1} k_{\lambda}\rho\mathrm{d}s' \tag{2.80}$$

则有

$$\mathrm{d}\tau_{\lambda}(s_1, s) = -k_{\lambda}\rho\mathrm{d}s \tag{2.81}$$

那么式（2.79）可以变换为

$$-\frac{\mathrm{d}I_{\lambda}}{\mathrm{d}\tau_{\lambda}(s_1, s)} = -I_{\lambda}(s) + B_{\lambda}[T(s)] \tag{2.82}$$

将式（2.82）乘以因子 $\mathrm{e}^{-\tau_{\lambda}(s_1, s)}$，且对厚度 $\mathrm{d}s$ 由 0 至 s_1 积分，则得

$$I_{\lambda}(s_1) = I_{\lambda}(0)\mathrm{e}^{-\tau_{\lambda}(s_1, 0)} + \int_{0}^{s_1} B_{\lambda}[T(s)]\mathrm{e}^{-\tau_{\lambda}(s_1, s)}k_{\lambda}\rho\mathrm{d}s \tag{2.83}$$

式（2.83）中等号右边第一项本质上与式（2.77）相当，它表示介质对辐射强度的吸收衰减。第二项表示介质沿 0 到 s_1 路径发射的贡献。

4. 平面平行大气的辐射传输方程

考虑到地球大气的实际状态，在计算大气辐射传输时，往往假定被计算区域的大气是平面平行的，即辐射强度和大气参数只在垂直方向变化，用 z 表示与分层平面垂直的线性距离，则式（2.73）表示的大气辐射传输一般形式可表示为

$$\cos\theta\frac{\mathrm{d}I_{\lambda}(z; \theta, \phi)}{k_{\lambda}\rho\mathrm{d}z} = -I_{\lambda}(z; \theta, \phi) + J_{\lambda}(z; \theta, \phi) \tag{2.84}$$

式中，θ 表示与向上垂线的夹角，ϕ 是方位角。

定义 τ_{λ} 是由大气上界向下测量的光学厚度，则

$$\tau_{\lambda} = \int_{z}^{\infty} k_{\lambda}\rho\mathrm{d}z' \tag{2.85}$$

取微分后代入式（2.84），得到

$$\mu\frac{\mathrm{d}I_{\lambda}(\tau_{\lambda}; \mu, \phi)}{\mathrm{d}\tau} = I_{\lambda}(\tau_{\lambda}; \mu, \phi) - J_{\lambda}(\tau_{\lambda}; \mu, \phi) \tag{2.86}$$

式中，$\mu = \cos\theta$。用和求施瓦氏方程相同的办法对式（2.86）进行求解，可以求出高度 τ_λ 上的大气辐射强度，在高度 τ_λ 上的大气可存在向上辐射和向下辐射，分别给出向上辐射和向下辐射的结果。注意，根据式（2.85），$\tau_\lambda = 0$ 表示大气上边界，$\tau_\lambda = \tau_\lambda^*$ 表示大气下边界。

向上辐射强度

$$I_\lambda(\tau_\lambda;\mu,\phi) = I_\lambda(\tau_\lambda^*;\mu,\phi)\mathrm{e}^{-\frac{\tau_\lambda^* - \tau_\lambda}{\mu}} + \int_{\tau_\lambda}^{\tau_\lambda^*} J_\lambda(\tau_\lambda';\mu,\phi)\mathrm{e}^{-\frac{\tau_\lambda' - \tau_\lambda}{\mu}}\frac{\mathrm{d}\tau_\lambda'}{\mu}\,(0<\mu\leqslant1) \tag{2.87}$$

向下辐射强度

$$I_\lambda(\tau_\lambda;-\mu,\phi) = I_\lambda(0;-\mu,\phi)\mathrm{e}^{-\frac{\tau_\lambda}{\mu}} + \int_0^{\tau_\lambda} J_\lambda(\tau_\lambda';-\mu,\phi)\mathrm{e}^{-\frac{\tau_\lambda - \tau_\lambda'}{\mu}}\frac{\mathrm{d}\tau_\lambda'}{\mu}\,(0<\mu\leqslant1) \tag{2.88}$$

分析式（2.87）和式（2.88），与式（2.83）有类似的结构，其中等号右边第一项表示大气边界层（边界层既可以是大气上边界，也可以是大气下边界）向大气内的辐射通过大气后的辐射强度，第二项表示大气的辐射贡献。大气顶和大气底的向外辐射强度可以分别令式（2.87）和式（2.88）中的 $\tau_\lambda = 0$ 和 $\tau_\lambda = \tau_\lambda^*$ 来获得。

大气顶向外（向上）辐射强度

$$I_\lambda(0;\mu,\phi) = I_\lambda(\tau_\lambda^*;\mu,\phi)\mathrm{e}^{-\frac{\tau_\lambda^*}{\mu}} + \int_0^{\tau_\lambda^*} J_\lambda(\tau_\lambda';\mu,\phi)\mathrm{e}^{-\frac{\tau_\lambda'}{\mu}}\frac{\mathrm{d}\tau_\lambda'}{\mu} \tag{2.89}$$

大气底向外（向下）辐射强度

$$I_\lambda(\tau_\lambda^*;\mu,\phi) = I_\lambda(0;\mu,\phi)\mathrm{e}^{-\frac{\tau_\lambda^*}{\mu}} + \int_0^{\tau_\lambda^*} J_\lambda(\tau_\lambda';-\mu,\phi)\mathrm{e}^{-\frac{\tau_\lambda^* - \tau_\lambda'}{\mu}}\frac{\mathrm{d}\tau_\lambda'}{\mu} \tag{2.90}$$

大气顶辐射是光学卫星遥感的能量来源。

5. 有云条件下的辐射传输方程

假设平行大气中的平面平行于云层，令云粒子的散射系数为 β_s，云层吸收系数为 β_a。在局地热平衡条件下，与发射有关的源函数是普朗克函数 B_λ，与散射有关的源函数为 S_λ，于是该条件下的辐射传输方程为

$$\mu\frac{\mathrm{d}I_\lambda}{\mathrm{d}z} = -\beta_a\{I_\lambda(s) - B_\lambda[T(s)]\} - \beta_s[I_\lambda(s) - S_\lambda(s)] = \\ -(\beta_a + \beta_s)I_\lambda(s) + \beta_a B_\lambda[T(s)] + \beta_s S_\lambda(s) \tag{2.91}$$

表示介质中 $\mathrm{d}z$ 距离内的辐射衰减是吸收衰减和散射衰减的和，消光系数 $\beta_e = \beta_a + \beta_s$。

令

$$J_\lambda(s) = \frac{\beta_a B_\lambda[T(s)] + \beta_s S_\lambda(s)}{\beta_e} \tag{2.92}$$

那么式（2.91）可以表示为

$$\mu\frac{\mathrm{d}I_\lambda}{\mathrm{d}z} = -\beta_e I_\lambda(s) + \beta_e\left\{\frac{\beta_a B_\lambda[T(s)] + \beta_s S_\lambda(s)}{\beta_e}\right\} = \\ -\beta_e I_\lambda(s) + \beta_e J_\lambda(s) = -\beta_e[I_\lambda(s) - J_\lambda(s)] \tag{2.93}$$

又有 $d\tau_\lambda = -\beta_e dz$，所以式（2.93）可表示为辐射传输方程一般形式。

$$\mu \frac{dI_\lambda(\tau_\lambda; \mu, \phi)}{d\tau_\lambda} = I_\lambda(\tau_\lambda; \mu, \phi) - J_\lambda(\tau_\lambda; \mu, \phi) \tag{2.94}$$

定义单散射反照率 $\xi = \dfrac{\beta_s}{\beta_e}$，则源函数

$$J_\lambda(s) = (1-\xi)B_\lambda[T(s)] + \xi S_\lambda(s) \tag{2.95}$$

分析式（2.95），可见在吸收、发射和散射同时存在时，源函数是与吸收和散射同时相关的函数，且是吸收和散射源函数关于单散射反照率的加权平均。

本书重点讨论辐射在大气中的传输与光学卫星遥感的关系，因此直接给出关于散射的源函数形式，如式（2.96）所示。

$$S_\lambda(\tau; \mu, \phi) = \frac{\xi}{4\pi} \int_0^{2\pi} \int_{-1}^1 I(\tau; \mu', \phi')P(\mu, \phi; \mu', \phi')du'd\phi' + \frac{\xi}{4\pi}F_r P(\mu, \phi; -\mu_0, \phi_0)e^{-\frac{\tau}{\mu_0}} \tag{2.96}$$

综合考虑源函数 $J_\lambda(s)$，对于 300K 的地球表面和 250K 的地球大气来说，地球表面和大气在波长小于 3.5μm 区间发出的辐射通量与太阳相比可以忽略不计，因此在研究某些太阳辐射传输问题时，$(1-\xi)B_\lambda[T(s)]$ 项可以被省略；在研究热红外问题时，由于波长相对较长，散射方向性较弱，因此散射源函数一般取式（2.96）第一项即可。

辐射传输过程以及辐射传输方程的解都是很复杂的，离散纵标法或累加法可以精确地解出辐射传输方程的解，二流-四流方法也可以解出近似解，一般来说，δ 二流-四流近似法对于计算有云大气中的红外通量是准确的，但是因为云粒子对太阳辐射的散射相函数有很强的各向异性性质，因此太阳辐射传输计算精度相对较差，具体过程不再展开。

2.5.4　大气辐射传输模型

大气辐射传输模型屏蔽了大气辐射传输方程的细节，对外提供大气状态的接口，通过接口配置待计算的大气条件，然后大气辐射传输模型计算出辐射通过该条件大气后的状态数值，即可直接用于其他相关研究。目前主要应用的大气辐射传输模型包括 RTTOV 模型、MODTRAN 模型、CRTM 模型和 ARMS 模型等。

2.6　光学卫星遥感

2.6.1　点源目标观测

对于光学遥感卫星来讲，点源目标和面源目标是截然不同的两种观测对象。

物理上的点源目标不可能和数学定义的一样，即点只有位置没有大小，物理上的点源总有其半径，为了便于工程计算，辐射计算时可以将辐射源划分为点源或面源。实际上，

任何辐射源都具有一定尺寸，不可能是一个几何点。区分辐射源是点源或面源的标准并不是根据辐射源面积的绝对大小，而是根据辐射源的面积是否充满仪器的测量视场，即辐射源的相对大小。

点源在仪器入瞳产生的辐射功率为

$$P = \eta J_\theta \mathrm{d}\Omega \tag{2.97}$$

式中，J_θ 为点源的辐射强度，η 是辐射路径的传输效率，$\mathrm{d}\Omega$ 是接收端对点源的立体角；如果接收端的面积是 $\mathrm{d}A$，接收端法线与光线夹角为 θ_2，接收端和点源的距离为 l，那么接收的辐射功率为

$$P = \eta J_\theta \frac{\mathrm{d}A\cos\theta_2}{l^2} \tag{2.98}$$

同时，点源在接收端产生的辐照度为

$$E = \frac{P}{\mathrm{d}A} = \eta J_\theta \frac{\cos\theta_2}{l^2} \tag{2.99}$$

在辐射传输损失已知的情况下，点源产生的辐照度与距离平方成反比，因此在辐射测量时，如果被测目标未充满测量系统的视场，仪器接收到的辐射功率与距离等测量条件有关，不能直接反演出目标的辐射强度。

2.6.2　面源目标观测

面源发出的光束到达接收端面源的能量为

$$P = \eta L\cos\theta_1 \mathrm{d}\Omega_1 \mathrm{d}A_1 \tag{2.100}$$

式中，L 是发射源的辐亮度，θ_1 是发射源法线与发射方向的夹角，η 是路径传输效率，$\mathrm{d}\Omega_1$ 是接收端对发射源中心的张角，$\mathrm{d}A_1$ 是发射源面积。

显然

$$\mathrm{d}\Omega_1 = \frac{\mathrm{d}A_2\cos\theta_2}{l^2} \tag{2.101}$$

且

$$\mathrm{d}A_1 = \frac{\mathrm{d}\Omega_2 l^2}{\cos\theta_1} \tag{2.102}$$

若 $\mathrm{d}\Omega_2$ 是接收端的立体角，$\mathrm{d}A_2$ 是接收端面积，则有

$$P = \eta L\cos\theta_1 \frac{\mathrm{d}A_2\cos\theta_2}{l^2} \mathrm{d}A_1 \frac{\mathrm{d}\Omega_2 l^2}{\cos\theta_1} = \eta L\cos\theta_2 \mathrm{d}\Omega_2 \mathrm{d}A_2 \tag{2.103}$$

式（2.103）表明，对面源的观测除传输效率外，发射端和接收端的亮度是相等的，在封闭光束的各个截面的亮度也处处相等，称之为亮度守恒定律。因此只要满足面源的约定，

光电系统接收到的辐射功率与被测目标源的辐亮度成正比，而与测量距离无关。

从另外一个角度理解式（2.103），$\mathrm{d}\Omega_2$ 为测量系统的视场立体角，系统视场较小时，等于视场角的平方；$\mathrm{d}A_2$ 为测量系统的光学入瞳的面积，则观测确定面源时，光电系统接收到的辐射通量取决于它的接收面积和接收立体角，而仪器的接收面积与它的光学孔径有关，接收立体角与瞬时视场有关，所以光学孔径及视场是遥感仪器非常重要的参数。

2.6.3　波段权重函数

通过 2.1～2.5 节的讲解，已经明确光学卫星遥感是仪器通过电磁波这一媒介与发射辐射的本体产生了相互作用，且仪器接收的辐射来源可能极其复杂，那么当需要对特定本体目标进行光学遥感观测时，最理想的模式是遥感仪器只接收该本体目标发射的辐射，没有待观测目标之外的其他辐射源，且待观测目标发射的辐射在路径上没有任何衰减，或者只有明确的衰减过程。但这样的限定条件太理想了，实际中几乎不存在。然而这样的假设不妨碍理解遥感工程的设计目标，以及有助于获得期待的观测结果的途径。

参考式（2.89），即大气顶向上辐射强度计算式，卫星观测到的能量来源于大气顶，其中等号右边第一项为大气底辐射通过大气衰减后的能量，第二项是大气各高度上辐射的综合贡献。"大气底"的本质含义为其下不再有辐射贡献，地球表面作为光的非透射体，是自然大气的下边界，是理所当然的大气底，如图 2-2 所示，假设 $H3$ 高度代表地球表面，是天然的大气底，$H1$ 高度是大气顶，卫星观测的辐射能量为 $H1$ 高度辐射出的总辐射值。当想知道 $H2$ 高度的辐射值时，如果有一台仪器观测的辐射只来自 $H2$ 高度，即把它变为新的"大气底"，使 $H2$ 高度以下的辐射没有贡献，并且 $H2$ 高度以上对 $H2$ 高度发射的辐射没有任何作用，那么观测结果等同于 $H2$ 高度的辐射强度，是最理想的观测方式。

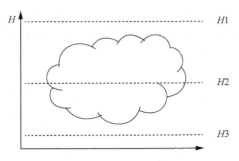

图 2-2　大气辐射与卫星观测

我们不能改变大气的自然属性，但是可以设计遥感仪器的特性，参考图 2-3，图中横轴是波数，纵轴是大气透过率，不同波长的辐射在大气中的透过率是不同的，透过率为 0 的极限情况即物体具有"非透射"特征，也就是"大气底"，合理地选择观测波长，可以使仪器的观测高度在我们希望的位置，把辐射与大气作用的强度以高度为自变量表示，就是遥感仪器观测波段的响应权重函数

$$R(p) = \frac{\mathrm{d}\tau}{\mathrm{d}[\ln(p)]} \tag{2.104}$$

式中，τ 为透过率，p 为大气压强——高度的参数。

以水汽观测实际说明权重响应函数对遥感观测的作用。大气中的水汽分布在时间和空间上都很不均匀，且大气中水汽对辐射的作用非常明显，所以水汽和地球表面温度是气象卫星首先发展的观测要素，且对水汽的精细化趋势观测越来越明显。

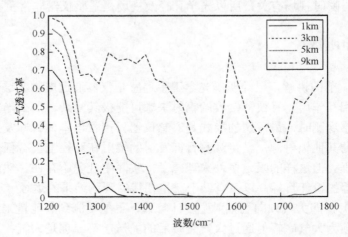

图 2-3　大气透过率曲线

图 2-3 是 1200cm^{-1} 到 1800cm^{-1} 谱段内大气在不同高度的透过率，该谱段是水汽的重要吸收带，可以看到，3km 高度上在 1400cm^{-1} 以后大气透过率为 0，即已经完全看不到 3km 高度以下的目标，可视作"大气底"抬升到该高度。但是大气对辐射的作用是连续的，无法进行响应与不响应的选择，所以实际光谱响应曲线不会是一个冲激函数，都是随着高度变化展宽为一个峰函数的形式。

用实际的响应权重函数曲线看一下不同波段设置对水汽遥感的结果，图 2-4 是我国和日本的静止气象卫星成像仪水汽观测通道的响应权重函数曲线，下面按照垫面为 300K 黑体、城市地区气溶胶条件来计算不同通道的权重函数。

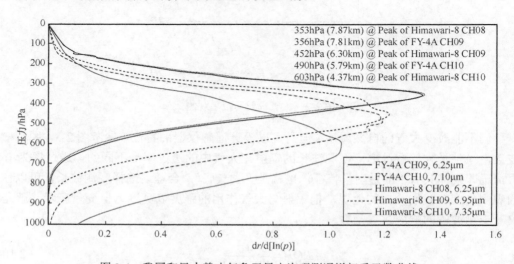

图 2-4　我国和日本静止气象卫星水汽观测通道权重函数曲线

　　根据计算结果,日本的 Himawari-8/AHI 和 FY-4A/AGRI 在高层水汽观测方面比较一致,但是由于 AHI 设计了 3 个水汽观测通道,所以在低层水汽观测方面,一个通道响应峰值高度比 AGRI 略高,而另外一个通道响应峰值比 AGRI 低,已经降到 4km 左右;并且,即使峰值高度相差不多,也存在响应函数曲线包络差异,因此观测能量也是不同的。

　　响应权重函数对光学卫星遥感设计很重要,在遥感数据应用中也很重要,要充分理解不同卫星的观测差异,这是高精度遥感数据定量化应用必须重视的问题。

第 3 章

遥感仪器结构与性能

卫星遥感仪器的性能是遥感仪器硬件结构及参数的综合体现，构成光学遥感仪器的部件通俗地讲就是"光机电"组件，本章通过对遥感仪器结构的分析来阐述仪器结构及参数对成像效果的影响。

现在的卫星遥感仪器是光机电组件和数据处理算法的综合体，本章先对遥感仪器的机械结构、光学结构、探测器结构和制冷结构进行讲解，然后分析各部分结构对遥感图像性能的影响，并从应用角度阐述对仪器在轨性能测试。

3.1 机械结构

遥感仪器中机械结构的作用主要是作为仪器的支撑框架，但部分机械结构会参与成像过程、影响成像性能，本书从遥感成像角度讲解影响成像性能的机械结构，主要是构成仪器观测模式的扫描组件。

3.1.1 扫描组件

扫描组件在卫星遥感仪器中占据非常重要的地位，因为往往要依靠扫描组件的运动来满足卫星观测的视场需求。换言之，光学及探测器组件共同构成了遥感仪器的"眼睛"，而扫描部件则是遥感仪器的"脖子"，遥感仪器观测视场变化及目标指向变化往往由扫描组件来完成。并且，作为运动部件，扫描组件难以实现在轨备份，所以其可靠性至关重要。本节讲解几种重要的扫描组件形式。

1. 指向式扫描组件

成像时，扫描镜或者卫星整体以"步进"方式使仪器光轴从指向一处空间的位置转换到指向另外一处空间的位置，从而达到扩大视场的目的，"步进"方式通俗地理解就是视场"挪"一下，就像常用的数码相机在相邻位置拍摄了多张图片，最后拼接成一幅大视野照片一样。FY-2 南北指向镜、FY-4A/AGRI 南北指向镜、FY-4A/GIIRS 指向镜和 GF-4 卫星都采用指向方式来扩大视场。

指向镜往往用在需要较长时间保持光轴指向目标的工作场景，以 FY-4A/AGRI 东西镜和南北镜为例进行说明，南北镜指向保持期间，东西镜已经摆扫过 17°视场，所以南北镜采用指向式、东西镜使用摆扫式。FY-4A/GIIRS 也采用了指向镜成像方式，利用指向的静态性延长积分时间，从而提高信噪比。

二维指向方式可以通过二维指向镜，或者两个维度指向镜分开的工作方式，一种较为典型的二维指向镜的驱动方式是指向镜的 x 轴、y 轴的交点位于指向镜镜面的中心，用图 3-1 统一说明各种机械镜的工作方式：根据光路可逆原理，来自探测器的光线经二维指向镜反射指向目标，指向镜绕 2 根轴旋转可在二维改变法线方向，设图中水平方向转动轴为 x 轴，垂直方向转动轴为 y 轴，光线在物平面上的轨迹即扫描轨迹。

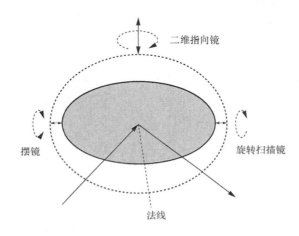

图 3-1　平面反射镜机械转动示意图

二维指向镜扫描存在视轴扫描轨迹的非线性和像旋等问题，对使用线列或面阵探测器的目标探测系统来说，这些因素会影响大视场搜索时空间覆盖的均匀性，也会影响小视场目标跟踪瞄准时真实离轴信息的获取，在 3.1.3 节中详细分析扫描轨迹与像旋。

2．摆动式扫描组件

机械摆镜指围绕中心视场进行往复摆动扫描的镜子，如前节提到的 FY-4A/AGRI 东西镜的工作方式。

机械摆扫可以视作机械指向式的连续运动，图 3-1 中反射镜绕轴进行有规律的往复摆动扫描即形成机械摆扫，其观测方程与指向式一致。

摆镜通常用在小视场工作场景，由于摆扫方式围绕视场中心往复观测，旋转扫描镜比圆周扫描观测有更高的观测效率，地球静止轨道卫星对地球的张角只有 17°左右，所以三轴稳定地球静止轨道卫星大多采用摆镜方式。

3．旋转式扫描组件

旋转扫描镜如图 3-1 所示，反射镜绕着旋转轴进行周而复始的转动，旋转扫描镜指镜子绕轴做 360°转动，由于转动角度较大，所以通常卫星对目标的张角较大时采用旋转扫描镜式，且在非目标区时可以观测黑体、冷空、恒星等其他目标。

太阳同步轨道卫星轨道高度低，所以搭载在太阳同步轨道卫星上的仪器很多采用机械旋转扫描镜式，形成东西方向扫描线，并与卫星飞行方向共同构成二维成像。

4. 推扫式组件

推扫指卫星带动遥感仪器在飞行方向上产生运动,这种方式以及下面提到的自旋式与刚才提到的运动部件已经不是相同的概念,但是从成像角度出发,也增加了视场,所以一并介绍。

如图 3-2 所示,探测器视场是有限的,为了对广泛的区域进行二维成像,利用卫星飞行构成光轴的一维运动,利用旋转扫描镜构成光轴的另一维运动,在光轴对地时进行目标成像。

如果探测器是线列式,则不需要旋转扫描镜运动,而是依靠探测器的长度进行多列成像。

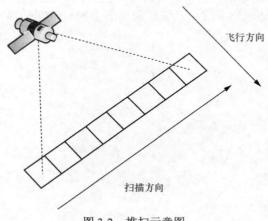

图 3-2 推扫示意图

5. 自旋式扫描组件

自旋卫星指卫星平台采用自旋稳定方式,但是卫星旋转可以带动遥感仪器光轴指向发生变化,所以可视作机械成像结构的一种。

自旋稳定卫星通常会利用卫星自旋完成某一个维度的视场拓展,各国首先发展的静止气象卫星基本是自旋稳定卫星,如 MSG、GMS-5、FY-2 等,像 FY-2 静止气象卫星的可见红外自旋稳定扫描辐射计要求每 30min 产生一幅 20°×20° 的地球辐射图像,其中东西方向的扫描由卫星自旋实现。

图 3-3 是 FY-2 静止气象卫星可见光红外自旋扫描辐射计成像示意图,仪器东西方向成像依靠卫星自旋运动使光轴指向发生变化;南北扫描是通过步进扫描完成的:南北镜绕垂直于纸面的摆动轴步进时,探测器虽未摆动,但仪器的视轴在物方空间是在转动的。

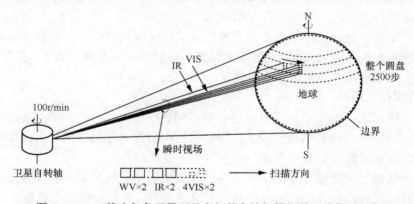

图 3-3 FY-2 静止气象卫星可见光红外自旋扫描辐射计成像示意图

通过图 3-2 和图 3-3 可以看出，实际的光学成像仪器往往是复合运动构成二维成像系统，但每个运动单元都符合其自身运动规律。

3.1.2　平面反射镜矢量计算

平面反射镜是最常用的扫描组件，因此平面反射镜对入射光线与出射光线的矢量关系是分析所有平面反射镜扫描组件的基础。根据平面反射镜反射定律，当入射光线方向固定，平面反射镜法线的空间指向改变时，反射光线方向也将随之改变。空间光线的镜面反射关系可用平面反射镜反射矢量公式来表达。

在图 3-4 中，平面反射镜法线矢量为 $\vec{N}$，入射光线为 $\vec{A}$，则根据平面反射镜反射定律，出射光线矢量为

$$\vec{A}' = \vec{A} - P1P2 = \vec{A} - 2\vec{N}\cos\theta = \vec{A} - 2\vec{N}(\vec{A} \cdot \vec{N}) \tag{3.1}$$

式中，· 表示内积。

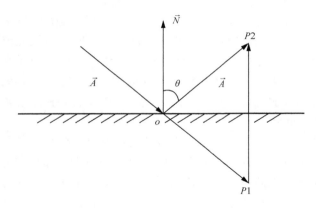

图 3-4　平面反射镜反射矢量

用坐标形式表示为

$$\begin{bmatrix} A'_x \\ A'_y \\ A'_z \end{bmatrix} = \begin{bmatrix} A_x \\ A_y \\ A_z \end{bmatrix} - 2\begin{bmatrix} N_x \\ N_y \\ N_z \end{bmatrix}(A_x N_x + A_y N_y + A_z N_z) \tag{3.2}$$

经过化简，有

$$\begin{cases} A'_x = (1 - 2N_x^2)A_x - 2N_x N_y A_y - 2N_x N_z A_z \\ A'_y = -2N_x N_y A_x + (1 - 2N_y^2)A_y - 2N_y N_z Z_z \\ A'_z = -2N_x N_z Z_x - 2N_y N_z A_y + (1 - 2N_z^2)A_z \end{cases} \tag{3.3}$$

分离式（3.3），写成矩阵乘法形式，具体如下。

$$\vec{A}' = \boldsymbol{R}\vec{A} = \begin{bmatrix} 1 - 2N_x^2 & -2N_xN_y & -2N_xN_z \\ -2N_xN_y & 1 - 2N_y^2 & -2N_yN_z \\ -2N_xN_z & -2N_yN_z & 1 - 2N_z^2 \end{bmatrix} \vec{A} \tag{3.4}$$

式中，$\boldsymbol{R}$ 为平面反射镜反射矩阵。

在机械扫描中，机械转动部件引发平面反射镜法线变化，因此反射光线变化角度是法线变化角度的 2 倍——入射角变化和反射角变化都体现在反射光线的角度变化上。

3.1.3 扫描轨迹与像旋

机械扫描产生的观测轨迹和像旋会影响成像质量。扫描轨迹就是光学遥感仪器"看到"了哪里，而像旋不仅影响空间位置，对观测接收到的辐射也有很大影响。

1. 扫描轨迹

以图 3-1 所示二维扫描镜为例进行分析说明，对图 3-1 进行反射镜和光路抽象化得到图 3-5，即将扫描镜绕 x 轴旋转和扫描镜绕 y 轴旋转后，交于点 o。

当反射镜处在一个合适的位置，使中心探测器的出射光线恰好与 x 轴和 y 轴组成右手平面直角坐标系（即中心探测器出射光线指向像面原点）时，可设此位置为初始位置，该出射光线路径为主视轴。当反射镜处于初始位置时，此时的 x 轴、y 轴和出射光线组成的坐标系为"初始坐标系"，出射光线称为 z 轴，必须准确定义，组成坐标系的坐标轴为"此时"的 x 轴和 y 轴，因为当反射镜绕 y 轴旋转后，旋转后的 y 轴和初始 y 轴重合，但是旋转后的 x 轴和初始 x 轴并不重合。

反射光线和垂直平面 yoz 的夹角定义为方位角，反射光线和水平平面 xoz 的夹角定义为俯仰角；同时，扫描镜绕 x 轴和 y 轴转动的角度也被称为俯仰角和方位角，要注意扫描镜俯仰角、方位角和光线俯仰角、方位角的不同，且其定义在不同的坐标系下——当扫描镜绕 y 轴旋转后，新的 x 轴和初始 x 轴不重合。为了简化定义，通常把扫描镜处于初始位置的俯仰角和方位角都归一化为 $0°$。需要注意的是，此时的扫描镜机械转角，在初始坐标系中未必为 $0°$，且通常不为 $0°$，因此反射镜法线矢量需要根据实际的机械转角来计算。

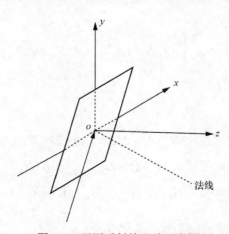

图 3-5　平面反射镜光路示意图

根据定义，当扫描镜处于初始位置时，主视轴的俯仰角 γ、方位角 θ 和扫描镜的俯仰角 β、方位角 α 都为 0°，当入射光线从 y 轴负向进入初始坐标系且出射方向为初始坐标系 z 轴时，扫描镜分别绕 x 轴和 y 轴转动俯仰角 β 和方位角 α 后，则初始坐标系下的入射光线矢量 $\begin{bmatrix} 0 \\ 1 \\ 0 \end{bmatrix}$ 经过反射镜反射后得到出射光线矢量 $\begin{bmatrix} A'_x \\ A'_y \\ A'_z \end{bmatrix}$，且满足

$$\begin{bmatrix} A'_x \\ A'_y \\ A'_z \end{bmatrix} = \boldsymbol{R}_{y(\alpha)}^{-1} \cdot \boldsymbol{R}_{x(\beta)}^{-1} \cdot \boldsymbol{R}_M \cdot \boldsymbol{R}_{x(\beta)} \cdot \boldsymbol{R}_{y(\alpha)} \cdot \begin{bmatrix} A_x \\ A_y \\ A_z \end{bmatrix} \tag{3.5}$$

式中，$\boldsymbol{R}^{-1}$ 表示矩阵 $\boldsymbol{R}$ 的逆，$\boldsymbol{R}_{p(q)}$ 表示矩阵绕 p 轴旋转 q 角度，$\boldsymbol{R}_M$ 是反射镜反射矩阵。

由初始坐标系下入射光线矢量 $\begin{bmatrix} 0 \\ 1 \\ 0 \end{bmatrix}$ 经过反射镜得到出射光线 $\begin{bmatrix} 0 \\ 0 \\ 1 \end{bmatrix}$，可得反射特性矩阵

$$\boldsymbol{R} = \begin{bmatrix} 1 & 0 & 0 \\ 0 & 0 & 1 \\ 0 & 1 & 0 \end{bmatrix}$$（反射镜法线在 yoz 平面内且与 z 轴成 45°角），代入 β 和 α 后，得

$$\begin{bmatrix} A'_x \\ A'_y \\ A'_z \end{bmatrix} = \begin{bmatrix} \sin\alpha\cos 2\beta \\ -\sin 2\beta \\ \cos\alpha\cos 2\beta \end{bmatrix} \tag{3.6}$$

通过式（3.6）可知，扫描镜的转角运动不等于仪器坐标系下的扫描角。

2. 像旋

光学成像系统的成像瞬间，其物像关系是确定的，但是分析光学成像系统的动态工作过程会发现，当指向镜绕两轴旋转时像平面是不旋转的，而指向镜的法线矢量是旋转的，与物矢量构成的入射面也是旋转的。

由于成像物体存在一定的体积，当反射镜转动时，该物体上不同点的光线旋转的角度是不同的，因此除像空间的整体变化外，成像物体上不同点的像矢量之间还有相对旋转，这样，指向镜旋转后的像相较于旋转前的像旋转了一个角度，可以称之为像旋。用一个明显的例子来说明像旋的发生，如图 3-6 所示。

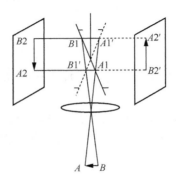

图 3-6 像旋示意图

在图 3-6 中，假设扫描镜首先面向左侧，那么像平面上一个矢量 $\overrightarrow{AB}$ 经过光学系统后在扫描镜的反射面上投影为 $\overrightarrow{A1B1}$，在物平面上的投影为 $\overrightarrow{A2B2}$，那么当扫描镜转动 180° 到达虚线位置后，矢量 $\overrightarrow{AB}$ 经过光学系统后在扫描镜的反射面上投影为 $\overrightarrow{A1'B1'}$，在物平面上的投影为 $\overrightarrow{A2'B2'}$，其矢量方向与 $\overrightarrow{A2B2}$ 是完全相反的。由于光路可逆，当扫描镜在两个不同位置上对物体成像时，产生的像也发生了旋转，扫描镜在不同位置时发生的像旋也不一样。一般情况下，扫描成像系统图像均会发生不同程度的旋转，在图像处理与应用时要针对不同的实际系统进行具体分析。

3.2　光学结构

光学系统在遥感仪器中负责收集目标的能量与分光，是遥感仪器重要的组成部分。光学系统的性能在很大程度上决定了图像质量，围绕遥感图像性能指标，本节主要讲解与图像质量相关的光学概念、光学结构影响图像性能的方式等，光学设计自身的科学原理仅做简单介绍。

3.2.1　光学系统基本概念

光学系统的性能会反映到光学图像中。常用的光学成像基本概念包括焦距、F 数、孔径、视场等，这些参数综合决定光学系统的性能，要根据具体任务提出的系统探测灵敏度、视场覆盖范围以及空间分辨能力等要求对光学系统进行设计。

1. 光阑

光阑是指限制光线进入遥感仪器的结构，光学系统的光学零件、金属框等均有可能成为光阑。根据限制目标的不同，一般有视场光阑、孔径光阑和消杂光光阑。对于确定的光学系统，能够无遮挡地通过系统的光束直径是固定且有限的，限制此光线的结构称为孔径光阑。孔径光阑经其前方部分光学系统所成的像称为入瞳。限定仪器对物空间成像范围的光阑称为视场光阑。非正常光路进入光学系统并出射至像面的干扰称为杂散光，为消除杂光设置的光阑称为消杂光光阑。

普通的照相机中，光圈就是孔径光阑，从物镜前方看到的光圈的像就是入瞳。

2. F 数

光学系统的 F 数或数值孔径可用来表述光学系统对辐射的汇聚能力，F 数的定义式为

$$F = \frac{f}{D} \tag{3.7}$$

式中，f 为系统的等效焦距，D 为入瞳直径。F 数的倒数被称为相对孔径。

3. 焦距

焦距分为像方焦距和物方焦距，物在无穷远时的像点称为像方焦点，像距称为像方焦距；物在物方焦点时，其像在无穷远处，此时的物距称为物方焦距。物方焦距和像方焦距满足式（3.8）。

高斯公式

$$\frac{f'}{l'} + \frac{f}{l} = 1 \tag{3.8}$$

式中，f、f' 分别是物方焦距和像方焦距，l、l' 分别是物和像到镜面的距离。

牛顿公式

$$xx' = ff' \tag{3.9}$$

式中，x、x' 分别是物点到物方焦点的距离和像点到像方焦点的距离，与式（3.8）中的 f、f' 不同，因此牛顿公式便于分析离焦量。

4. 视场与瞬时视场

通俗地讲，遥感仪器的视场就是其观测范围的大小，通常用入瞳中心对物空间的张角来表示，表示为 FOV，遥感仪器的视场包括遮光罩视场、光学系统视场以及探测器视场，一般来说

$$\text{FOV}_{遮光罩} > \text{FOV}_{光学系统} > \text{FOV}_{探测器} \tag{3.10}$$

式中的 $\text{FOV}_{探测器}$ 指所有探测器的视场总和，注意其与下文瞬时视场的区别。对于扫描型遥感仪器，扫描镜扩大了其观测范围，增大了视场，可称为扫描视场，但往往直接称为视场。

单个探测器对应的光学视场称为瞬时视场，表示为 IFOV，即在某一瞬间探测器能看到的视场范围，单个探测器可以是单元探测器，也可以是阵（线）列探测器中的一员。瞬时视场可通过近轴光学成像计算，化简后仪器的瞬时视场为

$$\text{IFOV} = \frac{\alpha}{f} \tag{3.11}$$

式中，α 是探测器敏感元的边长，f 是系统焦距。

5. 衍射限制

实际光学系统与理想光学系统有很大差异，即物空间的一个理想物点发出的光束经实际光学系统后，不再汇聚于像空间的一点，而是形成一个弥散的像斑。引起弥散斑的因素有两个，其一是光的波动性产生的衍射效应，另一个是光学表面几何形状和光学材料色散产生的像差。

按照波动理论，点源经过圆孔衍射产生的衍射像由一个明亮的中心圆斑、外面环绕若干明暗相间的环组成，中心圆斑称为艾里斑，艾里斑包含辐射能量的 84%。

艾里斑角大小为

$$\delta = 2.44 \frac{\lambda}{D} \tag{3.12}$$

式中，λ 是入射光波长，D 是主镜孔径。

两个相同亮度的物点经过系统成像，会产生两个衍射斑，如果两个衍射斑几近重合，就无法分辨了。瑞利提出一个判断准则：如果一个像的艾里斑的圆心与另一个像的第一暗环重合，则认为这两个像是可分辨的。因此理论上，刚好能分辨两个点源的最小分辨角为

$$\theta = 1.22 \frac{\lambda}{D} \tag{3.13}$$

式中，θ 是受系统衍射限制的能分辨两个目标的最小分辨角，像差的存在使实际分辨能力

还要低。

6．像差

任何一个实际光学系统都有一定的孔径和视场，也不可避免地存在像差。

单色光成像会产生性质不同的 5 种像差，即球差、彗差、像散、场曲和畸变，这 5 种像差统称为单色像差。球差是球面不能完善成像产生的，轴上光束成像只有球差，没有其他 4 种像差；轴外宽光束以一定的视场成像时，既存在球差，还存在彗差、像散、场曲、畸变。

光学介质对不同的色光有不同的折射率，不同色光通过光学系统时，折射率不同而有不同的光程，导致成像位置和放大倍率的差异，这种不同色光的成像差异称为色差。色差有两种，不同色光成像位置差异的像差称为位置色差，不同色光的成像放大倍率差异的像差称为倍率色差。以上像差都是在几何光学基础上定义的，统称为几何像差。

除个别情况外，光学系统成像都存在像差，完全消除像差是不可能的，也是没有必要的。光学设计的任务就是把影响图像质量的主要像差校正到某一允许的公差范围内，以满足系统技术性能指标的要求。

7．分光

分光实际上是划分了汇聚到探测上的光谱段，使指定探测器只接收特定波段的能量，用来实现多波段探测。分光方式一般用视场分光或者通道分光，视场分光指不同波段的光线汇聚在焦平面的不同位置上，在不同位置设置探测器以接收不同波段的能量，视场分光的两个波段的探测器在物空间的投影是不重合的；通道分光指完全在光谱维分开不同波段的光，两个波段的探测器在物空间的投影是完全相同的，如图 3-7 所示。

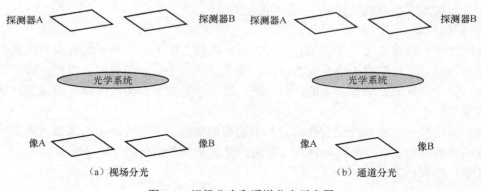

图 3-7　视场分光和通道分光示意图

3.2.2　典型光学结构

光学系统的主要结构和参数是确定遥感仪器设计的重要因素。光学系统的有效孔径、视场、焦距等是最主要的参数。通常这些参数是根据应用需求而定的，例如应用任务提出的系统探测灵敏度、视场覆盖范围以及空间分辨能力等要求；同时，工业制造能力也是不得不考虑的实际情况。

系统焦距通常根据系统视场、空间分辨率而定，为满足系统探测灵敏度的要求，光学系统应有较大的孔径和较强的聚光能力，即尽量减小 F 数。另外，为尽量扩大系统探测的空间范围，光学系统应有较大的视场。但是，大视场、小 F 数的光学系统往往很难保证系统有较高的空间分辨率。因此，应选择合适的光学结构以满足不同的需求。

有两类典型的光学结构，一类是适合大 F 数、小视场应用需求的反射式光学系统或折反射式光学系统，另一类是适合小 F 数、大视场应用需求的折射式光学系统。

1. 反射式光学系统

反射式光学系统以反射镜组成系统光路，通过反射镜反射汇聚来自目标的光线，反射镜的口径不受材料的限制，可以制作得较大，以弥补聚光能力的不足，受到结构的限制，实际应用中通常采用两片反射镜的双反射系统以及三片反射镜的三反射系统。

图 3-8 是反射镜光路图，根据反射镜汇聚焦点位置的不同，反射系统基本分为同轴反射和离轴反射，其中光线汇聚焦点在光路之内的称为同轴反射，光线汇聚焦点在光路之外的称为离轴反射。

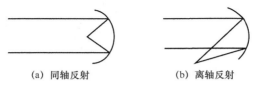

(a) 同轴反射　　　　　(b) 离轴反射

图 3-8　反射镜光路图

典型的双反射系统主要有牛顿反射系统、格里高利反射系统和卡塞格伦反射系统。

（1）牛顿反射系统

牛顿反射系统由抛物面主镜和平面反射镜次镜组成，平行光入射后起汇聚作用的只是主镜，次镜处于主镜焦点附近，与光轴成 45°，只起光线偏折作用。牛顿反射系统对无限远的轴上点无像差，图像质量只受衍射限制，但轴外像差较大，适用于高图像质量、小视场的场合。

与格里高利反射系统和卡塞格伦反射系统相比，同样焦距参数下，牛顿反射系统镜筒最长，使用不方便，因此实验室产生准直光束用的平行光管常采用牛顿反射系统。牛顿反射系统光路图如图 3-9 所示。

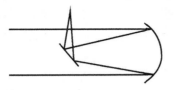

图 3-9　牛顿反射系统光路图

（2）格里高利反射系统

格里高利反射系统由抛物面主镜和椭球面次镜组成，次镜位于主镜焦点之外。椭球面镜的一个焦点和抛物面镜的焦点重合，则椭球面镜的另一个焦点就是整个物镜系统的焦点，因此，系统对无限远的轴上点是没有像差的。格里高利反射系统也可采取其他组合，例如，主镜、次镜都采用椭球面，则系统可同时存在消球差和彗差。格里高利反射系统光路图如图 3-10 所示。

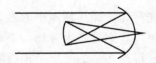

图 3-10　格里高利反射系统光路图

（3）卡塞格伦反射系统

卡塞格伦反射系统由抛物面主镜和双曲面次镜组成，次镜位于主镜焦点之内。双曲面镜的一个焦点和抛物面镜的焦点重合，双曲面镜的另一个焦点就是整个物镜系统的焦点，因此，系统对无限远的轴上点是没有像差的。

卡塞格伦反射系统的优点是镜筒短而焦距长，结构紧凑，汇聚光束通过主镜中心的孔，便于在焦面上放置探测器；缺点是二次曲面加工较困难。卡塞格伦反射系统光路图如图 3-11 所示。

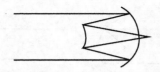

图 3-11　卡塞格伦反射系统光路图

双反射系统的共同特点是结构简单，不产生色差，因此使用较广泛。上面 3 种双反射系统都只能对轴上点消像差，大视场以及相对孔径增大条件下，图像质量比较差。

上面 3 种双反射系统的次镜将挡掉一部分图像质量较好的近轴光，这是系统的一大缺点。目前离轴式反射系统的应用越来越多，有效地避免了该问题，但是离轴系统的镜面面型设计加工和装调都带来了新的困难。

2．折射式光学系统

折射式光学系统通常由多片镜片组成，结构较紧凑。折射式光学系统可利用一个零件的像差去平衡另一个零件的像差，在满足小 F 数、大视场的同时，得到较高质量的图像。但是折射式光学系统对材料要求比较高，使得材料选择余地很小。

最简单的折射式光学系统是单片镜片构成的单透镜，也可由多个单透镜组成复合透镜：单透镜图像质量较差，只能用于对图像质量要求不高的系统；视场较大、F 数较小的折射式光学系统都是复合透镜。透镜系统光路图如图 3-12 所示。

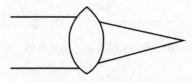

图 3-12　透镜系统光路图

3．折反射式光学系统

反射式光学系统的最大缺点是轴外像差较大，这种结构只适用于小视场、大 F 数的光学系统；折反射式光学系统由反射式物镜与折射式校正透镜组合而成，具有反射式物镜孔径大的优点。由于能用折射式透镜校正轴外像差，与反射式光学系统相比，折反射式光学系统的视场较大、F 数较小。折反射式光学系统的校正透镜可以设置在反射式物镜前或设置在反射式物镜的后光路中，形成折反射式光学系统，兼顾两种系统的优点。

图 3-13 是我国第一代静止气象卫星 FY-2 可见光红外自旋扫描辐射计光路图。双反射主光学系统出射的可见光经分离镜 4 反射，汇聚于可见探测器 5。可见光通道光学系统为典型的反射式光学系统。

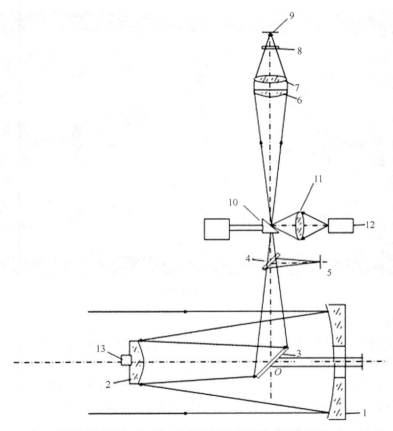

图 3-13　FY-2 可见光红外自旋扫描辐射计光路图

水汽、红外通道的光学系统是主光学系统与中继透镜的组合，为折反射式光学系统。主光学系统出射的红外光经分离镜 4 透射，在带通滤光片 10 处形成实像，中继透镜将该实像再次缩小成像于水汽、红外通道探测器 11。

主光学系统与中继透镜组合后，光学系统孔径不变，但水汽、红外通道的焦距减小了 20/117，像面照度大幅度增加，聚光能力的增强显而易见。

3.2.3　光学系统空间分辨率评价

遥感仪器的光学系统设计要以指标要求、物理约束等为边界条件，然而实际的光学系统能否达到设计指标要求需要根据实测结果判断，因此对光学系统的空间分辨率进行评价是研制过程的重要组成部分。

1. 直接分辨能力

直接分辨能力检验回归空间分辨率的本质，即能"看清"什么，在检验分辨率用的分辨率鉴别板上画出黑白相间、间隔变化的条纹图像，当实际光学系统对其成像后，根据图像上的内容辨别目标空间分辨率，从而得到实际光学系统的空间分辨率性能。分辨率鉴别板如图 3-14 所示。

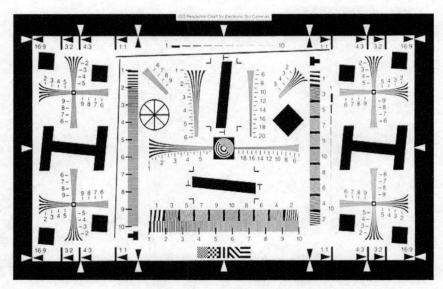

图 3-14 分辨率鉴别板

2. 弥散斑

弥散斑指理想的点光源在经过实际的光学系统后，在光学系统焦平面上形成的像。不同的光学系统形成的弥散斑是不相同的，一套光学系统的焦平面上不同位置的弥散斑也是有差异的，图 3-15 是不同弥散斑的示意图，显然，弥散斑越集中，表明形成的像越接近被成像物体（理想的点光源），光学系统空间分辨率越高、成像质量越好。

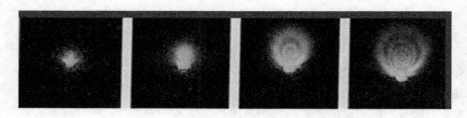

图 3-15 弥散斑

3. 调制传递函数

光可以视为空间中传播的波函数。

$$I(x) = I_0 + b\cos(2\pi f x) \tag{3.14}$$

式中，I_0 为正弦分布的平均光强度；b 为正弦分布的振幅；f 称为空间频率，表示在单位空间长度内正弦分布的周期数，其单位为 $\mathrm{lp \cdot mm^{-1}}$（线对每毫米），假设光的初始相位为 0。

当光经过实际光学系统后，波函数变为

$$I'(x) = I_0' + b'\cos(2\pi f x + \phi) \tag{3.15}$$

式中，I_0' 为正弦分布的平均光强度，b' 为正弦分布的振幅，ϕ 是光经过系统后的相位。

调制度定义为波函数最大值和最小值的比，大小为

$$M = \frac{I_{\max} - I_{\min}}{I_{\max} + I_{\min}} \tag{3.16}$$

式中，$I_{\max}$ 和 $I_{\min}$ 分别表示光强的最大值和最小值，调制度表示图像明暗反差的程度，可知 $0 \leqslant M \leqslant 1$，则 $M_物 = \dfrac{b}{I_0}$，$M_像 = \dfrac{b'}{I_0'}$。

随频率变化的 M 定义为以 f 为自变量的函数 MTF，则

$$\text{MTF}(f) = \frac{M_像(f)}{M_物(f)} \tag{3.17}$$

通常采用归一化 MTF 且省略频率 f 表示，则

$$\text{MTF} = \frac{\text{MTF}(f)}{\text{MTF}(0)} \tag{3.18}$$

实际光学遥感仪器的系统传递函数 MTF_S 是多个组件传递函数 MTF_i 的综合效果，可以表示为

$$\text{MTF}_\text{S} = \prod_{i=1}^{N} \text{MTF}_i \tag{3.19}$$

式中，MTF_S 表示系统传递函数，MTF_i 表示每个分系统的传递函数，N 表示分系统的个数，一般包括光学分系统、探测器分系统和信号处理分系统以及振动等造成的图像质量下降。

对于矩形探测器来说，它的空间响应为

$$\text{rect}(x) = \begin{cases} 1, |x| \leqslant \dfrac{\alpha}{2} \\[2mm] 0, |x| > \dfrac{\alpha}{2} \end{cases} \tag{3.20}$$

式中，x 表示空间位置，α 表示探测器的边长，探测器传递函数是探测器对空间频率的响应，对其进行傅里叶变换得到探测器 MTF_D，有

$$\text{MTF}_\text{D} = \int_{-\frac{\alpha}{2}}^{\frac{\alpha}{2}} e^{i2\pi f x} dx = \frac{1}{2\pi f} \sin\left(2\pi f \frac{\alpha}{2}\right) - \frac{1}{2\pi f} \sin\left(2\pi f \left(-\frac{\alpha}{2}\right)\right) = \\ \alpha \frac{1}{\pi \alpha f} \sin(\pi \alpha f) = \alpha \text{sinc}(\pi \alpha f) \tag{3.21}$$

即矩形探测器的归一化传递函数为 sinc 函数。探测器空间采样频率为其敏感元大小的倒

数，所以将其奈奎斯特频率，即该探测器能无混叠恢复的目标最高空间频率 $f_{奈奎斯特} = \dfrac{1}{2\alpha}$，代入式（3.20）（归一化后），得到

$$\text{MTF}_{\text{D-naq}} = \frac{\sin(\pi/2)}{\pi/2} = 0.637 \tag{3.22}$$

式（3.22）表明线阵探测器对空间频率等于奈奎斯特频率的景物采样时，信号调制度为 0.637。

以上计算针对探测器理想形式，即探测器为填充率 100% 的矩形探测器，然而受工艺限制，不是所有探测器的填充率都是 100% 的，理论上探测器的填充率小于或等于 100%，填充率决定了探测器对目标能量积分的空间范围，因此填充率会影响实际探测器的 MTF_D。针对探测器工艺造成的填充率不等于 100% 时的探测器 MTF_D 的研究比较多，然而当探测器为非单线阵排列、构成采样空间重叠的过采样系统时，可视为填充率大于 100%，传统探测器 MTF_D 对此种情况无法准确地表达。

在研究过采样成像时，作者提出了过采样探测一般形式的 MTF_D，当理想探测器构成 2 倍过采样图像采集系统，并且其敏感元的偏移为理想的 $\alpha/2$ 时，探测器 $\text{MTF}_{\text{D-OverLap}}$ 为

$$\text{MTF}_{\text{D-OverLap}} = \text{sinc}(\alpha f/2) \tag{3.23}$$

探测器工艺制造不出填充率高于 100% 的探测器，因此过采样探测器组件都是通过结构设计或者探测器工作控制来实现的，当发生"过采样"作用的相邻敏感元空间间距不是很理想时，$\alpha/2$ 用 $\Delta\alpha$ 表示实际位置距离理想位置的偏差，且把 $\Delta\alpha$ 表示为 $\Delta\alpha = k\alpha(0 \leqslant \alpha \leqslant 0.5)$，那么真实的采样间隔为 $(1/2+k)\alpha$，代入式（3.20）得到

$$\text{MTF}_{\text{D-OverLap}} = \text{sinc}\left[(1/2+k)\alpha f\right] = \text{sinc}\left[(1+2k)\alpha f/2\right] \tag{3.24}$$

式中，f 和 α 的意义同式（3.20）。当 k 在 $[0,0.5]$ 取值时，得到过采样系统的实际传递函数，且当 $k=0.5$ 时，式（3.24）退化为式（3.21），当 $k=0$ 时，式（3.24）退化为式（3.23），式（3.21）和式（3.23）是式（3.24）的特殊形式。常规 MTF_1、过采样 MTF_2 和一般 MTF_3 如图 3-16 所示。

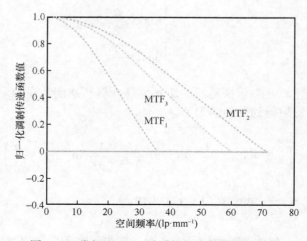

图 3-16　常规 MTF_1、过采样 MTF_2 和一般 MTF_3

3.3 探测器结构

一般光探测器分为光热探测器和光电探测器，其中光热探测器原理是利用辐射的热效应，通过热电变换来探测辐射。入射到探测器光敏面的辐射被吸收后，响应元的温度升高，响应元材料的某一物理量随之发生变化，利用不同物理效应可设计出不同类型的热探测器，其中最常用的有电阻温度效应（热敏电阻）、温差电效应（热电偶、热电堆）和热释电效应。

光热效应在不同波段上的效果是不一样的，对于远距离遥感来说，使用的探测器基本是光电探测器。光电探测器本质是半导体材料受到光照后引起的性能变化，转化成电信号从而体现光辐射的变化。

目前，普遍使用的光电探测器件可分为可见光图像传感器和红外图像传感器，从探测器规模角度，通常可分为单元探测器、线阵（列）探测器和面阵探测器。

3.3.1 可见光图像传感器

可见光图像传感器主要采用 CCD 图像传感器和 CMOS 图像传感器，两种传感器的光敏元件都是光伏二极管，光电转换原理相同，两者的主要差异为读出方式不同。

1. CCD 图像传感器

CCD 的概念是美国贝尔实验室在 1970 年首次提出的，目前，CCD 技术已被广泛应用于信号处理、数字存储及影像传感等多个领域。

CCD 图像传感器的光照方式有前照和背照两种。前照式 CCD 的入射光从分布有很多电极的正面透射，被硅材料吸收，转换为信号电荷。由于表面沉积的栅极氧化膜、多晶硅电极、表面保护膜的吸收作用，前照式 CCD 的量子效率较低，对紫外不响应。背照式 CCD 从背面直接照射半导体材料，受光面很薄，产生的信号电荷存储在靠近电极面的势阱中，背照式 CCD 有较高量子效率，适合 X 射线、UV 探测。

CCD 图像传感器的图像转移方式有 4 种，分别为帧转移（FT）、全帧转移（FFT）、行间转移（IT）、帧行间转移（FIT）。

（1）帧转移结构 CCD（FT-CCD）

FT-CCD 光敏区的每一列像元的光电转换与电荷转移部分是合二为一的，构成一个光注入型的 CCD 移位寄存器，FT-CCD 各列电荷向存储区的转移是并行的，全帧信号电荷能以极快的速度完成转移。FT-CCD 具有较高的填充因子，最高可达 100%。一些高灵敏度、高帧频、大尺寸的 CCD 图像传感器基本上是 FT-CCD。

（2）全帧转移结构 CCD（FFT-CCD）

FFT-CCD 与 FT-CCD 在结构上的差别是 FFT-CCD 仅有光敏区、无存储区，光敏区的列电荷直接注入行移位寄存器中。FFT-CCD 在使用时需要与机械快门配合。在快门开启时，光敏区完成光电转换和电荷积分。在快门关闭时，光敏区全帧信号电荷开始转移，帧转移工作原理与 FT-CCD 相同。

FFT-CCD 光敏区结构与 FT-CCD 相同，同样具有较高的填充因子，最高可达 100％。FFT-CCD 使用不太方便，其图像帧频主要被用于帧频要求不高、而定量要求较高的光谱测量仪器。

（3）行间转移结构 CCD（IT-CCD）

IT-CCD 与 FT-CCD 或 FFT-CCD 的最大差别是 IT-CCD 的光电转换与电荷转移部分是分开的，而 FT-CCD 或 FFT-CCD 的光电转换与电荷转移部分是合为一体的。

IT-CCD 的光电二极管阵列与 CCD 列移位寄存器之间用 MOS 开关阵列隔离。在积分期，开关阵列关闭，光电二极管产生的信号电荷存储在它的结电容上。在传输期，开关阵列导通，各列的信号电荷被同时注入对应的列移位寄存器中。

IT-CCD 的一个缺点是填充因子较小，转移速度较慢，因而帧频较低。但结构简单，价格低，一般图像监控、测量用的 CCD 图像传感器大多为 IT-CCD。

（4）帧行间转移结构 CCD（FIT-CCD）

IT-CCD 的另一缺点是当信号电荷注入列移位寄存器开始移位读出时，与其邻近的光电二极管已开始下一周期的电荷积分，电荷的漏泄形成图像"沾污"（smear）。

FIT-CCD 能解决这一问题，方法是像 FT-CCD 那样，设置存储区，注入列移位寄存器的电荷被迅速转移到存储区保护起来，再逐行逐元读出。

2．CMOS 图像传感器

CMOS 图像传感器由像敏单元阵列、场效应开关管阵列、地址选通、输出放大器等单元组成，可将其视作一个可随机存储的存储器，像敏单元被选通后可直接驱动信号总线并放大，依序取出各个像元的光电转换信号可得到全帧图像。

根据 CMOS 图像传感器是否具有信号放大和处理功能，可将其分为两类。基本成像单元无信号放大、处理功能的 CMOS 图像传感器被称为 CMOS PPS，而基本成像单元有信号放大、处理功能的 CMOS 图像传感器则被称为 CMOS APS。

CMOS 图像传感器采取逐行读出，每次选中一行。选中时，同一行像敏单元同时导通，并行输出模拟电压，驱动各自的列总线；再利用一个高速开关，依次输出同一行各列像敏单元的模拟信号。

CMOS 图像传感器的光敏面几何尺寸的变化、暗电流起伏以及电路的 $1/f$ 噪声都能产生固定图案噪声，因此 CMOS 读出一般像需要先采样保持，然后用相关双采样电路通过差分来消除固定图案噪声。

在读取方式上，CMOS 传输的信号是电压，像元地址选通电路是一个数字移位器，只需加 TTL 电平的时钟、同步信号即可产生选通信号，驱动电路较为简单；而 CCD 传输的信号是电荷，它的电路功能可视作一个模拟移位寄存器，需要多个不同电平的驱动脉冲及电源的支持，电路相对复杂。

同时，CMOS 图像传感器的工艺与 CMOS 电路是一样的，很容易把光敏元阵列、信号读取、模拟放大、A/D 转换、数字信号处理、计算机接口电路等集成到一块芯片，形成高度集成化的传感器芯片，在体积、电源功耗等方面尤其具有天然优势。

从两种探测器发展历史来说，CCD 图像传感器的技术优势在大尺寸、低噪声、高动态范围、高读出速率等方面，适用于要求高探测灵敏度、高空间分辨率、高帧频的成像系统。与 CCD 图像传感器相比，CMOS 图像传感器在这些技术指标方面表现较差。但是近些年 CMOS

技术飞速发展，CMOS 图像传感器与 CCD 图像传感器在性能方面的差距已明显缩小。

3. 时间延迟积分（TDI）探测方式

TDI 探测方式并不是一种平行于 CCD 和 CMOS 图像传感器的探测器类型，属于另一种工作方式，与实现其工作的探测器类型无关，但是 TDI 探测方式可以被视作改变了探测器的基本工作参数。

如图 3-17 所示，探测器在线列方向上排列着若干元探测器，若干线列探测器组成了 TDI 器件，探测器扫描方向垂直于线列方向，第一列探测器在 $T0$ 时刻运动到目标位置 S 进行采样，第二列探测器在 $T1$ 时刻运动到目标位置 S 进行采样……第 N 列探测器在 TN 时刻运动到目标位置 S 进行采样，在短时间内目标不变条件下，位置 S 的采样能量为

$$P = \sum_{i=1}^{N} P_i \tag{3.25}$$

且应满足

$$P = NP_i(i=1,2,\cdots,N) \tag{3.26}$$

噪声模型可简化为

$$\text{Noise}_{-M} = \sqrt{N}\text{Noise}_{-S} \tag{3.27}$$

Noise_{-M} 是 TDI 探测方式下的噪声，Noise_{-S} 为非 TDI 探测方式下的单帧噪声，因此，TDI 探测方式可以使观测信噪比提高 $\left(\dfrac{NP_i}{\text{Noise}_{-M}}\right)\Big/\left(\dfrac{P_i}{\text{Noise}_{-S}}\right) = \sqrt{N}$ 倍，相当于提高了器件性能。目前 TDI 器件常用 16 级、32 级、64 级和 96 级等。

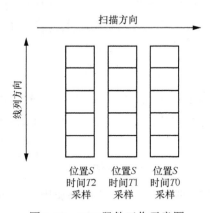

图 3-17　TDI 器件工作示意图

然而，TDI 器件在使用时有一个前提条件，即其认为在短时间内目标不变，此时 TDI 才有意义，否则多级 TDI 观测到非同一目标，TDI 失去了物理基础。同时，由于控制会带来误差，理论上多级 TDI 要控制在同一采样位置 S，实际上每一列的采样位置会稍有不同，分别在位置 $S1,S2,\cdots,SN$ 上，虽然这些位置大体相同，但是细微的差异等价于系统点扩散函数增大、传递函数降低，即降低了观测系统空间分辨率。

如何应用 TDI，还要根据系统性能和观测目标综合考虑，权衡确定。

3.3.2　红外图像传感器

光子探测器是最常用的红外探测器，它的工作机理是光子与探测器材料直接作用，产生内光电效应。因此，光子探测器的探测率一般比热探测器要高 1 至 2 个数量级，其响应时间为微秒或纳秒级。光子探测器的光谱响应特性与热探测器完全不同，通常需要制冷至较低温度才能正常工作。

光线在半导体内前进会被材料吸收，其强度逐渐减弱，可用式（3.28）表示。

$$I = I_0 e^{-\alpha \tau} \tag{3.28}$$

式中，α 为吸收系数，单位是 cm^{-1}，τ 为光线行进距离。吸收系数随入射辐射波长变化的曲线称为光谱吸收系数，这是红外半导体材料的特性，吸收光谱上的吸收边就是探测器的截止波长。

按照普朗克的量子理论，辐射能量是以微粒形式存在的，这种微粒称为光子或量子。一个光子的能量是

$$E = h\nu = \frac{h}{\lambda} \tag{3.29}$$

式中，h 表示普朗克常数，ν 表示电磁波频率。

半导体中的电子运动可以用能带理论来描述，能带结构决定了半导体的性质，能带分为价带和导带，价带与导带之间称为禁带。禁带的能量范围称为禁带宽度，又称为能隙或者带隙，是半导体材料重要的基本参数。半导体吸收红外辐射能量使价带中有些电子可能跃迁到导带，参与导电，而在原来位置留下空穴（满带中电子跃迁后留下的空态），导致其他电子在外电场作用下改变状态，因此半导体中产生了载流子（自由电子和自由空穴），半导体器件从非导电状态变为导电状态。

$$E_g = E_c - E_v \tag{3.30}$$

式中，E_g 表示禁带宽度，E_c 表示导带底能级，E_v 表示价带顶能级。

光子能量大于半导体禁带宽度的红外辐射使价带中的电子跃迁到导带，并留下空穴，称为本征吸收，本征吸收的波长限满足

$$\lambda \leqslant hc/E_g \tag{3.31}$$

红外辐射被掺杂在半导体中的杂质吸收，引起杂质电离，称为非本征吸收，波长限满足

$$\begin{cases} \lambda \leqslant hc/E_D, \text{N型半导体} \\ \lambda \leqslant hc/E_A, \text{P型半导体} \end{cases} \tag{3.32}$$

红外辐射也可以被自由载流子吸收，改变自由电子能量状态，没有确定的波长限。

本征吸收可以在本征半导体中发生，也可以在非本征半导体中发生，且本征吸收产生两种自由载流子，非本征吸收只产生一种载流子（电子或空穴，跟掺杂特性有关），自由载流子吸收不产生新的载流子，只改变原有载流子状态。

下面分别介绍光导型探测器、光伏型探测器和量子阱红外探测器。

1. 光导型探测器

半导体材料吸收紫外、可见光、红外或者 γ 辐射后，会产生光生载流子，进而改变敏感元件的电导率（一般是电导率增加，因为自由载流子增多），这种现象称为光电导效应。如果用外围电路对光导型探测器加一个恒定的偏流或者偏压，则可以通过监测敏感元件电压降的变化来检测电导率的变化，完成光信号到电信号的转换。

光导型探测器的响应率与电导率变化成正比，而电导率变化的本质是半导体中载流子发生了变化，在恒定光照条件下，一个电子和空穴都参与导电的光导型探测器的电导率变化为

$$\Delta\sigma = q\left(\Delta n\mu_{\mathrm{e}} + \Delta p\mu_{\mathrm{h}}\right) \tag{3.33}$$

式中，q 为电子电荷，Δn、Δp、μ_{e}、μ_{h} 分别为电子和空穴的增量浓度以及迁移率。

由于载流子产生与负荷需要时间，因此光导型探测器在接受光照后到稳定的状态需要一定的时间，同时光照消失后电流消失也需要一定的时间，响应上升或下降的时间就是响应时间，显然响应时间越短越好，这有利于提高遥感仪器的时空分辨率。

不同光导型探测器的输出阻抗变化也较大，从数十欧姆到兆欧姆量级。对于低输出阻抗的光导型探测器，一般采用毫安级的恒流偏置，前置放大器（前放）输入通常为毫伏级的弱信号，因此前放放大倍数达数千倍，所以低噪声前放对光导型探测器非常重要。一般要求前放的等效输入噪声功率比探测器低一个数量级。而高输出阻抗的光导型探测器通常采用恒压偏置来工作。

2. 光伏型探测器

光伏型探测器利用了半导体材料的光生–伏特效应。当 P 型半导体和 N 型半导体接触时，由于 P 区和 N 区中电子以及空穴浓度不同，因此 P 区中的空穴和 N 区中的电子会跨过接触面扩散到另外一侧，并在接触面两侧的附近区域留下了杂质离子，两侧的正负电荷量相等，这一空间电荷区内就产生了由 N 指向 P 的电场 E，电场 E 的存在减弱了扩散过程，同时增加了电荷在电场方向上的漂移，当 $I_{扩散} = I_{漂移}$ 时，空间电荷区的总电流为 0，达到动态平衡。空间电荷区也可称为耗尽区、阻挡层和势垒区等。

光伏型探测器受到光照后，入射光子在 PN 结附近被吸收，原有的电流动态平衡被打破，根据入射光强的不同，最终会建立新的耗尽区达到新的电流动态平衡，PN 结的整体电特性可以用伏安特性曲线来描述，不同的光照使光伏型探测器伏安特性曲线发生变化，通过对探测器接口电流/电压的测量就可建立光信号变化的过程，实现对光信号的探测。

根据半导体材料性质，光伏型探测器在理论上能达到的最大探测率是光导型探测器的 $\sqrt{2}$ 倍。另外从电路连接设计方面看，光伏型探测器能零偏置工作，即使加反向偏置，偏置功耗也会很低；并且光伏型探测器由于是高阻抗器件，较易与同样为高阻抗的 CMOS 读出电路匹配。因此，红外焦平面探测器均是光伏型探测器。雪崩光电二极管（APD）是一种典型的高速、高灵敏度的光伏型探测器。

3. 量子阱红外探测器

量子阱红外探测器（QWIP）由两种禁带宽度不同的材料交替叠加而成，并且使 z 方向上的薄层厚度与电子的德布罗意波长可比，那么禁带宽度小的半导体薄层中的电子和空穴

运动就会因为受到"量子限制"，被限制在图 3-18 所示的势阱中，其能量只能取几个分立能级的值。

$$E_j = \left(\frac{h^2\pi^2}{2mL_{\mathrm{w}}^2}\right)j^2 \tag{3.34}$$

式中，L_{w} 是量子阱宽度，m 是量子阱中载流子的有效质量，j 是能级，$j=1$ 表示基态，$j=2$ 表示第一激发态。量子阱红外探测器受到光照时，在光子激发下，电子由基态跃迁到第一激发态（目前量子阱红外探测器主要利用基态和第一激发态之间的跃迁），从势阱中逸出的载流子在电场的作用下，被收集为光电流，完成光电探测。QWIP 响应的峰值波长由量子阱的基态和激发态的能级差决定，它的光谱响应与本征红外探测器不同，QWIP 的光谱响应峰较窄、较陡。但它的峰值波长、截止波长可以灵活、连续地裁剪。

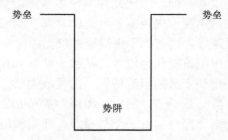

图 3-18　量子阱红外探测器原理

　　根据第一激发态能级位置与势垒高度的相对关系，跃迁形式有 3 种，分别为束缚态-束缚态（B-B）跃迁、束缚态-连续态（B-C）跃迁、束缚态-准束缚态（B-QB）跃迁，B-B 跃迁需要逸出载流子通过隧穿才能逃逸出势阱，B-QB 跃迁虽然不易实现，但能在保持响应率条件下，使 QWIP 暗电流降低、响应曲线更陡峭。

3.3.3　探测器噪声

　　探测器噪声指的是探测器、电路元件产生的随机电噪声，用噪声电压或者噪声电流来表示。电噪声是一种随机变量，在任一瞬时，随机变量的幅度和该瞬时前后出现的幅度完全无关，只能用统计的方法表示某一幅值出现的概率。

　　电压（或电流）随机起伏的均方根差称为噪声电压（或噪声电流），用式（3.35）表示。

$$V_{\mathrm{noise}} = \sqrt{\frac{1}{T}\int_0^T (V-\bar{V})^2\,\mathrm{d}t} \tag{3.35}$$

　　不同类型噪声的功率频谱也不尽相同，可用谱密度来表示。谱密度可定义为单位带宽的均方噪声电压或均方噪声电流，也可定义为单位根号带宽内的均方根噪声电压或均方根噪声电流。

　　探测器内部固有的噪声有约翰逊噪声、$1/f$ 噪声、产生-复合噪声、散弹噪声等，此外探测器外部噪声还有光子噪声。

1．约翰逊噪声

约翰逊噪声也称为热噪声，它是自由电荷载流子与晶格原子碰撞产生的。

约翰逊噪声电压可表达为

$$V_{\text{temperature}} = 2\sqrt{kT_{\text{d}}R_{\text{d}}\Delta f} \tag{3.36}$$

式中，k 为玻尔兹曼常数，T_{d} 为探测元绝对温度，R_{d} 为探测元电阻，Δf 为电子带宽。

任何电阻都是一个热噪声发生器，如果噪声源是一个阻抗而不是纯电阻，它的噪声电压只取决于阻抗的电阻部分，而与电容、电感部分无关。

2．$1/f$ 噪声

$1/f$ 噪声产生的物理机理还不是特别明确，也可称为调制噪声或者闪烁噪声。$1/f$ 噪声产生于非欧姆接触晶体表面或晶体本身，存在于所有探测器，对低频段影响较大。可用 $1/f^{\tau}$ 作为 $1/f$ 噪声的功率谱，τ 一般取 $0.8\sim 2$。

3．产生−复合噪声

由于晶格的振动原子之间的相互作用，自由载流子的产生率和复合率是随机起伏的，由此产生的噪声称为产生−复合噪声。

产生−复合噪声的噪声电压为

$$V_{\text{g}} = R_{\text{d}}I\sqrt{\frac{4\tau\Delta f}{\bar{N}\left(1 + 4\pi^2 f^2 \tau^2\right)}} \tag{3.37}$$

式中，τ 为载流子寿命，f 为辐射调制频率，$\bar{N}$ 为探测元的平均载流子数。

产生−复合噪声存在于所有光子探测器，在低频段或中频段，产生−复合噪声的谱密度与频率无关，可视作白噪声。光伏型探测器只有自由载流子产生率起伏的产生噪声，没有载流子复合率起伏的复合噪声。

4．散弹噪声

自由电子和空穴是以微电流脉冲的形式非连续地流过 PN 结的，在外电路中表现为随机的噪声电流或噪声电压，光导型探测器由于没有 PN 结，所以不存在散弹噪声。

散弹噪声的噪声电压为

$$V_{\text{s}} = R_{\text{d}}\sqrt{2qI\Delta f} \tag{3.38}$$

式中，I 为通过 PN 结的直流电流。

5．探测器总噪声

在不同频率段、不同类型探测器中起主导作用的噪声也是不同的。探测器的总噪声电压是各种探测器噪声电压的平方和开方，不能直接相加。

3.3.4　焦平面阵列的噪声

阵列探测器的应用规模越来越大，研究阵列探测器的噪声有重要意义，阵列探测器与单元探测器的很大不同是存在模式噪声，可以简单理解为阵列探测器中探测元与探测元之间的差异导致的对信号的响应起伏。

3.3.5　探测器组件与应用

为保证探测器的稳定性和应用方便，探测器件都是封装好进行应用的，尤其红外探测器往往会把制冷功能也封装在一起来保证器件的工作温度，从而构成探测器组件。

探测器组件根据工作环境的适应范围，一般分为商业级、工业级和宇航级，它们适应恶劣环境的能力逐级加强。卫星遥感仪器工作环境比较恶劣，原因之一是空间辐射对探测器的影响，因此基本选择宇航级组件，宇航级组件抗辐照性能比较好，可以降低空间粒子辐射对探测器工作性能产生影响的概率。

3.4　制冷结构

红外探测器制冷方式大体上包括辐射制冷、热电制冷、储存式（液体或固体）制冷、机械式制冷等种类，设计者可根据所需的制冷温度、制冷量及运行寿命选择合适的制冷方式，另外，红外探测器通常是与制冷器封装为一体的，制冷器的结构也是设计需要考虑的一个要素。光学卫星遥感仪器常用的制冷方式主要是辐射制冷和机械式制冷。

3.4.1　辐射制冷

辐射制冷的基本原理非常简单，就是使航天遥感仪器的热量通过辐射方式输入宇宙空间中，宇宙空间的平均温度为 4K，远低于目前在轨运行的卫星遥感仪器温度，而热量总是从温度高的地方流向温度低的地方。辐射制冷方法没有运动部件，使用寿命特别长，而且无功耗，它的工作原理可以理解为家里的暖气，热量通过散热件辐射到空间。

辐射制冷示意图如图 3-19 所示，有一个大小合适且涂以低反射涂层的冷板，冷板在真空环境下向深冷空间辐射能量，并平衡在一个相当低的温度下；此外，冷板必须对航天器本体热屏蔽，减少漏热。由于航天器还会受到太阳辐射、地球反照和地球红外辐射等空间外热流的加热，因此应根据轨道和姿态分析将辐射制冷器放置在合适的位置上，还应设计合适的屏蔽罩，以防止空间外热流的直接照射，并保持对空间冷背景的有效辐射能力。

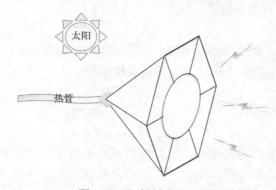

图 3-19　辐射制冷示意图

3.4.2　机械式制冷

机械式制冷示意图如图 3-20 所示，与家用电冰箱类似，属于闭循环式的制冷，利用气体压缩和膨胀对外做功，达到运输热量进而制冷的目的，最为显著的特点是制冷剂可循环使用。可利用的热力学循环有斯特林循环、维勒米尔循环、逆布雷顿循环、普通的闭式循环以及脉管循环等。

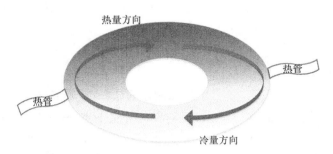

图 3-20　机械式制冷示意图

典型的斯特林制冷机由压缩机、膨胀机和电子装置等主要部件组成，由于有活塞高速运动，斯特林制冷机振动噪声可能会对探测器产生干扰。与辐射制冷机、固体制冷机相比，机械式制冷机具有体积小、安装灵活、制冷温度低、制冷量大等优点。脉管式制冷机近些年有长足发展，性能较佳，然而运行较平稳。

3.5　仪器在轨性能测试

3.5.1　仪器性能

光学卫星遥感仪器的在轨性能指标，在数据（图像）层面主要包括视场、时间分辨率、空间分辨率、动态范围、辐射分辨率、灵敏度等。

1. 视场

视场指遥感仪器所能成像的角度，可以通过机械运动来拼接扩大视场。视场与仪器光学结构、探测器结构和机械结构，以及卫星整体设计和轨道设计都有关。

2. 时间分辨率

时间分辨率指遥感仪器对一定视场重复成像的时间，遥感仪器的时间分辨率是对仪器性能的评价指标，不完全等于数据的重访周期，如美国 GOES-R 卫星的有效载荷 ABI，具备地球全圆盘 5min 成像能力，因此仪器全圆盘时间分辨率是 5min，但其中一种业务模式设计是每隔 15min 观测一次全圆盘图像，因此重访周期是 15min。

需要注意和加以区分的是，在口语化讨论过程中，两个概念有时会被混用，比如面对 GOES-R 的工作模式，也可能被表达为全圆盘时间分辨率 15min，但这更多的是从数据层面的一种表达，和仪器性能不完全等价；或者说把 ABI 的仪器性能表达为重访周期 5min，此时两个概念是等价的。具体的物理含义要在具体语境里加以分析确认。

时间分辨率与仪器光学结构、探测器结构和机械结构，以及卫星整体设计和轨道设计都有关。

3. 空间分辨率

空间分辨率指对目标的空间区分能力，和瞬时视场表达相同的意思，一般光学遥感仪器空间分辨率可用角分辨率、地面分辨率等不同方法进行表达。角分辨率指一个探元对目标的张角，由于在不同距离上仪器张角是一样的，所以角分辨率通常不用附加其他条件。地面分辨率与距离和观测角度都有关，所以一般用"星下点分辨率"进行强化约束，指探测器在星下点位置的地面分辨率 GSD。

$$GSD = IFOV \cdot Dis_{IMAGING} = \frac{\alpha}{f}H \tag{3.39}$$

式中，$Dis_{IMAGING}$ 表示成像距离，α 是矩形探测器的边长，f 是光学系统的焦距，H 是卫星成像时的轨道高度。从式（3.39）可见，只有在计算星下点分辨率时，才能用卫星高度来计算；当遥感仪器观测非星下点位置时，虽然角分辨率不变，但地面分辨率会发生变化。

提高空间分辨率时，另外一个常用的概念是像元中心距，指两个相邻探测器中心位置的距离，注意像元中心距与探测器大小的区别在于填充率的差异，当填充率为 100% 时，探测器大小等于中心距，而当填充率小于 100% 时，探测器大小小于中心距；在实际中，往往忽视探测器的填充率，因为其往往间隔较小，且探测器件发展趋势是间隔越来越小，此时像元大小=中心距。而在某些器件填充率过小时，或者仪器工作模式等造成的"等效填充率"过小时，就要注意像元大小与中心距的差别。

典型的如 FY-4A/GIIRS 仪器，星下点分辨率为 16km，然而像元中心距在星下点为 32km，所以仪器空间分辨率表达为 16km 是准确的，表示仪器观测数据的能量空间分布范围，实际上数据的可用空间分辨率为 32km，在讨论仪器性能时要充分考虑具体情况下的语义差别。

4. 动态范围

动态范围一般有两种定义，一种定义是对自然目标能量的可接收范围，如 0～100 反照率，指遥感仪器观测自然目标反射 0%～100% 太阳光时不会发生饱和；如 180K～330K，指遥感仪器观测亮温在 180K～330K 的自然目标时不发生饱和。这种定义方式与遥感仪器性能和观测目标之间的关系密切相关。

另外一种定义是输出信号电压范围与噪声信号电压之比，见式（3.40），这种定义方式直接体现了遥感仪器的动态特性。

$$R = \frac{V_{max}}{V_{noise}} \tag{3.40}$$

5. 辐射分辨率

辐射分辨率指仪器能够区分的目标最小辐射能量变化。

$$\Delta R = \frac{Range}{2^N} \tag{3.41}$$

式中，Range 是仪器的自然目标动态范围，N 是仪器量化位数，所以从理论上讲，提高量化位数会提高辐射分辨率，但是对于具体仪器确定的灵敏度来说，当噪声过大时，过高的辐射分辨率会被噪声所淹没，即仪器噪声幅值大于辐射分辨率时，仪器显示的目标辐射变化已经不知道是真实变化还是噪声所致，过高的量化位数还会增大数据传输与存储的压力，所以仪器量化位数设计要合理，需要与仪器的动态范围、辐射分辨率和灵敏度指标等相匹配。

6. 灵敏度

成像系统灵敏度与器件、电路构成等有复杂的关系，系统灵敏度大体有两种表示方法。其中一种方法基于系统的噪声功率，如与噪声功率等价的噪声等效辐照度、噪声等效辐亮度等，对被动光学遥感来说，接收能量要么来自目标对太阳光的反射，要么来自目标自身发射的辐射，因此也可用更加直观的噪声等效温差、噪声等效反射率差等表示遥感仪器灵敏度，这些可由噪声等效辐照度、噪声等效辐亮度换算而来。当系统入射的辐照度或辐亮度等于噪声等效辐照度或噪声等效辐亮度时，仪器输出信噪比为 1。另一种遥感仪器灵敏度参数直接用对特定目标的探测能力表示，如作用距离，表示红外搜索系统观测辐亮度确定的特定目标的最大可探测距离。注意，用作用距离表示灵敏度必须规定可靠探测所需的信噪比等测试条件。

7. 杂散光

光学系统杂散光是指到达光学系统像面的非成像光线，杂散光能量和视场范围内目标能量一起被探测器接收并响应，引起图像对比度下降、信噪比下降，最终导致图像质量下降，光学系统杂散光是遥感数据定量化应用必须面对的难题，严重时，杂散光甚至可以导致系统失效，获取的数据无法应用。

杂散光主要包括以下 3 种。

① 视场外目标直接漏光引起的杂散光；
② 午夜直射杂散光；
③ 视场外目标能量多次反射到视场内的杂散光。

8. 仪器自发辐射

遥感仪器自发辐射相当于探测器会接收到一个背景噪声，自发辐射受仪器所处的环境温度影响比较大，目前红外观测系统都设计了直流恢复功能，并通过差分来削弱背景辐射影响，但是遥感仪器自发辐射会影响器件性能、"吃掉"仪器动态范围，因此其越小越好。

3.5.2　在轨测试

在轨测试指卫星发射在轨后的性能与指标测量评价，对确定遥感仪器的工作状态非常重要。需要说明的是，卫星及遥感仪器的在轨测试内容非常庞大、种类繁多，包括数据传输、工作状态、数据性能等。本书重点讲解遥感仪器和图像有关的内容，因此在轨测试内容集中在图像领域，并不是卫星工程在轨测试的全部内容。

1. 仪器灵敏度测试

灵敏度是遥感仪器非常重要的指标，无论是发射前还是在轨，灵敏度测试工作都是非常重要的工作，灵敏度测试的物理本质是测试遥感仪器对目标测量的随机起伏，探测器的随机噪声用稳定目标的均方根误差来表示。

$$\text{Std} = \sqrt{\frac{\sum_{i=1}^{N}(x_i - \overline{x})^2}{N}} \qquad (3.42)$$

式（3.42）计算出的是没有量纲单位的观测值，实际的遥感仪器需要用实际的物理量来定义探测灵敏度，如红外遥感仪器灵敏度常用噪声等效温差（NETD）来表示，反映了系统的电噪声性能，它可以由噪声等效亮度（NEL）与微分辐亮度联合导出。既可用时间序列又可用空间序列数据进行测试，对应的数据源为稳定的定标源或者空间均匀目标。

（1）基于定标的灵敏度测试

当遥感仪器对稳定的定标目标进行时间序列观测时，由于仪器观测噪声的存在，观测序列会出现一定程度的起伏，现代红外遥感仪器通常携带星载黑体用于辐射定标，把黑体观测时间序列代入式（3.42），求出观测技术值的 Std，然后利用式（3.43）计算得到灵敏度。

$$\mathrm{NETD} = \frac{\partial(T)}{\partial(\mathrm{DN})} \times \mathrm{Std} \tag{3.43}$$

式中，DN 表示仪器输出的数值。

从表 3-1 可以看出，FY-4A/AGRI 灵敏度全部符合研制要求，且达到了较高的水平。

表 3-1　FY-4A/AGRI 灵敏度在轨测试结果

序号	波长	灵敏度
1	3.5μm	0.1K
2	5.8μm	0.09K
3	6.9μm	0.12K
4	8.5μm	0.06K
5	10.3μm	0.07K
6	11.5μm	0.14K
7	13.2μm	0.6K

（2）基于图像的灵敏度测试

在遥感仪器观测图像中选择空间均匀区域，利用式（3.42）和式（3.43）计算仪器灵敏度。当遥感仪器采用的是多元（$N>1$）探测器时，基于图像的灵敏度测试包含了模式噪声，更接近真实应用。

当观测目标序列时间跨度较大或非稳定时，为了避免均匀目标自身变化带来的评价误差，可以考虑克里金算法等基于非稳定目标的计算方法。

2．MTF 测试

MTF 的含义是描述系统再现成像物体空间频率范围的能力，较之前的仅凭某一个数字量（分辨率、清晰度等）来对成像系统进行质量评价更具权威性。理想的成像系统要求 100%再现成像物体细节，但现实中经过成像系统获得的图像都不同程度地损失了影像的对比度。MTF 值越大，成像系统再现成像物理细节的能力越强、灰度对比越明显。

常用的获取遥感图像在轨 MTF 的测试方法是刃边法，刃边法的特点在于，可以得到图像 MTF 关于空间频率的一条曲线，奈奎斯特频率所对应的 MTF 值就代表遥感图像的 MTF值，该方法符合卫星在轨特性。

（1）反射波段 MTF 测试

反射波段图像由于边缘清晰，容易找到理想的"刃边"目标用于测试，以 FY-4A/AGRI

在轨测试为例。选择 2017 年 3 月 15 日 13 时（北京时间）数据，选择星下点午时是因为此时光照条件较好。

对星下点空间分辨率 0.5km、1km 和 2km 通道进行在轨 MTF 测试，具体选用数据如下：

FY4A-_AGRI--_N_DISK_0995E_L1-_FDI-_MULT_NOM_20170315051500_0500M_V0001；

FY4A-_AGRI--_N_DISK_0995E_L1-_FDI-_MULT_NOM_20170315051500_1000M_V0001；

FY4A-_AGRI--_N_DISK_0995E_L1-_FDI-_MULT_NOM_20170315051500_2000M_V0001。

测试结果见图 3-21 和表 3-2。

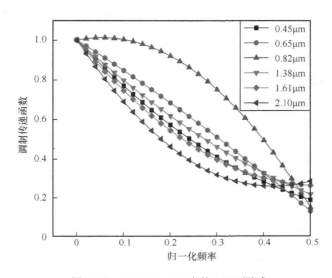

图 3-21 FY-4A/AGRI 在轨 MTF 测试

表 3-2 FY-4A/AGRI 反射波段在轨 MTF 测试结果

序号	空间分辨率	波长	MTF 指标	测试结果	是否符合
1	1km	0.45μm	>0.15	0.18	是
2	0.5km	0.65μm	>0.1	0.14	是
3	1km	0.82μm	>0.15	0.16	是
4	2km	1.38μm	>0.2	0.23	是
5	2km	1.61μm	>0.2	0.21	是
6	2km	2.10μm	>0.2	0.26	是

从表 3-2 看出，FY-4A/AGRI 的空间分辨率为 0.5km、1km 和 2km 的图像在轨 MTF 测试结果均符合设计指标要求。

（2）发射波段 MTF 测试

常见的遥感图像 MTF 测试都用于太阳反射波段，尤其是高分辨率遥感图像，无论使用自然目标还是使用人工铺设的高分辨率标靶，都易于实现在轨 MTF 测试。由于红外图像尤其是低分辨率红外图像主要进行温度探测，难以找到用于评价 MTF 的理想"刃边"目标，作者利用月球目标开展低空间分辨率红外波段图像在轨 MTF 测试，利用月球和宇宙背景的锐利边缘实现了 FY-2 中波红外波段在轨 MTF 测试。

图 3-22 所示的是利用月球红外图像在轨 MTF 测试，图 3-22（a）所示的是 FY-2 中波红外月球图像，按照刃边法计算 MTF，依据太阳光照条件，选择月球图像的左边缘中段作为刃边目标进行计算。月球图像边缘作为刃边有其特殊性，图 3-22（b）所示的是左边缘中段 16 行边沿数据，由于月球的圆形特征，整条刃边显示出曲线特征，因此边沿数据不重合；图 3-22（c）所示的是图 3-22（b）的一阶微分图像，需经过极值点匹配得到线扩展函数族，先经过加权平均平滑掉随机噪声；然后经过傅里叶变换得到 MTF 曲线，为了便于后续图像复原工作，图 3-22（d）显示了 FY-2G 中波红外（3.5～4.0μm）通道的二维 PSF。

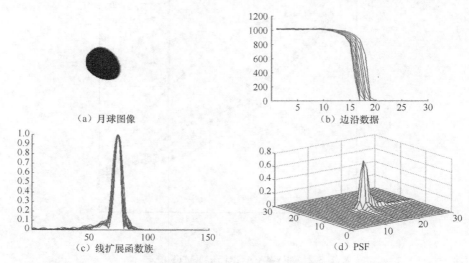

（a）月球图像   （b）边沿数据

（c）线扩展函数族   （d）PSF

图 3-22　利用月球红外图像在轨 MTF 测试

这里仅对在轨 MTF 测试进行讨论，在第 10 章的图像复原讨论中，结合图像处理方法对 PSF 的应用开展了进一步讲解，可见在轨测试结果可以用来提高遥感图像的应用效果。

3．杂散光测试

（1）视场内杂散光

FY-2E 卫星入轨后，对 FY-2E 卫星进行了全面的在轨测试，图 3-23（b）所示的是可见光通道的杂散光分布情况（圆盘外部分）。

（a）FY-2E可见光通道图像   （b）FY-2E可见光通道杂散光（圆盘外部分）

图 3-23　FY-2E 卫星的在轨测试

（2）太阳直射杂散光

FY-4A 卫星入轨后，作者所在团队对 FY-4A 卫星进行了全面的在轨测试，受限于地球同步观测工作条件，地球静止轨道卫星午夜时易受到太阳直射杂散光影响，图 3-24 所示是 FY-4A/AGRI 午夜前后 3h 太阳直射杂散光随时间变化的情况，不同时间存在不同程度的太阳直射影响。

图 3-24　FY-4A/AGRI 午夜太阳直射杂散光

4．功率谱测试

图像功率谱综合反映了图像的纹理特征，当图像质量下降时，图像中水陆分界线等明显的纹理结构会变模糊，高频分量会丢失，致使图像功率谱各分量和有所下降。因此，可通过频谱分析来评价遥感图像质量，将遥感图像中的空域信息转化为频域信息，再根据高频分量的变化来评价遥感图像质量的相对优劣。

对 FY-4A/AGRI 的功率谱测试流程如下：

① 获取 AGRI 各通道圆盘图，换算得到通道物理量；

② 对各通道物理量进行频谱分析；

③ 计算各通道图像功率谱评价指标。

对 FY-4A/AGRI 和 FY-2G/VISSR（可见红外旋描辐射计）相近波段的图像功率谱进行对比分析。两颗卫星的图像大小不同，首先，将 FY-4A/AGRI 图像调整为与 FY-2G/VISSR 相同大小。其次，由于两颗卫星定点位置不同，因此在两颗卫星中间区域 100°E 附近选择分析区，同时考虑尽量减少云的干扰，以及海陆比例大致相等，可见光和红外通道分别选取澳大利亚西北角附近 320×320 像元以及 80×80 像元的晴空区域，部分通道的测试结果见图 3-25，图像观测时间是 2017 年 3 月 15 日 06:00（UTC）。表 3-3 给出功率谱计算结果，以 5% 占比的最高频分量之和为功率谱评价指标。根据对比结果，从频谱分析方面来说，FY-4A/AGRI 在可见光、中波红外、水汽和长波红外通道的图像质量均优于 FY-2G/VISSR。

对 FY-4A/AGRI 和 Himawari-8/AHI（高级成像仪）相近波段的图像功率谱进行对比分析。两颗卫星的图像大小不同，首先将 Himawari-8/AHI 图像调整为与 FY-4A/AGRI 相同大小。其次，由于两颗卫星定点位置不同，因此在两颗卫星中间区域 120°E 附近选择分析区，同时考虑尽量减少云的干扰，以及海陆比例大致相等，可见光和短波红外通道分别选取澳大利亚西北部黑德兰港附近 400×400 像元以及 200×200 像元的晴空区域，中波红外、水汽和长波红外通道选取澳大利亚黑德兰港附近 100×100 像元的晴空区域，部分通道的测试结果见图 3-26，观测时间是 2017 年 2 月 21 日 05:30（UTC）。表 3-4 给出功率谱计算结果。

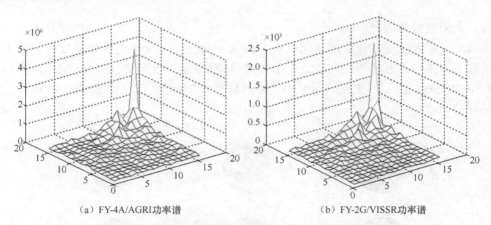

（a）FY-4A/AGRI功率谱 　　　　　　　（b）FY-2G/VISSR功率谱

图 3-25　FY-4A/AGRI 和 FY-2G/VISSR 图像功率谱测试

表 3-3　澳大利亚西北角区域功率谱分析（UTC 2017-03-15 06:00:00）

对比项	FY-4A/AGRI				FY-2G/VISSR			
	通道	波段/μm	分辨率/km	指标	通道	波段/μm	分辨率/km	指标
可见光/近红外	CH02	0.55~0.75	0.5	152.43	VIS	0.55~0.75	1.25	126.56
中波红外	CH08	3.5~4.0	4	130.87	IR4	3.5~4.0	5	119.56
水汽	CH10	6.9~7.3	4	97.85	IR3	6.3~7.6	5	87.63
长波红外	CH12	10.3~11.3	4	122.61	IR1	10.3~11.3	5	111.71
	CH13	11.5~12.5	4	118.75	IR2	11.5~12.5	5	108.87

　　根据对比结果，从频谱分析方面来说，可见光通道，Himawari-8 的图像质量优于 FY-4A；短波红外通道，FY-4A CH04 通道的图像质量比 Himawari-8 B05 通道的略差，CH05 通道的图像质量比 Himawari-8 B06 通道的略好；中波红外通道是 FY-4A 的图像质量略好；水汽通道，FY-4A CH09 通道与 Himawari-8 B08 通道相比，FY-4A 图像质量略好，FY-4A CH10 通道与 Himawari-8 的相近通道相比，与 Himawari-8 B09 通道图像质量相近；长波红外通道，除 Himawari-8 B16 图像质量明显优于 FY-4A CH14，其他几个通道，二者均比较相近，Himawari-8 图像质量略好。

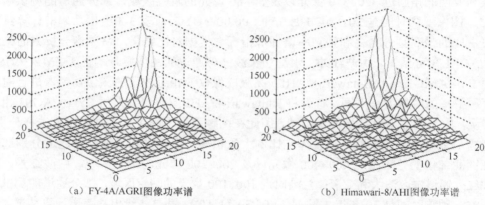

（a）FY-4A/AGRI图像功率谱 　　　　　（b）Himawari-8/AHI图像功率谱

图 3-26　FY-4A/AGRI 和 Himawari-8/AHI 图像功率谱测试

表 3-4　澳大利亚西北部区域功率谱计算结果（UTC 2017-02-21 05:30:00）

对比项	FY-4A/AGRI				Himawari-8/AHI			
	通道	波段/μm	分辨率/km	指标	通道	波段/μm	分辨率/km	指标
可见光/近红外	CH01	0.45～0.49	1	88.29	B01	0.47	1	89.37
	CH03	0.75～0.90	1	93.53	B04	0.86	1	95.25
短波红外	CH04	1.58～1.64	2	78.37	B05	1.6	2	79.19
	CH05	2.1～2.35	2	76.80	B06	2.3	2	75.10
中波红外	CH08	3.5～4.0	4	100.52	B07	3.9	2	99.25
水汽	CH09	5.8～6.7	4	77.56	B08	6.2	2	77.31
	CH10	6.9～7.3	4	80.97	B09	6.9	2	80.47
长波红外	CH11	8.0～9.0	4	93.62	B11	8.6	2	94.76
	CH12	10.3～11.3	4	95.25	B13	10.4	2	95.81
	CH13	11.5～12.5	4	93.11	B15	12.4	2	93.43
	CH14	13.2～13.8	4	79.66	B16	13.3	2	88.59

第4章

遥感资料接收与分发

卫星从研制到发射、入轨再到在轨工作，需要五大系统配合工作，五大系统分别是卫星系统、火箭系统、发射场系统、测控系统和地面系统。本书侧重讲解与光学卫星遥感工程相关的理论基础与数据处理方法，在工程中具体工作由地面系统承担，因此重点介绍地面系统，对其他系统感兴趣的读者可查阅相关资料。

图 4-1 所示的是美国 GOES-R 地面系统简图，该系统主要由 NOAA 卫星运行机构（NSOF）、设在 Wallops 的指令和数据采集站（WCDAS）、GOES-R 数据存档子系统（GAS）、海量数据服务系统（CLASS）、先进的气象信息处理系统（AWIPS）以及远程备份机构（RBU Facility）组成。

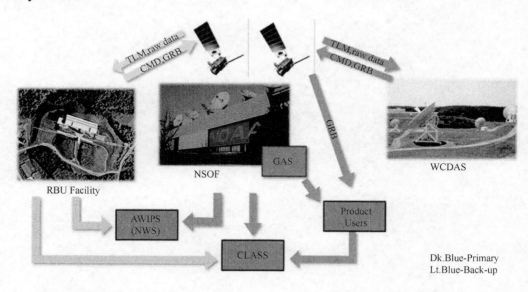

图 4-1　GOES-R 地面系统简图

地面系统根据设计需求具体设计，但以下几大主要功能是不可或缺的。

（1）卫星与地面系统运行调度

对卫星与地面系统运行状态进行监视与调度，包括资料获取、产品生成、分发全过程的实时监视与控制，以及地面运行设备的监视与控制。

（2）卫星资料接收与发送

获取卫星下传的数据资料，以及根据需求向卫星发送上传的数据。

（3）资料预处理

对卫星有效载荷的 L0 级原始观测信息进行定位、定标等处理，形成 L1 级观测数据。

（4）产品生成

生成直接可用的地气系统产品，包括地球表面、大气和空间天气等的物理要素。

（5）数据存档与分发

实现卫星遥感数据的存档管理与分发。

提醒大家注意，这里简述的地面系统功能为逻辑功能，根据工作场景和系统设计不同，卫星测控方面的实际工作往往是测控系统完成的，如地面系统对卫星工作有具体的任务安排，此时地面系统要与测控系统紧密沟通，共同完成工作或合理分工完成工作，这里把工作内容统一称为地面系统。

轨道是描述卫星宏观运动的基本参数，是屏蔽了卫星细节参数之后的唯一参数。

4.1　卫星轨道

卫星的发射、观测、数据接收、几何定位和辐射定标等工作需要卫星轨道参数，因此对卫星进行轨道分析是遥感卫星日常工作的基础。

4.1.1　匀速圆周运动

地球卫星绕地球做匀速圆周运动需要在惯性坐标系下，实际上二体运动是两个引力源围绕二体质心的运动，并不是理想的惯性坐标系，考虑到地球和地球卫星尤其是人造卫星的相对质量差异，可以做一系列假定来构建最简单的二体模型研究地球卫星绕地球的运动，假定：① 卫星的质量远小于地球，地球运动不受卫星影响；② 忽略其他天体的引力作用；③ 忽略太阳光压、磁场力等作用。

由此形成的惯性坐标系称为 $o-xyz$ 坐标系，根据万有引力公式，地球对卫星的引力可以表示为

$$F_E = G\frac{M_e m}{R^2} = \frac{\mu m}{R^2} \tag{4.1}$$

式中，F_E 表示地球对卫星的引力，G 为万有引力常数，M_e 和 m 分别是地球和卫星的质量，R 是地心到卫星的距离，μ 是开普勒常数，也称为轨道常数。

根据牛顿第二定律，地球卫星在任意处的加速度为

$$a = \frac{F_E}{m} = \frac{\mu}{R^2} \tag{4.2}$$

式（4.2）中采用的都是标量，即不考虑方向的物理量的大小，下面将式（4.2）改写为矢量方程。

$$\ddot{\vec{r}} = -\frac{\mu}{r^3}\vec{r} \tag{4.3}$$

式中，$\vec{r}$ 表示卫星的矢径，由引力源指向卫星，则显然卫星的加速度方向是矢径的负方向。式（4.3）是二体运动方程，是重要的基本公式，解二体运动方程可以得到包括开普勒定律在内的许多重要结论。二体运动方程是一个六阶非线性常微分方程组，因此必须找到包含6 个相互独立的积分常数的解才能完全求解该方程组。

开普勒定律描述了行星的运动规律，是研究行星轨道的重要基础，同样可以适用于卫星，原因如下。

① 卫星运行轨道是一条圆锥截线，地球位于其中的一个焦点上。

② 卫星的矢径（地心指向卫星的连线）在相等的时间内，与地球周围扫过的面积相等。

③ 卫星轨道周期的平方与轨道半长轴的立方成正比。

后续将通过解二体运动方程来分析卫星轨道的各项特点。

例 4.1　分别计算地球赤道和极地处的重力加速度。

解：根据式（4.2），地球表面重力加速度 $g = \dfrac{\mu}{R^2}$，地球赤道半径 $R_c = 6.378 \times 10^6\,\text{m}$，极半径 $R_p = 6.356 \times 10^6\,\text{m}$，所以

赤道处重力加速度 $g_c = \dfrac{\mu}{R_c^2} = \dfrac{3.986032 \times 10^{14}}{(6.378 \times 10^6)^2} = 9.80\,\text{m} \cdot \text{s}^{-2}$；

极地处重力加速度 $g_p = \dfrac{\mu}{R_p^2} = \dfrac{3.986032 \times 10^{14}}{(6.356 \times 10^6)^2} = 9.87\,\text{m} \cdot \text{s}^{-2}$；

通常用 $g = 9.80\,\text{m} \cdot \text{s}^{-2}$ 表示地球表面重力加速度，实际上在不同的地球表面位置，重力加速度略有变化。

4.1.2　开普勒第三定律

根据式（4.1）和式（4.2），则有

$$\omega^2 R = \frac{GM}{R^2} \tag{4.4}$$

又因为 $\omega T = 2\pi$，则

$$\left(\frac{2\pi}{T}\right)^2 R^3 = GM \tag{4.5}$$

化简式（4.5），可得

$$\frac{T^2}{R^3} = \frac{4\pi^2}{\mu} \tag{4.6}$$

式（4.6）是开普勒第三定律在匀速圆周运动时的特例，由此证明了开普勒第三定律。

通过式（4.6）可知，卫星的轨道周期仅与轨道半径有关，与其他因素无关。

例 4.2　求地球同步轨道卫星的高度。

解：由开普勒第三定律可知

$$R = \sqrt[3]{\frac{\mu T^2}{4\pi^2}} \tag{4.7}$$

根据地球同步轨道卫星的已知条件，可以知道卫星角速度和地球角速度保持一致，即 $T = 86164\text{s}$（23 小时 56 分 4 秒），代入式（4.7），则

$$R = \sqrt[3]{\frac{3.986032 \times 10^2 \times 86164^2}{4\pi^2}} = 42164.2\text{km} \tag{4.8}$$

所以地球同步轨道卫星高度为

$$H_{\text{GEO}} = R - R_{\text{c}} = 42164.2 - 6378.1 = 35786.1\text{km} \tag{4.9}$$

且仅有这一高度满足地球同步条件，可见轨道资源是极其重要的空间资源。

4.1.3　面积积分与开普勒第二定律

用 $\vec{r}$ 叉乘式（4.3）左右两端，得到

$$\vec{r} \times \ddot{\vec{r}} = -\frac{\mu}{r^3}\vec{r} \times \vec{r} = 0 \tag{4.10}$$

则

$$\frac{\mathrm{d}(\vec{r} \times \dot{\vec{r}})}{\mathrm{d}t} = \vec{r} \times \ddot{\vec{r}} = 0 \tag{4.11}$$

式中，$\dot{\vec{r}}$ 表示对 $\vec{r}$ 一次求导，$\ddot{\vec{r}}$ 表示对 $\vec{r}$ 二次求导。那么积分后，可知

$$\vec{r} \times \dot{\vec{r}} = \vec{h} \tag{4.12}$$

式中，$\vec{h}$ 是一常量（因为其微分为 0），所以卫星角动量 $m\vec{h}$ 为一常量，$\vec{h}$ 是单位质量的角动量，称为比角动量。

$\mathrm{d}t$ 时间内卫星扫过的距离近似为 $\vec{r}$ 与 $\dot{\vec{r}}\mathrm{d}t$ 围成的三角形，因此其面积

$$S_{\mathrm{d}t} = \left|\frac{1}{2}\vec{r} \times \dot{\vec{r}}\mathrm{d}t\right| = \frac{1}{2}\vec{h}\mathrm{d}t \tag{4.13}$$

由此证明了开普勒第二定律。

式（4.12）也确定了卫星运动的轨道所在的平面，即由卫星矢径和速度方向构成了轨道平面，且 h 是轨道平面的法线，图 4-2 显示了轨道平面与惯性坐标系的关系，为了描述该轨道平面，可用相对于惯性坐标系 $o-xyz$ 的 xoy 平面的倾角 i 和升交点赤经 Ω 来表示轨道平面的方向。

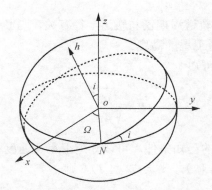

图 4-2　轨道平面与惯性坐标系的关系

4.1.4　轨道积分与开普勒第一定律

为了得到卫星轨道方程，以式（4.3）叉乘向量 $\vec{h}$，则有

$$\ddot{\vec{r}} \times \vec{h} = -\frac{\mu}{r^3}\vec{r} \times \vec{h} \tag{4.14}$$

式中，右边按照三重矢量的叉乘运算法则化简，则

$$\vec{r} \times \vec{h} = \vec{r} \times (\vec{r} \times \dot{\vec{r}}) = (\vec{r} \cdot \dot{\vec{r}}) \cdot \vec{r} - (\vec{r} \cdot \vec{r}) \cdot \dot{\vec{r}} = (r\dot{r})\vec{r} - r^2\dot{\vec{r}} \tag{4.15}$$

代入式（4.14），并进一步化简，可得

$$\ddot{\vec{r}} \times \vec{h} = -\frac{\mu}{r^3}\Big[(r\dot{r})\vec{r} - r^2\dot{\vec{r}}\Big] = \mu\frac{\mathrm{d}}{\mathrm{d}t}\left(\frac{\vec{r}}{r}\right) \tag{4.16}$$

对式（4.16）积分，可得

$$\dot{\vec{r}} \times \vec{h} = \frac{\mu}{r}(\vec{r} + r\vec{e}) \tag{4.17}$$

式中，$\vec{e}$ 为积分常量，进一步用 $\vec{r}$ 点乘式（4.17）两边，则

$$\vec{r} \cdot (\dot{\vec{r}} \times \vec{h}) = \vec{r} \cdot \frac{\mu}{r}(\vec{r} + r\vec{e}) = \mu(r + \vec{r}\,\vec{e}) \tag{4.18}$$

设 $e = |\vec{e}|$ 为其长度，且 θ 为矢径 $\vec{r}$ 与常量 $\vec{e}$ 的夹角，称为真近点角，则式（4.18）右边括号内的第二项 $= re\cos\theta$。式（4.18）左边按照三重矢量的叉乘运算法则，为 $\vec{h} \cdot (r \times \dot{\vec{r}}) = \vec{h} \cdot \vec{h} = h^2$，则式（4.18）化简为

$$h^2 = \mu(r + re\cos\theta) \tag{4.19}$$

改写为

$$r = \frac{h^2}{\mu}\frac{1}{1 + e\cos\theta} \tag{4.20}$$

式（4.20）就是轨道平面上卫星的极坐标轨道方程，数学中，式（4.20）代表一条偏心率为 e 的圆锥曲线，力心位于一个焦点上，坐标系原点在力心。当 $\theta = \dfrac{\pi}{2}$ 时，矢径 $\vec{r} \perp \vec{e}$，且其长度为

$$p = \frac{h^2}{\mu} \tag{4.21}$$

因此，轨道方程又可写为

$$r = \frac{p}{1 + e\cos\theta} = a\frac{1 - e^2}{1 + e\cos\theta} \tag{4.22}$$

式中，a 是半长轴，显然，偏心率不同，圆锥截线的形状不同，偏心率决定了轨道的形状。半长轴 a 和偏心率 e 确定了轨道的形状。

① $e = 0$，此时卫星轨道是圆形。

② $0 < e < 1$，此时卫星轨道是以地心为焦点的椭圆形。

③ $e = 1$，此时卫星轨道是抛物线。

④ $e > 1$，此时卫星轨道是双曲线。

由此证明了开普勒第一定律。

为了描述卫星轨道在轨道面内的准确位置，引入参数 ω 来表示卫星从升交点到近地点的幅角，称为近地点幅角。近地点幅角 ω、倾角 i 和升交点赤经 Ω 描述了卫星轨道所在平面及轨道在平面内的指向。

4.1.5　能量积分与活力公式

继续用 $\dot{\vec{r}}$ 点乘式（4.3）左右两侧，则

$$\ddot{\vec{r}} \cdot \dot{\vec{r}} = -\frac{\mu}{r^3} \vec{r} \cdot \dot{\vec{r}} \tag{4.23}$$

式中，左边 $\ddot{\vec{r}} \cdot \dot{\vec{r}} = v \cdot \dfrac{\mathrm{d}v}{\mathrm{d}t} = \dfrac{\mathrm{d}}{\mathrm{d}t}\left(\dfrac{1}{2}v^2\right)$，右边 $-\dfrac{\mu}{r^3}\vec{r} \cdot \dot{\vec{r}} = \dfrac{\mathrm{d}}{\mathrm{d}r}\left(\dfrac{\mu}{r}\right) \cdot \dfrac{\mathrm{d}r}{\mathrm{d}\vec{r}} \cdot \dfrac{\mathrm{d}\vec{r}}{\mathrm{d}t} = \dfrac{\mathrm{d}}{\mathrm{d}t}\left(\dfrac{\mu}{r}\right)$，代入式（4.23），则有

$$\frac{\mathrm{d}}{\mathrm{d}t}\left(\frac{1}{2}v^2 - \frac{\mu}{r}\right) = 0 \tag{4.24}$$

对式（4.24）积分，得到

$$\frac{1}{2}v^2 - \frac{\mu}{r} = \varepsilon \tag{4.25}$$

式中，ε 为常值（因为其微分为 0），将式（4.25）乘以卫星质量 m，则有

$$\frac{1}{2}mv^2 - \frac{\mu m}{r} = m\varepsilon = E_\mathrm{T} \tag{4.26}$$

式中，E_T 为卫星总机械能，左边两项分别是卫星动能和势能。由于 E_T 为常值，所以取卫星轨道上任一点可计算 E_T，令 $\theta = \dfrac{\pi}{2}$，则 $r = p$，又因为卫星速度 $v^2 = \dfrac{\mu}{p}\left(1 + 2e\cos\theta + e^2\right)$，且 $p = a(1-e^2)$，代入式（4.25），可得

$$\varepsilon = -\frac{\mu}{2a} \tag{4.27}$$

因此

$$E_T = -\frac{\mu m}{2a} \tag{4.28}$$

可以推出

$$v^2 = \mu\left(\frac{2}{r} - \frac{1}{a}\right) \tag{4.29}$$

式（4.29）称为卫星的活力公式，卫星的活力公式表示了卫星在轨道上任意一点的速度，即当卫星轨道是椭圆轨道时，卫星动能和重力势能可以互换。

当卫星处于远地点时，卫星速度为

$$v_远 = \sqrt{\mu\left(\frac{2}{r_远} - \frac{1}{a}\right)} = \sqrt{\frac{\mu(1-e)}{a(1+e)}} \tag{4.30}$$

当卫星处于近地点时，卫星速度为

$$v_近 = \sqrt{\mu\left(\frac{2}{r_近} - \frac{1}{a}\right)} = \sqrt{\frac{\mu(1+e)}{a(1-e)}} \tag{4.31}$$

当卫星轨道为圆形轨道时，卫星速度为

$$v_圆 = \sqrt{\mu\left(\frac{2}{r_圆} - \frac{1}{a}\right)} = \sqrt{\frac{\mu}{a}} = \sqrt{\frac{\mu}{R_e + H}} \tag{4.32}$$

例 4.3 分别计算第一宇宙速度、第二宇宙速度和第三宇宙速度。

解：

（1）第一宇宙速度是卫星能够离开地球表面的速度，通过卫星的活力公式可知，卫星能够最小以地球半径绕地球运动，注意此时卫星与地球距离无限小但是不重合。那么可认为式（4.32）中的 $H = 0$。所以

$$v_{第一宇宙速度} = \sqrt{\frac{\mu}{R_e}} = \sqrt{\frac{3.986032 \times 10^{14}}{6.378 \times 10^6}} = 7.91 \text{km} \cdot \text{s}^{-1} \tag{4.33}$$

（2）第二宇宙速度是卫星能够逃离地球吸引、不再绕地球运行的速度，数学上，闭合曲线不能达到这样的目的，必须满足式中 $a \to \infty$ 才能使卫星轨道成为抛物线，离开地球的吸引，此时

$$v_{第二宇宙速度} = \sqrt{\frac{2\mu}{R_e}} = \sqrt{\frac{2 \times 3.986032 \times 10^{14}}{6.371 \times 10^6}} = 11.18 \text{km} \cdot \text{s}^{-1} \qquad (4.34)$$

第一宇宙速度和第二宇宙速度形成这样的关系

$$v_{第二宇宙速度} = \sqrt{2} v_{第一宇宙速度} \qquad (4.35)$$

（3）第三宇宙速度是卫星能够逃离太阳系吸引、不再在太阳系内运动的速度，需要明确的是，该速度的参考系为地球参考系。已知地球绕太阳运动的速度为 $30 \text{km} \cdot \text{s}^{-1}$，则参照 $v_{第二宇宙速度} = \sqrt{2} v_{第一宇宙速度}$，卫星在地球位置离开太阳系需要的速度为 $v_{地球位置-离开太阳系} = \sqrt{2} \times 30 \text{km} \cdot \text{s}^{-1} = 42.4 \text{km} \cdot \text{s}^{-1}$，由于卫星在地球上发射，那么此时刻卫星自己需要增加的速度最小为 $v_{地球位置-增加} = 42.4 - 30 = 12.4 \text{km} \cdot \text{s}^{-1}$；同时要注意，该速度为卫星离开地球时增加的速度，即卫星与地球距离无限小但是不重合，达到此条件首先要以 $v_{第一宇宙速度}$ 进行发射，所以从能量守恒角度有 $\frac{1}{2} m v_{第三宇宙速度}^2 = \frac{1}{2} m v_{地球位置-增加}^2 + \frac{1}{2} m v_{第一宇宙速度}^2$，得到

$$v_{第三宇宙速度} = \sqrt{v_{地球位置-增加}^2 + v_{第一宇宙速度}^2} = \sqrt{12.4^2 + 7.91^2} = 14.7 \text{km} \cdot \text{s}^{-1} \qquad (4.36)$$

4.1.6　卫星轨道根数

在前面的分析中，讨论了轨道半长轴 a、偏心率 e、轨道倾角 i、升交点赤经 Ω 和近地点幅角 ω 可以准确描述卫星轨道在惯性坐标系 $o-xyz$ 中的位置，但是还没有描述卫星在轨道上的具体位置。前文提到过，卫星运动方程是一个六阶非线性常微分方程组，因此必须找到包含 6 个相互独立的积分常数的解才能完全求解该方程组，而 a、e、i、Ω 和 ω 只有 5 个独立参量，显然还需要第 6 个参量来描述卫星在轨道上的具体位置，令其为 M，称为平近点角。

图 4-3 中以 F 为焦点的椭圆轨道做其外接圆，卫星在轨道上的位置为 S，SR 垂直于椭圆轨道长轴 AP，交外接圆于 Q，图中显示了偏近点 E 和真近点角 θ 的物理意义，平近点角 M 与偏近点角 E 满足

$$M = E - e\sin E = \sqrt{\frac{\mu}{a^3}}(t-\tau) = n(t-\tau) \qquad (4.37)$$

式中，n 为卫星平均角速度；E 是偏近点角，与 M 一样，都是以弧度为单位；τ 是卫星经过近地点的时间，式（4.37）就是著名的开普勒方程，它将卫星在椭圆轨道上的位置与经过近地点后的时间联系起来，并且 M 与通过近地点后的时间呈线性关系。由此，卫星在惯性坐标系 $o-xyz$ 中可以用 6 个轨道根数来描述，6 个轨道根数统一用 σ 来表示。则

$$\sigma = (a, e, i, \Omega, \omega, M) \qquad (4.38)$$

式中，Ω 和 i 表示轨道平面在空间的指向，ω 表示轨道半长轴的方向；a 和 e 表示轨道的大小和形状，M 确定了卫星在历元时刻在轨道上的位置。注意，式（4.38）选用的 6 个轨道根数只是描述轨道的方式之一，根据基本原理，6 个相互独立的积分常数的解都可以作为 6 个轨道根数的参数，如选择式（4.37）中的 τ 代替式（4.38）中的 M，得到另外一种轨道根数的描述方式 $(a, e, i, \Omega, \omega, \tau)$。根据式（4.37），给定历元时刻的 M 和已知卫星通过

近地点的时间是等价的。

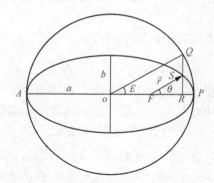

图 4-3　椭圆轨道与辅助圆

本章一直提到惯性坐标系 $o-xyz$，那么在实际空间中，$o-xyz$ 是如何定义的呢？

建立天球参考系的依据是国际天文学联合会（IAU）的决议，主要有 1991 年的 A4 决议、1997 年的 B2 决议和 2000 年的 B1 决议，天球上任一点的位置可以用赤经、赤纬描述，赤经以春分点为起点，逆时针为正，范围是 0°～360°；赤纬以天赤道为 0°，南北极为 90°，一般地，可以令南纬为负。国际地球自转局（IERS）根据 IAU 的决议发布规范，具体规定天球参考系及其实现方法，最近两次发布的是《IERS 规范 2003》和《IERS 规范 2010》。规范规定，选定 J2000.0 作为历元时刻，国际天球参考系的原点在太阳系质心，历元时刻的平赤道面和春分点记为 J2000.0 平赤道面和 J2000.0 春分点，显然，它们是时间无关的，J2000.0 坐标系是经常被使用的惯性坐标系，国际天球参考系基本平面尽可能靠近 J2000.0 平赤道面，基本方向尽可能靠近 J2000.0 春分点。天球参考坐标系的原点在太阳系质心，在实际应用中也经常把坐标原点移到地球质心，这样得到的坐标系叫作地心天球参考坐标系。

卫星的位置与速度是常用的另外一种描述卫星轨道的方式，与 6 个轨道根数可以互相转换，在特定需求下 6 个轨道根数和卫星位置速度有各自的优势，下面阐述二者如何转换。

1．通过轨道根数计算卫星的位置速度

根据开普勒方程（式（4.37）），可代入轨道参数 M 求出偏近点角 E，而偏近点角 E 和真近点角 θ 存在如下关系。

$$\cos\theta = \frac{\cos E - e}{1 - e\cos E} \tag{4.39}$$

又

$$r = a\frac{1 - e^2}{1 + e\cos\theta} \tag{4.40}$$

则

$$\begin{cases} x_{\mathrm{orb}} = r\cos\theta \\ y_{\mathrm{orb}} = r\sin\theta \end{cases} \tag{4.41}$$

用笛卡儿坐标系表示卫星位置，则有

$$\begin{bmatrix} x \\ y \\ z \end{bmatrix} = \begin{bmatrix} x_{\text{orb}} \\ y_{\text{orb}} \\ 0 \end{bmatrix} \tag{4.42}$$

并且

$$\begin{cases} vx_{\text{orb}} = -\dfrac{\sqrt{\mu a} \cdot \sin E}{r} \\ vy_{\text{orb}} = \dfrac{\sqrt{\mu a(1-e^2)} \cdot \cos E}{r} \end{cases} \tag{4.43}$$

至此通过轨道根数中的参数 a、e 和 M 确定了卫星在轨道平面内的位置和速度，下面需要再通过轨道根数中的 Ω、i 和 ω 把轨道平面内的位置和速度转换到惯性坐标系 $o-xyz$ 中。

$$\begin{bmatrix} x' \\ y' \\ z' \end{bmatrix} = \begin{bmatrix} \cos\omega & -\sin\omega & 0 \\ \sin\omega & \cos\omega & 0 \\ 0 & 0 & 1 \end{bmatrix} \begin{bmatrix} x \\ y \\ z \end{bmatrix} \tag{4.44}$$

$$\begin{bmatrix} x'' \\ y'' \\ z'' \end{bmatrix} = \begin{bmatrix} 1 & 0 & 0 \\ 0 & \cos i & -\sin i \\ 0 & \sin i & \cos i \end{bmatrix} \begin{bmatrix} x' \\ y' \\ z' \end{bmatrix} \tag{4.45}$$

$$\begin{bmatrix} x''' \\ y''' \\ z''' \end{bmatrix} = \begin{bmatrix} \cos\Omega & -\sin\Omega & 0 \\ \sin\Omega & \cos\Omega & 0 \\ 0 & 0 & 1 \end{bmatrix} \begin{bmatrix} x'' \\ y'' \\ z'' \end{bmatrix} \tag{4.46}$$

速度矢量计算方法与其相同。

2. 通过卫星位置速度计算轨道根数

将卫星的活力公式代入矢径和速度，可得

$$a = \frac{1}{\dfrac{2}{\vec{r}} - \dfrac{v^2}{\mu}} \tag{4.47}$$

计算得到轨道半长轴 a，由日心距公式、矢径公式和速度公式，可得

$$\begin{cases} e\cos E = 1 - \dfrac{\vec{r}}{a} \\ e\sin E = \dfrac{\vec{r}}{\sqrt{\mu a}}\dot{\vec{r}} \end{cases} \tag{4.48}$$

从而解出 E 和 e，再通过开普勒方程计算平近点角 M，则有

$$M = E - e\sin E \tag{4.49}$$

根据式（4.12），则

$$\vec{h} = \vec{r} \times \dot{\vec{r}} = \begin{bmatrix} h_x \\ h_y \\ h_z \end{bmatrix} \tag{4.50}$$

式中，h_x、h_y 和 h_z 是惯性坐标系下的笛卡儿坐标，令 $h=\left|\vec{h}\right|=\sqrt{h_x^2+h_y^2+h_z^2}$，则根据坐标系旋转有

$$\vec{h}=R_3(-\varOmega)R_1(-i)R_3(-\omega)\begin{pmatrix}0\\0\\h\end{pmatrix}=h\begin{bmatrix}\sin i\sin\varOmega\\-\sin i\cos\varOmega\\\cos i\end{bmatrix} \tag{4.51}$$

可得

$$i=\arccos\frac{h_z}{h} \tag{4.52}$$

$$\varOmega=\arctan\frac{-h_x}{h_y} \tag{4.53}$$

又

$$\vec{e}=\frac{1}{\mu}\left(\dot{\vec{r}}\times\vec{h}\right)-\frac{\vec{r}}{r}=\begin{bmatrix}e_x\\e_y\\e_z\end{bmatrix} \tag{4.54}$$

近地点幅角 ω 满足

$$\omega=\arctan\frac{e_z}{\left(e_x\cos\varOmega+e_y\sin\varOmega\right)\sin i} \tag{4.55}$$

4.1.7 轨道摄动

前文推导了理想二体运动假设下的卫星轨道，实际上，卫星实际轨道要复杂得多，与理想二体运动的轨道总有偏离，这种偏离叫作卫星轨道摄动。引起摄动的因素有多种，使得卫星实际轨道极其复杂，影响卫星实际轨道的因素主要包括地球非理想球形、大气阻力、太阳月球等其他天体对卫星的吸引，以及太阳辐射光压等。

虽然对有的卫星采用二体运动模型就可以计算得到一定精度下的轨道参数，但是摄动问题是高精度定轨必须面对和解决的问题。在技术实现层面无论引起摄动的因素有几项，相比二体运动的方程有多么复杂，从原理层表示摄动合力的基本物理模型如图 4-4 所示。

图 4-4 从原理层表示摄动合力的基本物理模型

牛顿第二定律

$$\ddot{\vec{r}} + \vec{\gamma} = -\frac{\mu}{r^3}\vec{r} \tag{4.56}$$

式中，$\vec{\gamma}$ 为摄动引起的卫星加速度，当 $\vec{\gamma}=0$ 时，式（4.56）为二体运动方程。由于摄动的存在，卫星运动不再是简单的二体运动，描述卫星轨道采用的 6 个轨道根数，从常量变成了时间 t 的函数，因此考虑摄动对卫星轨道的影响，即考虑对应的 6 个轨道根数的时间函数表达方式——用轨道根数对时间的导数来表示。卫星受摄运动方程的解法可以用考威尔法、恩克法和常数变异法，略去具体的推导过程，高斯摄动方程为

$$\begin{cases}
\dot{a} = \dfrac{2}{n\sqrt{1-e^2}}(1+2e\cos f + e^2)^{1/2}f_u \\[2mm]
\dot{e} = \dfrac{\sqrt{1-e^2}}{na}(1+2e\cos f + e^2)^{-1/2}\left[2\left(\cos f + e\right)f_u - \sqrt{1-e^2}\sin E \cdot f_n\right] \\[2mm]
\dot{i} = \dfrac{r\cos u}{na^2\sqrt{1-e^2}}f_h \\[2mm]
\dot{\Omega} = \dfrac{r\sin u}{na^2\sqrt{1-e^2}\sin i}f_h \\[2mm]
\dot{\omega} = \dfrac{\sqrt{1-e^2}}{nae}(1+2e\cos f + e^2)^{-1/2}\left[2\cos f \cdot f_u + \left(\cos E + e\right)f_n\right] - \cos i \cdot \dot{\Omega} \\[2mm]
\dot{M} = n - \dfrac{1-e^2}{nae}(1+2e\cos f + e^2)^{-1/2}\left[\left(2\sin f + \dfrac{2e^2}{\sqrt{1-e^2}}\sin E\right)f_u + \left(\cos E - e\right)f_n\right]
\end{cases} \tag{4.57}$$

式中，n 为卫星平均角速度，f_u、f_n 和 f_h 分别为轨道速度方向的摄动力、轨道面内速度垂直方向的摄动力和轨道面法向方向的摄动力，当把摄动力用位函数 R 表示时，存在 $\vec{\gamma}=\dfrac{\partial R}{\partial r}$，得到另外一种表达方式的摄动方程，称为拉格朗日型摄动方程。

$$\begin{cases}
\dot{a} = \dfrac{2}{na}\dfrac{\partial R}{\partial M} \\[2mm]
\dot{e} = \dfrac{1-e^2}{na^2 e}\dfrac{\partial R}{\partial M} - \dfrac{\sqrt{1-e^2}}{na^2 e}\dfrac{\partial R}{\partial \omega} \\[2mm]
\dot{i} = \dfrac{1}{na^2\sqrt{1-e^2}\sin i}\left(\cos i\dfrac{\partial R}{\partial \omega} - \dfrac{\partial R}{\partial \Omega}\right) \\[2mm]
\dot{\Omega} = \dfrac{1}{na^2\sqrt{1-e^2}\sin i}\dfrac{\partial R}{\partial i} \\[2mm]
\dot{\omega} = \dfrac{\sqrt{1-e^2}}{na^2 e}\dfrac{\partial R}{\partial e} - \cos i\dfrac{d\Omega}{dt} \\[2mm]
\dot{M} = n - \dfrac{1-e^2}{na^2 e}\dfrac{\partial R}{\partial e} - \dfrac{2}{na}\dfrac{\partial R}{\partial a}
\end{cases} \tag{4.58}$$

1. 地球非球形摄动

在计算匀速圆周运动时，把卫星和地球视为质点，即只存在万有引力而没有体积的理想的点，实际上地球具有一定的体积，且其外表轮廓是非标准的扁球体，对卫星的影响使其轨道根数也并不是常数。

地球非球形引力势在地固坐标系下可以展开成球谐函数的形式。

$$V_{\text{fixed}} = \frac{\mu}{r} \sum_{n=2}^{N} \sum_{k=0}^{n} \left(\frac{R_{\text{e}}}{r}\right)^n \bar{P}_{nk}(\sin\varphi)\left(\bar{C}_{nk}\cos k\lambda + \bar{S}_{nk}\sin k\lambda\right) \tag{4.59}$$

式中，R_{e} 为地球赤道半径，r、φ、λ 是卫星在地固坐标系下的地心距、地心纬度和地心经度，$\bar{C}_{nk}$ 和 $\bar{S}_{nk}$ 是归一化地球引力位系数，$\bar{P}_{nk}(\sin\varphi)$ 是归一化勒让德多项式。

按照系数属性可把式（4.59）表示为带谐系数和田谐系数和的方式。

$$V_{\text{fixed}} = \frac{\mu}{r}\left[1 - \sum_{n=0}^{\infty}\left(\frac{R_{\text{e}}}{r}\right)^n J_n P_n(\sin\varphi) + \sum_{n=2}^{N}\left(\frac{R_{\text{e}}}{r}\right)^n \sum_{k=1}^{n} \bar{P}_{nk}(\sin\varphi)\left(\bar{C}_{nk}\cos k\lambda + \bar{S}_{nk}\sin k\lambda\right)\right] \tag{4.60}$$

式中，方括号内第一项是质点的引力势，第一个求和号内的各项为带谐项，第二个求和号内的各项为扇谐项和田谐项。

由于无法准确知道地球内部的质量分布，因此式（4.60）不能直接计算得到地球引力势函数的球谐系数，若把地球近似为赤道隆起的轴对称椭球体，则田谐项等于 0，势函数简化为只有带谐项的级数，即

$$V_{\text{fixed}} = \frac{\mu}{r}\left[1 - \sum_{n=0}^{\infty}\left(\frac{R_{\text{e}}}{r}\right)^n J_n P_n(\sin\varphi)\right] \tag{4.61}$$

由于地球质量关于 φ 对称，所以奇次带谐项积分后为 0，展开式（4.61）中前两项带谐系数为

$$J_2 = 1.0826\times10^{-3}$$
$$J_4 = -1.6199\times10^{-6} \tag{4.62}$$

所以 J_2 项是卫星轨道的主要摄动项。地球非球形摄动函数为

$$R = -\frac{\mu J_2 R_{\text{e}}^2}{2r^3} P_2(\sin\varphi) = -\frac{\mu J_2 R_{\text{e}}^2}{2r^3}(3\sin^2\varphi - 1) \tag{4.63}$$

式中，地心纬度 φ 满足

$$\sin\varphi = \sin i \sin(\theta + \omega) \tag{4.64}$$

将式（4.64）代入式（4.63），得到

$$R = \frac{\mu J_2 R_{\text{e}}^2}{2a^3}\left(\frac{a}{r}\right)^3\left[\left(1 - \frac{3}{2}\sin^2 i\right) + \frac{3}{2}\sin^2 i\cos(\theta + \omega)\right] \tag{4.65}$$

地球非球形摄动函数包括长周期摄动项和短周期摄动项，其中长周期摄动项积分后会累积，短周期摄动项积分后不会累积，因此将摄动函数分解为 R_{C} 和 R_{S}，其中长周期摄动项为

$$R_{\mathrm{C}} = \frac{\mu J_2 R_{\mathrm{e}}^2}{2a^3}\left[\left(1 - \frac{3}{2}\sin^2 i\right)\left(1 - e^2\right)^{-3/2}\right] \tag{4.66}$$

将 R_{C} 代入拉格朗日型摄动方程，得到

$$\begin{cases} \dot{a} = 0 \\ \dot{e} = 0 \\ \dot{i} = 0 \\ \dot{\Omega} = -n\dfrac{3J_2 R_{\mathrm{e}}^2}{2p^2}\cos i \\ \dot{\omega} = -n\dfrac{3J_2 R_{\mathrm{e}}^2}{2p^2}\left(\dfrac{5}{2}\sin^2 i - \dfrac{1}{2}\right) \\ \dot{M} = -n\dfrac{3J_2 R_{\mathrm{e}}^2}{2p^2}\left(\dfrac{3}{2}\sin^2 i - 1\right)\sqrt{1-e^2} \end{cases} \tag{4.67}$$

其中，半通径 $p = a(1-e^2)$。

（1）太阳同步轨道

$\dot{\Omega}$ 是轨道进动率，单位是弧度/秒，当 $i < 90°$ 时，$\dot{\Omega} < 0$，轨道进动方向自东向西；当 $i > 90°$ 时，$\dot{\Omega} > 0$，轨道进动方向自西向东。太阳同步轨道卫星需跟随地球对太阳公转，因此轨道平面在 365 天内改变 360°，每天改变约 0.985°，也就是卫星要每天提早 4min 出现在同一观测地点。太阳同步轨道上的卫星每日光照条件保持不变，每天以相同地方观测同一地点两次，便于全球观测。太阳同步轨道卫星有 $\dot{\Omega} = 0.985° / 86164 = 1.14\times10^{-5}° / \mathrm{s} = 1.995\times10^{-7}\,\mathrm{rad/s}$，则根据式（4.67），有

$$i = \arccos\left[-\frac{2p^2 \dot{\Omega}}{3nJ_2 R_{\mathrm{e}}^2}\right] = \arccos\left[-\frac{2a^2(1-e^2)^2 \dot{\Omega}}{3\sqrt{\dfrac{\mu}{a^3}}J_2 R_{\mathrm{e}}^2}\right] = \arccos\left[-\frac{2(R+H)^{7/2}(1-e^2)^2 \dot{\Omega}}{3J_2 R^2 \mu^{1/2}}\right] \tag{4.68}$$

式中，H 是卫星轨道高度，代入 800km 轨道高度时，可以求出轨道倾角是 98.6°；通过式（4.68）画出 500～5000km 高度的轨道对应的轨道倾角，如图 4-5 所示，从中可以看出，当卫星轨道越高时，保持太阳同步轨道所需要的轨道倾角越大。

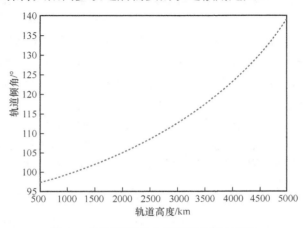

图 4-5　不同高度的太阳同步轨道与倾角

（2）冻结轨道

$\dot\omega$ 是近地点幅角变化率，令 $\dot\omega=0$，则

$$\frac{5}{2}\cos^2 i - \frac{1}{2} = 0 \tag{4.69}$$

即 $i=63.4°$，此轨道称为冻结轨道，近地点幅角保持不变，利用该特性可充分保持卫星在特定区域的观测能力。苏联的通信卫星"Molniya"（闪电）采用了冻结轨道，并令近地点位于南半球，由于 $\dot\omega=0$，所以远地点一直停留在北半球，保证了卫星在 12h 轨道周期内约 11h 停留在高纬度地区，有利于为高纬度地区提供更大的通信能力。

2．大气阻力摄动

虽然卫星飞行的空间普遍称为宇宙空间，但是该空间并不是理论上的真空，并且卫星轨道越低，大气密度越大，对卫星的阻力也越大，因此大气阻力摄动的影响也越大。大气阻力引起的加速度表达式为

$$a_{\text{atmosphere}} = -\frac{1}{2}k_a \frac{S_s}{m}\rho\left(\vec v_{\text{satellite}} - \vec v_{\text{atmosphere}}\right) \tag{4.70}$$

式中，k_a 是阻力系数，在计算时是一个常数，但是卫星不同时其取值是不同的，一般视卫星形状不同取 2.1～2.2；$\frac{S_s}{m}$ 是卫星有效截面积与质量的比值；ρ 是大气密度，是与高度相关的函数，影响因素非常复杂，所以目前使用的各种大气密度模型都是半经验公式。"一维大气密度模型"指只考虑大气密度随地面高度的变化，如指数模型；"三维大气密度模型"指不但考虑大气密度随地面高度变化，还考虑大气密度随季节的变化、周日变化等因素，如改进的 Harris-Priester 模型。

3．太阳光压摄动

光照在物体表面会产生压力，称为光压。光压对卫星存在力的作用效果，形成的摄动加速度为

$$a_{\text{light}} = k_1 \rho_{\text{SR}} C_R \frac{S_s}{m}\vec r_{\text{satellite-sun}} \tag{4.71}$$

式中，k_1 是受晒因子，表征卫星受到太阳照射的情况，卫星在运行时，有时会"躲"进地球相对太阳的阴影，对近地轨道而言，阴影模型为半径等于地球半径的圆柱体阴影区，一般卫星被太阳照射时 $k_1=1$，卫星不被太阳照射时 $k_1=0$。ρ_{SR} 是标准天文单位光压，即距离太阳一个天文单位处黑体上的光压，$\rho_{\text{SR}}=4.56\times10^{-6}\text{N}\cdot\text{m}^{-2}$。$C_R$ 是表面反射系数，取决于卫星表面的反射性能，一般取值 1～1.44，全吸收时 $C_R=1$，全漫反射时 $C_R=1.44$。$\vec r_{\text{satellite-sun}}$ 是卫星到太阳的单位矢量，由于地球卫星与地球的距离远小于其到太阳的距离，所以该单位矢量一般可用地心到太阳的单位矢量来近似替代。

在日常生活中人们几乎无法感到光的压力，但是对于某些航天器来说，光压的影响是巨大的，如美国发射的 Echo-1（回声 1 号）卫星，由于光压影响，轨道每天的位移为 2m 或 3m。

当然，光压作为一种作用在航天器上的力，通过合理的设计也可以得到很好的利用，从而成为驱动航天器的动力之一。

4．日月摄动

对地球卫星来说，地球的引力是最大的，但是太阳和月球对卫星的引力也是存在的，

由此引起的摄动称为日月摄动。

按照广义定义，日月摄动属于第三体摄动，即在二体运动模型中出现了"第三引力极"，由此对卫星产生了新的摄动力，如图4-6所示。

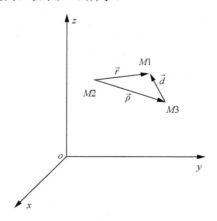

图 4-6 第三体摄动

$$\ddot{\vec{r}}_{M1} = -\left(\frac{GM2}{r^3}\vec{r} + \frac{GM3}{d^3}\vec{d}\right)$$

$$\ddot{\vec{r}}_{M2} = \frac{GM1}{r^3}\vec{r} + \frac{GM3}{\rho^3}\vec{\rho} \tag{4.72}$$

式中，$r = |\vec{r}|$，$d = |\vec{d}|$，$\rho = |\vec{\rho}|$，那么质量体 $M1$ 对质量体 $M2$ 的运动方程为

$$\ddot{\vec{r}} = \ddot{\vec{r}}_{M1} - \ddot{\vec{r}}_{M2} =$$

$$-\left(\frac{GM2}{r^3}\vec{r} + \frac{GM3}{d^3}\vec{d}\right) - \left(\frac{GM1}{r^3}\vec{r} + \frac{GM3}{\rho^3}\vec{\rho}\right) = \tag{4.73}$$

$$-G\frac{M1+M2}{r^3}\vec{r} - GM3\left(\frac{\vec{d}}{d^3} + \frac{\vec{\rho}}{\rho^3}\right)$$

式中，等号右边第二项为第三体摄动加速度，当其为 0 且 $M1 \ll M2$ 时，式（4.73）变成式（4.3）。

各种摄动同时作用于卫星，再加上卫星轨道参数非理想化，实际卫星轨道是复杂的运动轨迹，如静止轨道卫星，虽然号称"静止"，但是在地固坐标系下看，其运动轨迹是一个往复的"8"字形。

4.2 地面接收站设计

地面接收站需要面向卫星，并且只有在卫星和地面接收站之间没有无线电遮挡，才能保证卫星观测数据顺利传回地面。在无遮挡条件下，地面接收天线的俯仰角 β 和方位角 α 是保证数据接收的必要条件。

4.2.1 卫星俯仰角与方位角

在图 4-7 中，P 是卫星 S 的星下点，表示为 $P(\varphi_P, \lambda_P)$，φ_P 和 λ_P 分别是点 P 的纬度和经度，卫星地面接收站为 T，表示为 $T(\varphi_T, \lambda_T)$，φ_T 和 λ_T 分别为点 T 的纬度和经度，α 和 β 是地面接收天线对准卫星的方位角和俯仰角，则 α 以点 T 的正北方向为 0°，顺时针为正；β 是 TS 和地平面的夹角，以地平线为 0°，天顶为 90°。

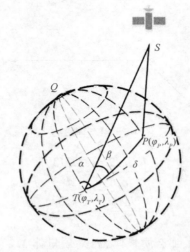

图 4-7　大圆弧求解卫星俯仰角、方位角

注意，在图 4-7 中，TP 不是一段空间直线，而是地球表面两点连线，称为大圆，显然，大圆是点 T 和点 P 对地心的夹角。对于球面三角形，由余弦定理公式可表示为

$$\cos a = \cos b \cos c + \sin b \sin c \cos A \tag{4.74}$$

可知，当 $a = TP, b = 90° - \varphi_T, c = 90° - \varphi_P, A = \lambda_P - \lambda_T$ 时，则

$$\cos(TP) = \sin(\varphi_T)\sin(\varphi_P) + \cos(\varphi_T)\cos(\varphi_P)\cos(\lambda_P - \lambda_T) \tag{4.75}$$

显然，只要 φ_P、λ_P 和 φ_T、λ_T 已知，就可以求得地面接收站与卫星星下点之间的大圆弧长。在求出大圆之后，可以通过球面三角计算方位角，球面三角正弦定理公式为

$$\frac{\sin A}{\sin a} = \frac{\sin C}{\sin c} \tag{4.76}$$

结合图 4-7，$A = \lambda_P - \lambda_T, a = TP, C = \alpha, c = 90° - \varphi_P$，代入式（4.76），得到

$$\frac{\sin(\lambda_P - \lambda_T)}{\sin(TP)} = \frac{\sin(\alpha)}{\sin(90° - \varphi_P)} \tag{4.77}$$

即

$$\sin(\alpha) = \frac{\sin(\lambda_P - \lambda_T)\cos(\varphi_P)}{\sin(TP)} \tag{4.78}$$

从而计算得到地面接收站接收天线的方位角。

H 是卫星高度，R_e 是地球半径，β 是俯仰角，η 是卫星天底角，则满足

$$\eta = 180° - TP - (90° + \beta) = 90° - (\delta + \beta) \tag{4.79}$$

在卫星、观测点和地心构成的三角形 $\triangle EOS$ 中，由平面三角正弦公式得

$$\frac{\sin\eta}{R_e} = \frac{\sin(90° + \beta)}{R_e + H} \tag{4.80}$$

代入 η，得到

$$\frac{\sin[90° - (\delta + \beta)]}{R_e} = \frac{\sin(90° + \beta)}{R_e + H} \tag{4.81}$$

化简得到

$$\tan\beta = \frac{\cos(TP) - \dfrac{R_e}{R_e + H}}{\sin(TP)} \tag{4.82}$$

从而求出俯仰角 β。

例 4.4　如果一颗卫星定点在东经 104.7°，并假设地面接收站位于北纬 39.9°、东经 116.4°，请计算接收天线俯仰角、方位角。

解：

$$\cos(TP) = \sin(\varphi_T)\sin(\varphi_P) + \cos(\varphi_T)\cos(\varphi_P)\cos(\lambda_P - \lambda_T) = 0.751$$

$$\sin(TP) = \sqrt{1 - \cos^2(TP)} = 0.660$$

$$\alpha = \arcsin\left[\frac{\sin(\lambda_P - \lambda_T) \times \cos(\varphi_P)}{\sin(TP)}\right] = -17.89°$$

$$\beta = \arctan\left[\frac{\cos(TP) - \dfrac{R_e}{R_e + H}}{\sin(TP)}\right] = 42.28°$$

要注意，arcsin 函数的角度值域是[−90°,90°]，而方位角的值域是[0°,360°]，所以要根据卫星与地面接收站之间的相对位置关系，扩展计算公式输出角度到方位角值域范围内，因此本例实际观测方位角为 $\alpha_{\text{real}} = 180 - \alpha = 197.89°$；并且，实际角度要根据地面接收站当地地磁偏角进行精度修正。

4.2.2　地面接收站位置选择

1. 地球同步轨道卫星接收站选择

静止轨道气象卫星相对地面参照物来说等于"悬浮"在空中，位置是不发生变化的，实际上静止轨道卫星在其定点位置附近也是运动的，也仅当卫星漂移比较严重时，才需要对地面接收天线进行调整，可通过 4.2.1 节中讲述静止轨道卫星地面接收站接收俯仰角的计

算方法对其进行调整。然而，在地面上哪些地点能够对某一具体的静止轨道卫星数据进行接收，还要看地面接收点是否在卫星天线覆盖范围之内。

静止轨道卫星在轨运行时，静止轨道卫星观测范围如图 4-8 所示。

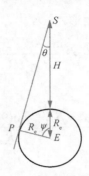

图 4-8　静止轨道卫星观测范围

SP 是地球切线，R_e 是地球平均半径，H 是卫星高度，显然卫星对应的地心经纬度为

$$2\psi = 2 \times acos \frac{R_e}{R_e + H} = 2 \times acos0.151 = 162°$$ （4.83）

从静止轨道气象卫星的覆盖来说，通常有 3 颗等间距卫星可以观测到地球大部分表面，但其无法实现对地球两极的观测。

2．太阳同步轨道卫星数据接收

太阳同步轨道卫星绕着整个地球飞行，当卫星飞临地面接收站上空时才能进行数据接收，为了提高地面接收站的接收效率，显然地面接收站处于可以"见"到更多卫星轨道的地点更有利于接收数据，以 FY-3 太阳同步轨道卫星为例，FY-3 轨道汇集区在南北两极，所以地面接收站在南北极可以有更高的接收效率，尽可能保证每一圈轨道都可以接收数据；对于多站点设计，多个站点要均匀分布在轨道跨度上，以保证所有卫星观测数据都可尽快回传地面并被应用。

我国太阳同步轨道气象卫星地面接收站设计，在国土面积内由佳木斯地面接收站、乌鲁木齐地面接收站和广州地面接收站构成边缘大三角，随着极区站点的发展，形成了国内+极区站的综合接收网络，有效缩短了极轨卫星的数据接收时间（指卫星观测时间到地面系统接收观测数据的时间间隔）。

4.3　遥感资料分发

4.3.1　数据格式

在遥感领域，常用的数据存储格式包括 HDF 格式、NC 格式、TIFF 格式和 LRIT/HRIT 自定义二进制格式等，HDF 和 NC 等标准格式有明确的定义和用法，因此不进行重点介绍，很多数据处理软件和编程工具均可提供对 HDF 数据的操作，如 MATLAB 的 hdf5read

函数等。

LRIT/HRIT 是一种框架协议约定下的自定义二进制数据格式，用于卫星数据广播，在定义具体数据格式时可以在框架协议下灵活地编制格式以满足不同需求，目前欧洲的 MSG 卫星、日本的 Himawari-8/9 卫星、我国的 FY-4A 等卫星在实时数据广播中都已经采用 LRIT/HRIT 数据组织结构，但是具体格式又有所不同，因此重点讲解 LRIT/HRIT 组织方式，以便读者熟悉并开展相关工作。

LRIT/HRIT 数据组织结构见图 4-9，从总体上讲，具有以下几个特点。

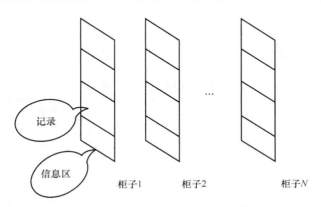

图 4-9　LRIT/HRIT 数据组织结构

（1）基于"记录"（Record）的数据组织方式

LRIT/HRIT 的数据组织结构基本可以想象为几个"柜子"+若干"抽屉"的方式，每个"柜子"组织存储一个方面的内容，如卫星基本信息、定位信息、定标信息、观测数据信息等；每个"抽屉"组织存储某一方面的具体一项内容，如定位信息中的"地球半径"、定标信息中的"01 通道定标系数"等。

（2）用户再定义的具体格式

在 LRIT/HRIT 框架协议下具体的组织方式灵活多变，用户可以根据需求灵活定义每个"柜子"和每个"抽屉"的内容，并且具体的技术手段也可以自由选择。如欧洲静止气象卫星 MSG LRIT/HRIT 数据存储的内容明显多于日本静止气象卫星 Himawari-8/9 LRIT/HRIT 数据存储的内容。作者推测，欧洲气象卫星开发组织（EUMETSAT）成员众多、处理部门分散，因此存储内容中原始数据较多，方便众多成员独立开展数据处理；而日本气象卫星地面系统组织结构相对简单，因此主要向外广播处理好的观测数据。

存储内容多的优势是方便开展各项深层次处理，但劣势是占用数据带宽大，而 LRIT/HRIT 数据组织方式在大框架约定下提供了极大的灵活性，开展相关工作要根据自身需求，灵活设计。

（3）灵活的技术选择

为了降低数据率，LRIT/HRIT 数据格式推荐采用数据压缩方法，LRIT 一般指有损压缩下的低码速数据传输，HRIT 一般指无损压缩下的高码速数据传输。高效、灵活是 LRIT/HRIT 数据组织方式的特点，无论是数据格式还是具体实现技术都可以自定义，如 Himawari-8/9 LRIT/HRIT 数据采用的有损/无损压缩技术都是 JPEG2000，MSG LRIT/HRIT 数据采用的有损/无损压缩技术分别是 JPEG 和基于小波变换的熵编码。

（4）通过预留区保证数据向前兼容

可以理解"预留区"为每个"柜子"先设置若干个空的"抽屉"，因为卫星在轨运行期间，尤其是系列卫星全部在轨运行时间可达 20 年以上，由于技术需求而增加数据内容是不可避免的事情，通过预留区进行后续修改，可以保证既有数据不受影响、新格式数据向前兼容，又尽可能保证已有软硬件系统对新旧数据的适用性，提高系统整体效率。

下面通过 FY-4A/AGRI LRIT/HRIT 数据格式具体展示这样的数据结构，首先 AGRI LRIT/HRIT 数据包含 7 个区（如表 4-1 所示），可理解为 7 个"柜子"，然后每个柜子里的具体的"抽屉"定义在表中进行查询，从而准确应用 LRIT/HRIT 数据。为了节约篇幅，这里只列举了 3 个具体的信息区，详细结构可参考国家卫星气象中心数据网站，如表 4-2～表 4-4 所示。

表 4-1　FY-4A/AGRI LRIT/HRIT 广播数据文件格式

区编号	区名称
0	（报头）主文件头记录
1	（报头）基本信息头记录
2	（报头）定位信息头记录
3	（报头）定标信息头记录
4	（报头）注释头记录
5	（报头）时间信息头记录
6	（报头）附件文本信息头记录
7	（报头）密钥信息头记录
数据区	数据区

表 4-2　FY-4A/AGRI LRIT/HRIT 广播数据基本信息头记录

序号	名称	类型	字节	值和标记
1	报头编号	unsigned int	1×1	1（固定值）
2	报头记录长度	unsigned int	2×1	63（固定值）
3	卫星名称	unsigned int	1×9	FY4A---
4	仪器名称	unsigned int	1×7	AGRI--
5	数据头总长度	unsigned int	4×1	

表 4-3　FY-4A/AGRI LRIT/HRIT 广播数据定位信息头记录

序号	名称	类型	字节	值和标记
1	报头编号	byte	1×1	2（固定值）
2	报头记录长度	unsigned short	2×1	624
3	标称星下点经度	double	8×1	
4	星下点经度	double	8×1	实际星下点经度

续表

序号	名称	类型	字节	值和标记
5	投影类型	double	1×1	0：非标称投影 1：标称投影
6	轨道参数历元时间（简化儒略日）	byte	1×15	
7	半长轴/km	char[15]	8×1	
8	偏心率	double	8×1	
9	倾角/°	double	8×1	
10	升交点经度/°	double	8×1	
11	近地点辐角/°	double	8×1	
12	平近点角/°	double	8×1	
13	行列号转经纬度	char[56]	56	
14	转换矩阵	double	8×9	
15	地球模型类型	byte	1×1	1（椭球体）
16	地球赤道半径	float	4×1	6378.137
17	南极半径	float	4×1	
18	北极半径	float	4×1	
19	预留	unsigned char	1×40	

表 4-4　FY-4A/AGRI LRIT/HRIT 广播数据定标信息头记录

序号	名称	类型	字节	值和标记
1	报头编号	byte	1×1	3（固定值）
2	报头记录长度	unsigned short	2×1	51（固定值）
3	斜率	float	4×1	
4	截距	float	4×1	
5	预留	unsigned char	1×40	

4.3.2　数据分发链路

卫星遥感观测数据经处理，将图像提供给使用者充分应用才能发挥其效益，分发链路是数据到达使用者的途径，目前主要可以通过卫星或地面网络分发，其中分发方式又可以分为采用遥感卫星自身广播能力的直接广播和专门的通信卫星转发方式。

1. 直接广播

直接广播是基于遥感卫星自身的广播能力，将处理好的遥感图像进行无差别广播，能否接收并应用遥感图像取决于接收条件（如地理位置）、接收能力和对数据的了解程度。

直接广播一般设计为具备高时效性，对图像应用时效性较高的遥感卫星往往会采用直接广播方式，如很多静止轨道气象卫星具备直接广播方式，但是直接广播并不是简单地将原始观测数据直接播发,而是对遥感数据进行地面处理后再回传给观测卫星进行广播播出,一是对原始观测数据进行预处理,生成 L1 级数据;二是对广播码速率进行调整,方便接收。

2. 通信卫星转发

通信卫星转发方式可以利用通信卫星强大的播发能力方便用户接收使用卫星遥感数据。通信卫星转发的基本模型和直接广播是一样的,都是先把数据在地面处理好后发送给卫星,然后由用户接收使用,只不过该工作由专门的通信卫星承担,而不是利用遥感卫星自身的广播能力。

3. 地面网络

随着世界互联网基础设施能力的强化,采用网站方式进行数据发布与服务的方式也更加便利,一般可以采用网站订单式下载、直接推送和资源共享等方式,基于个人计算机和互联网的通用操作方式使数据下载和应用更加灵活。

4.4 数据传输与频谱保护

当今卫星观测与应用产业得到了空前的飞速发展,目前卫星观测数据绝大多数采用无线电波实时回传地面接收站的方式,并且基于卫星网络数据分发也需要通过无线电波底层实现,加之卫星数量越来越多,频率和轨道资源已成为稀缺的、宝贵的自然资源,也是世界各卫星大国必争的一种宝贵的战略资源,对一个国家的政治、经济和国防建设具有重要的战略意义。

以地球静止轨道为例,地球静止轨道是一条位于赤道上空、距地面高度为 35786km 的轨道,一颗静止卫星可以覆盖地球表面约 40% 的区域,且地球站天线容易跟踪,信号稳定,因此,很多通信卫星选用地球静止轨道,地球静止轨道遥感卫星也具有不同于其他轨道卫星的独特魅力——相对地球不动的"盯住"观测模式。据统计,目前地球静止 轨道运行着 300 多颗卫星。

如此之多的卫星在同一轨道高度运行,无论是空间分布还是数据下传的无线电相互干扰问题都是涉及卫星安全与正常工作的重要问题。

4.4.1 微波频段划分

随着卫星发射技术和探索技术的成熟,卫星发挥的功能越来越多、作用越来越大,因此更多的卫星被发射升空,太空也就越来越拥挤,如美国的星链计划要发射 10000 多颗卫星,卫星在轨运行需要空间,因此空间位置、数据传输频段也越来越拥挤,卫星频轨资源也成为宝贵的战略资源。

当前,卫星对地遥感数据传回地面时,普遍采用微波通信,早期采用胶卷拍摄时设计有返回舱,即卫星在飞越预定位置时释放可以降落到地球表面的返回舱,拍摄后的胶卷在返回舱内落到地面被地面人员获取,从而获得卫星在轨遥感数据;激光通信和量子通信等也在研究过程中,但当前主流通信还是微波通信。为了便于交流,微波频段被划分成了若干区间，表 4-5 和表 4-6 是微波频段区间划分和区间细分的详细说明。

表 4-5　微波频段区间划分

频段名称	符号	频率范围	波长范围	波段
甚低频	VLF	3～30kHz	10～100km	甚长波
低频	LF	30～300kHz	1～10km	长波
中频	MF	0.3～3MHz	100～1000m	中波
高频	HF	3～30MHz	10～100m	短波
甚高频	`VHF	30～300MHz	1～10m	超短波
特高频	UHF	0.3～3GHz	0.1～1m	分米波
超高频	SHF	3～30GHz	1～10cm	厘米波
极高频	EHF	30～300GHz	1～10mm	毫米波

在 SHF 频段，微波频段被进一步细分为 L、S、C、X、Ku、Ka 等区间。

表 4-6　微波频段区间细分

频段名称	频率范围/GHz	波长范围/cm	标称波长/cm
L	1～2	15～30	22
S	2～4	7.5～15	10
C	4～8	3.75～7.5	5
X	8～12	2.5～3.75	3
Ku	12～18	1.67～2.5	2
K	18～27	1.11～1.67	1.25
Ka	27～40	0.75～1.11	0.8
U	40～60	0.5～0.75	0.6
V	60～80	0.375～0.5	0.4
W	80～100	0.3～0.375	0.3

当微波频率在 100MHz 以下时，宇宙噪声会迅速增加，因此，100MHz 以下频段通常不用于空间通信。在 0.3～10GHz 频段，大气损耗最小，称此频段为"无线电窗口"，30GHz 附近被称为"半透明无线电窗口"，选择卫星通信频段常需考虑这些"窗口"，如 1～10GHz 最为适宜，在此"窗口"中的 C 频段就是开发应用较早的卫星通信频段；与 C 频段相比，Ku 频段的电波传播易受暴雨、浓云、密雾的影响。在 Ka 频段，降雨对通信的影响较严重，但它包含了一个"半透明无线电窗口"，得到越来越多的研究和开发。

4.4.2　卫星频轨资源管理与应用

卫星业务是一种国际性业务，必须遵守《无线电规则》所规定的频率划分规定，《无线电规则》的频率划分在其所分的 3 个区域内是基本一致的。其中，在中国所在的第三区的 HF 频段（3~30MHz），有空间研究业务和卫星业余业务；在 VHF 频段（30~300MHz），有空间研究业务、卫星业余业务、空间操作业务、卫星气象业务及卫星移动业务等；在 UHF（0.3~3GHz）和 SHF 频段（3~30GHz），主要有空间研究业务、空间操作业务、卫星气象业务、卫星移动业务、卫星固定业务、卫星广播业务、卫星地球探测业务及卫星无线电导航业务等；在 EHF 频段（30~300GHz），除 SHF 频段所具有的业务外，还有卫星间业务和卫星业余业务。低于 2.5GHz 的 L 频段（1~2GHz）和 S 频段（2~4GHz）大部分用于静止卫星的指令传输及特殊卫星业务，如卫星导航等；大多数卫星固定业务使用 C 频段（4~8GHz）和 Ku 频段（12~18GHz）；Ka 频段（27~40GHz）作为星际链路频率已开始应用。

轨道资源和频率资源都是卫星得以顺利工作的基本保障，都是宝贵的资源，卫星资源管理法规是协调、分配和使用卫星资源的基本依据和准则，目的是合理利用这些资源，其中既包括国际法规也包括国家法规，主要包括联合国《各国探索和利用外层空间活动的法律原则宣言》《关于各国探索和利用包括月球和其他天体在内外层空间活动的原则条约》《国际电信联盟组织法》《国际电信联盟公约》及国际电信联盟（ITU）《无线电规则》等以及我国的卫星资源管理法规。从法理上说，各国都拥有使用频率资源的权利，ITU 采用"先登先占"规则，指各国无线电管理政府主管部门，在卫星网络投入使用前不早于 5 年、不晚于 2 年，向 ITU 申报并公布拟使用的卫星频率和轨道资源（一般称为卫星网络资料）。各国根据 ITU 公布的他国使用计划，分析评估他国申报的卫星网络是否可能对自己申报的卫星网络或地面业务产生不可接受的干扰，并依据国际规则在卫星网络实施前，解决可能存在的干扰问题。在同等划分地位且符合《无线电规则》的前提下，先申报的卫星网络拥有优先使用无线电频率并免于受到有害干扰的权利，后申报的卫星网络不能对其产生有害干扰，且必须与先申报的卫星网络完成必要的国际频率协调工作，才能获得合法的频率使用权。

为保证频轨资源的合理使用，卫星频率和轨道资源在登记后的 7 年内，必须发射卫星启用所申报的资源，否则所申报的资源自动失效。在卫星频轨资源日益紧张的今天，卫星网络资料申报与获取已经成为不见硝烟的战场，加强组织、提前规划，才能有效保障卫星在轨顺利运行。

4.5 光学遥感与甚高频数据交换系统（VDES）综合设计

光学遥感卫星重在目标光学波段信息采集，如能通过科学合理的设计，也可以增加卫星在其他方面的工作能力，根据实际情况达到优化设计、提高效能的目的。如日本的 MTSAT 静止轨道气象卫星就是一颗兼具气象观测和空中交通管制功能的多功能卫星。

把光学遥感观测和无线电传输功能相结合，便于实现不同功能点，完成既定科学目标，如把光学遥感功能和 VDES 进行综合设计，VDES 是国际海事组织（IMO）、国际航标协会（IALA）和 ITU 从 2000 年开始共同致力发展的下一代航海信息系统，是目前在全球水上广泛应用的船舶自动识别系统（AIS）的升级换代。加快 VDES 部署可以有效改善 AIS 目前出现的窘境。

① 随着船舶数量的增加，日益繁忙的 AIS 不堪重负，部分繁忙港口的 AIS 占用率超过 50%——碰撞预警漏报临界点。

② 传统的 AIS 主要是对岸信息传输，只能覆盖离岸 30n mile 距离，导致水上数据交换能力，尤其是远水数据交换能力缺乏，无法支撑走向深海的海洋强国战略。

③ AIS 体系的初衷是船舶间相互识别和避免碰撞，其体系架构不具备多元数据交换能力，无法实现当今社会对海洋信息化、建设智慧海洋的需求。

VDES 将原有两个 AIS 通道扩展为 18 个综合通道，在原有 AIS 功能基础上，增加了远距离 AIS（LAIS）、特殊应用消息（ASM）以及 VDE（VHF 数据交换）等功能。系统引入卫星节点具有"恰逢其时、全球落地、频点固定、天地一体"等特点，除保障海上航行安全需求外，还能促进航海信息资源利用与共享，是航海信息化发展的重要方向。

VDES 具体业务划分如下。

① AIS：用于传输船舶身份、位置、航行状态、搜寻和救援等信息。

② LAIS：是 AIS 的卫星段。

③ ASM：用于传输除船舶位置信息和航行状态信息外的其他非导航安全信息，如水文、气象等信息。

④ VDE：VDES 的核心功能，是 VDES 实现宽带数据通信的基础，能传输多种结构的信息。

图 4-10 所示的是 VDES 具体的频率划分表。

频率单位：MHz

75	76	1024	1084	1025	1085	1026	1086	2024	2084	2025	2085	2026	2086	2027	2078	2028	2088
156.775	156.825	157.200	157.225	157.250	157.275	157.300	157.325	161.800	161.825	161.850	161.875	161.900	161.925	161.950	161.975	162.000	162.025
LAIS		VDE1-A			VDE2-A			VDE1-B				VDE2-B		ASM1	AIS1	ASM2	AIS2
		Sat Up3						Sat Down						Sat Up1		Sat Up2	

图 4-10　VDES 具体的频率划分表

和 AIS 相比，VDES 发展了天基通信部分，因此从高质量发展角度来看，VDES 天基通信部分可以考虑将 VDES 通信载荷和光学遥感等卫星综合考虑，集约化设计，形成通信遥感一体化卫星系统，加速 VDES 部署、提升卫星综合效益。另外，由于 VDES 通信能力大幅度增加、通信覆盖面积极大扩展，可以提升近海、远海、岛屿、南极、北极以至森林、沙漠无人区等极端环境通信能力，可以将专用传感器与 VDES 通信系统相结合，加强海洋气象监测、海洋环境监测、极地极端环境监测、特殊区域（深海油气资源、矿产资源和生物资源等地区）的信息原位采集。同时，卫星遥感监测具有覆盖范围广的特点，可以考虑与基于 VDES 通信的极端环境信息原位采集联合工作，将遥感监测和原位探测相结合来深度挖掘数据信息，提高数据价值。

　　将 VDES 功能和光学遥感卫星进行综合设计，可以充分利用既有平台，走集约化、节约化建设道路，既有利于高质量发展下一代航海信息系统，也有利于提升卫星遥感数据应用效果。

第 5 章

图像几何定位

图像几何定位是遥感数据应用的基础，几何定位工作确定了遥感数据在地球表面的空间位置。由于卫星遥感观测和人类感知图像是在不同坐标系下进行的，因此卫星遥感图像几何定位涉及众多坐标系转换，但是由于三维空间的确定性，卫星遥感图像几何定位的基本原理是"万变不离其宗"，本书重点讲解图像几何定位的概念和基本原理，在基本理论框架下，不同卫星的几何定位工作需要根据卫星及仪器特点进行适当修改。

5.1 基本坐标系与转换

对地遥感卫星仪器通过复杂的光学系统观测地球表面地气目标，地球表面某个区域在图像上最终表现为一个像素，对应的图像坐标系位置为 (i, j)，与之对应的空间位置在地球上的经纬度为 (latitude, longitude)，给出遥感图像上每个像素的经纬度是定位工作的核心目标。光电传感器在观测目标上的投影是一个区域，一般总是以区域几何中心点给出该观测区域的经纬度。

为了准确说明定位原理，首先介绍卫星遥感成像有关的 7 个基本坐标系，本书定义坐标系皆为右手坐标系，本节以我国第二代静止气象卫星 FY-4A/AGRI 为例，需要说明的是，不同的卫星工程里同名轴的方向定义可能不一样。

1. 图像坐标系

卫星遥感仪器观测目标按照一定投影规则获得一幅图像，定义图像坐标系 x 轴平行于仪器坐标系 x 轴，y 轴平行于仪器坐标系 y 轴，主光轴指向星下点时其与焦平面的交点为原点，坐标轴单位为待处理通道的空间角分辨率，所以图像上像素位置 (i,j) 由观测光线偏离坐标平面的角度决定。需要注意的是，人眼常用的图像坐标系原点一般在图像左上角或左下角，因此该处定义的图像坐标系和通常的图像坐标系存在一个原点位移 $(\Delta x, \Delta y)$。

2. 仪器坐标系

仪器坐标系一般以仪器焦平面上光电传感器几何排布为基准进行定义，以 FY-4A/AGRI 定位坐标系（如图 5-1 所示，其中点 o_{scs} 为飞行器位置）为例来说明，FY-4A 是地球静止轨道遥感卫星，矩形光电传感器阵列大概沿东西-南北方向排列，注意不代表绝对的空间东西-南北方向，以传感器东西方向为 x 轴、以传感器南北方向为 y 轴，假设从传感器发出一束

光线，则该光线通过光学系统表现为仪器坐标系下的出射矢量，为

$$\begin{bmatrix} a_{-\mathrm{ins}} \\ b_{-\mathrm{ins}} \\ c_{-\mathrm{ins}} \end{bmatrix} = \boldsymbol{R}_{\mathrm{N-S}} \cdot \boldsymbol{R}_{\mathrm{E-W}} \cdot \begin{bmatrix} 0 \\ 1 \\ 0 \end{bmatrix} \tag{5.1}$$

式中，$\boldsymbol{R}_{\mathrm{N-S}}$ 和 $\boldsymbol{R}_{\mathrm{E-W}}$ 分别表示东西、南北扫描镜的反射矩阵。

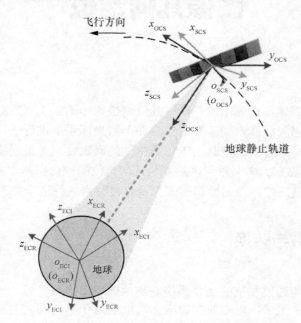

图 5-1　FY-4A/AGRI 定位坐标系

3. 卫星坐标系

卫星坐标系依据卫星结构进行定义，卫星坐标系是仪器坐标系到轨道坐标系的转换媒介，仪器坐标系经过 3 个欧拉角变换到卫星坐标系，设 3 个欧拉角为 (θ, ϕ, ψ)，分别是仪器坐标系绕卫星坐标系 x、y、z 轴的旋转角度，则仪器坐标系下的矢量转换到卫星坐标系下的矢量满足式（5.2）。

$$\begin{bmatrix} a_{-\mathrm{sat}} \\ b_{-\mathrm{sat}} \\ c_{-\mathrm{sat}} \end{bmatrix} = \boldsymbol{R}_z(-\psi) \cdot \boldsymbol{R}_x(-\theta) \cdot \boldsymbol{R}_y(-\phi) \cdot \begin{bmatrix} a_{-\mathrm{ins}} \\ b_{-\mathrm{ins}} \\ c_{-\mathrm{ins}} \end{bmatrix} = \boldsymbol{R}_{\mathrm{INS-SCS}} \cdot \begin{bmatrix} a_{-\mathrm{ins}} \\ b_{-\mathrm{ins}} \\ c_{-\mathrm{ins}} \end{bmatrix} \tag{5.2}$$

式中，$\boldsymbol{R}_P(q)$ 表示矩阵 $\boldsymbol{R}$ 绕 $P(P=x,y,z)$ 轴旋转角度 q，下文表述方式相同。

4. 轨道坐标系

轨道坐标系原点定义为卫星质心，x 轴定义为卫星飞行方向，以卫星到地心的矢量方向为 y 轴。卫星坐标系以姿态角 (θ', ϕ', ψ') 飞行在轨道坐标系内，θ', ϕ', ψ' 分别为仪器的滚动角、俯仰角和偏航角，则卫星坐标系下的矢量转换到轨道坐标系下的矢量满足式（5.3）。

$$\begin{bmatrix} a_{-\mathrm{orb}} \\ b_{-\mathrm{orb}} \\ c_{-\mathrm{orb}} \end{bmatrix} = \boldsymbol{R}_z(-\psi') \cdot \boldsymbol{R}_x(-\theta') \cdot \boldsymbol{R}_y(-\phi') \cdot \begin{bmatrix} a_{-\mathrm{ins}} \\ b_{-\mathrm{ins}} \\ c_{-\mathrm{ins}} \end{bmatrix} = \boldsymbol{R}_{\mathrm{SCS-OCS}} \cdot \begin{bmatrix} a_{-\mathrm{ins}} \\ b_{-\mathrm{ins}} \\ c_{-\mathrm{ins}} \end{bmatrix} \qquad (5.3)$$

5. 惯性坐标系

惯性坐标系不随时间变化，J2000 坐标系是常用的惯性坐标系，当卫星轨道根数在 J2000 坐标系下描述时，轨道坐标系下的矢量转换到惯性坐标系下满足式（5.4）。

$$\begin{bmatrix} a_{-\mathrm{eci}} \\ b_{-\mathrm{eci}} \\ c_{-\mathrm{eci}} \end{bmatrix} = \boldsymbol{R}_z(-\psi'') \cdot \boldsymbol{R}_x(-\theta'') \cdot \boldsymbol{R}_y(-\phi'') \cdot \begin{bmatrix} a_{-\mathrm{orb}} \\ b_{-\mathrm{orb}} \\ c_{-\mathrm{orb}} \end{bmatrix} = \boldsymbol{R}_{\mathrm{OCS-ECI}} \cdot \begin{bmatrix} a_{-\mathrm{orb}} \\ b_{-\mathrm{orb}} \\ c_{-\mathrm{orb}} \end{bmatrix} \qquad (5.4)$$

式中，θ''、ϕ''、ψ'' 是轨道坐标系相对惯性坐标系的旋转角度，其值完全由轨道参数确定。

6. 地心旋转坐标系

地心旋转坐标系原点定义为地球质心，x 轴指向 0°经线与赤道的交点，y 轴指向北天极，从惯性坐标系变换到地心旋转坐标系，要通过天文矩阵进行旋转，满足式（5.5）。

$$\begin{bmatrix} a_{-\mathrm{ecr}} \\ b_{-\mathrm{ecr}} \\ c_{-\mathrm{ecr}} \end{bmatrix} = \boldsymbol{A} \cdot \boldsymbol{B} \cdot \boldsymbol{C} \cdot \boldsymbol{D} \cdot \begin{bmatrix} a_{-\mathrm{eci}} \\ b_{-\mathrm{eci}} \\ c_{-\mathrm{eci}} \end{bmatrix} = \boldsymbol{R}_{\mathrm{ECI-ECR}} \cdot \begin{bmatrix} a_{-\mathrm{eci}} \\ b_{-\mathrm{eci}} \\ c_{-\mathrm{eci}} \end{bmatrix} \qquad (5.5)$$

式中，$\boldsymbol{A}$、$\boldsymbol{B}$、$\boldsymbol{C}$、$\boldsymbol{D}$ 分别为极移矩阵、恒星时矩阵、章动矩阵和岁差矩阵，并且显然当观测过程确定时，$\boldsymbol{A}$、$\boldsymbol{B}$、$\boldsymbol{C}$、$\boldsymbol{D}$ 已知。

7. 大地坐标系

为了方便观测数据使用，描述数据在地球上位置的经纬度通常采用大地坐标系，目前卫星几何定位常用的大地坐标系包括 WGS-84 坐标系（此节仅介绍地固坐标系与大地坐标系转换方程，关于大地坐标系的知识详见 5.2 节）、CGCS2000 坐标系等，以 WGS-84 坐标系为例，地固坐标系下的坐标 $(x_{\mathrm{ECR}}, y_{\mathrm{ECR}}, z_{\mathrm{ECR}})$ 可通过式（5.6）转换为大地坐标系经纬度 (B, L, H)，反变换通过式（5.7）。

$$\begin{cases} L = a\tan(y / x) \\ \tan B = \dfrac{z}{x^2 + y^2} \cdot \left(1 + \dfrac{Ne^2}{z} \cdot \sin B\right) \\ H = \dfrac{z}{\sin B} - N \cdot (1 - e^2) \end{cases} \qquad (5.6)$$

$$\begin{cases} x = (N + H) \cdot \cos B \cdot \cos L \\ y = (N + H) \cdot \cos B \cdot \sin L \\ z = [N \cdot (1 - e^2) + H] \cdot \sin B \end{cases} \qquad (5.7)$$

式中，N 为卯酉圈曲率半径，详细计算见 7.2.1 节，e 为地球椭球偏心率。

5.2 定位模型

5.1 节内容是定位工作需要的坐标系转换基本知识，因为卫星观测、轨道测量、天体运动等都定义在这 7 个坐标系中。但是了解基本坐标系及坐标系转换仅仅是定位工作的开始，实际的定位工作需要根据卫星实际情况设计好定位模型，尽量减少大误差数据的应用，提高定位精度。

5.2.1 基于观测方程的几何定位

基于观测方程的几何定位，核心思想是把已知的逐像素仪器观测几何，通过与遥感成像相关的 7 个坐标系转换到 ECR 坐标系的观测几何，然后确定与地球表面的交点坐标，最后转换为要求的大地坐标系坐标。基于观测方程的几何定位，物理意义明确，全局定位性能好，但是计算流程环节多，精度依赖计算环节上的各个节点精度，对于计算环节上的未知项，即观测方程中的未知定位变量，要通过合适的方法先对其进行求解。

图 5-2 是基于观测方程的几何定位示意图，总的定位方程见式（5.8），观测点对地心的矢量是观测矢量与卫星矢量的差。

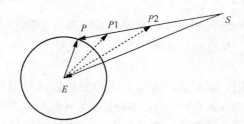

图 5-2　基于观测方程的几何定位示意图

$$\overrightarrow{EP} = \overrightarrow{SP} - \overrightarrow{SE} \tag{5.8}$$

在具体技术细节上，由于点 E 的位置固定且已知，矢量 $\overrightarrow{EP}$ 的唯一未知量为点 P 的位置，因此在处理不同仪器的定位问题时总体流程都离不开以下 4 个步骤，其中前 3 个步骤计算得到点 P 的欧氏空间位置，最后一个步骤完成大地坐标系的转换。

1. 求解观测方程参数

5.1 节已经讲解定位工作要涉及的坐标系，定位坐标系的定义与转换是定位工作的基础，然而对于具体的卫星遥感工程，这个转换链条上的完整性并不是天生的，并且不同的卫星工程面对的缺失链条也有很大不同，因此根据具体的卫星工程，求解观测方程参数是基于观测模型的定位要完成的必要工作。

不同的遥感卫星观测方程的未知参数是不同的，式（5.9）是仪器坐标系下的观测矢量到地固坐标系下的观测矢量的完整旋转过程，据此来分析基于观测方程的几何定位通用模型和流程。式（5.9）中 A、B、C、D 分别为极移矩阵、恒星时矩阵、章动矩阵和岁差矩阵，显然，当具体的卫星遥感仪器观测过程确定时，皆为与观测时间相关的天文参数矩阵，可视为已知量。

$$\begin{bmatrix} a_{-\text{ecr}} \\ b_{-\text{ecr}} \\ c_{-\text{ecr}} \end{bmatrix} = \boldsymbol{A} \cdot \boldsymbol{B} \cdot \boldsymbol{C} \cdot \boldsymbol{D} \cdot \boldsymbol{R}_{\text{OCS-ECI}} \cdot \boldsymbol{R}_{\text{SCS-OCS}} \cdot \boldsymbol{R}_{\text{INS-SCS}} \cdot \boldsymbol{R}_{\text{N-S}} \cdot \boldsymbol{R}_{\text{E-W}} \cdot \begin{bmatrix} 0 \\ 1 \\ 0 \end{bmatrix} \qquad (5.9)$$

$\boldsymbol{R}_{\text{OCS-ECI}}$ 是 6 个轨道根数 a、e、i、Ω、ω、M 的函数，轨道根数是卫星测距定轨的输出，与仪器观测无关。

$\boldsymbol{R}_{\text{SCS-OCS}}$ 是卫星姿态的函数，目前遥感卫星通常携带星敏感器、地平仪以及陀螺仪等测姿设备，与仪器观测无关。

$\boldsymbol{R}_{\text{INS-SCS}}$ 由遥感仪器在卫星本体上的安装角度决定，可称为安装矩阵，实践表明，由于安装矩阵受测量精度、发射振动等影响，卫星入轨后安装矩阵一般会发生变化；并且，由于卫星在轨会发生热胀冷缩，体现为仪器安装矩阵随时间发生变化，这一点对静止轨道卫星，尤其是三轴稳定静止轨道卫星来说更加明显——因为太阳对三轴稳定静止轨道卫星是 24h 周期的"绕圈"加热，因此对形变大的卫星只有在轨确定安装矩阵后，才能准确确定矢量旋转方程，完成遥感图像几何定位。

$\boldsymbol{R}_{\text{N-S}}$、$\boldsymbol{R}_{\text{E-W}}$ 由 AGRI 光学系统结构确定，卫星光学系统结构经过发射前在地面的精密测量，可视为已知量。

需要注意的是，计时系统精度和天文学相关的旋转矩阵也会影响几何定位精度，但是计时系统和具体卫星观测没有关联性，而且天文相关的旋转矩阵可由天文学科进行理论和技术支撑，故计时系统和天文学相关知识在本书内不进行详细讲解。

综上所述，对于特定卫星，与卫星遥感几何定位相关的在轨直接变量包括机械扫描角、仪器安装角、卫星轨道和卫星姿态。此外，时间系统误差会折算到测量数据误差，因此，时间系统是卫星几何定位的间接变量，以及前文提到的天文转换矩阵，所以卫星几何定位的间接变量是时间系统和天文转换矩阵。

要加以说明的是，有些具体定位方案在处理细节上与式（5.9）略有不同，如在矩阵 $\boldsymbol{R}_{\text{SCS-OCS}}$ 和矩阵 $\boldsymbol{R}_{\text{INS-SCS}}$ 中间增加一个"订正"矩阵 $\boldsymbol{R}_{\text{correct}}$，其意义是在其他旋转矩阵确定时对最终定位误差的综合性订正，从而提高定位精度。将 $\boldsymbol{R}_{\text{correct}}$ 写入观测方程后，在数学层面可以与其他矩阵一视同仁，所以求解它的步骤与其他旋转矩阵可以通用。

2. 观测矢量旋转

观测矢量旋转是把不同坐标系下的测量统一归结到需要的坐标系下的具体过程，具体涉及的坐标系和旋转过程已经在 5.1 节讲解，从仪器坐标系下的观测矢量到地固坐标系下的观测矢量旋转方程见式（5.9）。

3. 求解地球表面交点

本书一再提倡物理概念的重要性，以及事物发展的客观规律——这是技术方法之上的理论基础，对于卫星遥感来说，地球或者其他观测目标是否存在，对于卫星观测是没有影响的，因此观测矢量旋转仅仅是卫星的光轴指向问题，只有当观测目标（本书讲解对地遥感，观测目标设定为地球，但是基本概念对于其他目标遥感同样成立）存在时，才会产生具体的观测图像，卫星光轴与地球表面交点是确定图像具体观测位置的过程。

在讲解基本坐标系的那一节中，所有的坐标系转换都是矢量的旋转，通常用单位观测矢量进行计算，然而几何定位还存在空间距离的问题，即求解观测矢量与地球表面的交点，指观测矢量延长至地球大圆表面与其相交的位置（或者不相交），显然，数学表达式满足式（5.10）。

$$\begin{cases} \begin{bmatrix} x \\ y \\ z \end{bmatrix} = \boldsymbol{R} \begin{bmatrix} \cos\beta_S\cos\alpha_S \\ \cos\beta_S\sin\alpha_S \\ \sin\beta_S \end{bmatrix} + \begin{bmatrix} a_{-ecr} \\ b_{-ecr} \\ c_{-ecr} \end{bmatrix} \cdot t \\ \dfrac{x^2 + y^2}{a^2} + \dfrac{z^2}{b^2} = 1 \end{cases} \tag{5.10}$$

式中，$\boldsymbol{R} \begin{bmatrix} \cos\beta_S\cos\alpha_S \\ \cos\beta_S\sin\alpha_S \\ \sin\beta_S \end{bmatrix}$ 是卫星在地固坐标系下的坐标，确定了观测矢量出发点，t 确定了观测矢量的延伸长度，式（5.10）中的下式是地球椭圆方程。

4．大地坐标系转换

对于地球来说，卫星观测与否并不影响地球的存在，因此大地坐标系并不依赖卫星观测进行定义，而是在大地测量学里已经有明确的定义和精确的测量。为了使遥感数据使用方便，观测数据最终还是以大地坐标系的方式给出，因此笛卡儿坐标系下的光轴与地球表面交点，要转换成大地坐标系以供使用。

大地坐标系是大地测量的基本坐标系，大地经度、大地纬度和大地高程是此坐标系的3个坐标分量。3类常用的大地坐标系，是参心坐标系、地心坐标系和地方独立坐标系。

参心坐标系是指以参考椭球（详见第 7 章）的几何中心为原点的大地坐标系，参心空间直角坐标系是在参考椭球内建立的 $o\text{-}xyz$ 坐标系，坐标原点 o 是参考椭球的几何中心，x 轴与赤道面和首子午面的交线重合，向东为正；z 轴与椭球大的短轴重合，向北为正。y 轴与 xoz 平面垂直构成右手坐标系。我国通常采用 3 种参心坐标系，即 1954 年北京坐标系、1980 年西安坐标系和新 1954 年北京坐标系。

地心坐标系是以地球质心为原点建立的空间直角坐标系，或以球心与地球质心重合的地球椭球面为基准面所建立的大地坐标系。地心坐标系是在大地体内建立的 $o\text{-}xyz$ 坐标系，坐标原点 o 设在大地体的质量中心，x 轴与首子午面与赤道面的交线重合，向东为正；z 轴与地球旋转轴重合，向北为正；y 轴与 xoz 平面垂直构成右手坐标系。我国常用的几种地心坐标系包括 1978 地心坐标系（DX-1）、1988 地心坐标系（DX-2）、1984 世界大地坐标系（WGS-84）、2000 国家大地坐标系（CGCS2000）和国际地球参考系（ITRS）。

四大导航系统中，GPS 采用 WGS-84 坐标系，北斗导航系统采用 CGCS2000 坐标系，伽利略导航系统采用伽利略地球参考框架（GTRF）坐标系，格洛纳斯导航系统采用 PZ-90 坐标系。

地方独立坐标系是相对于地球表面上某一具体地点而建立的坐标系。地方独立坐标系的建立可以根据具体的工程项目或者地理特征来选择合适的原点和坐标系方向。在建立地方独立坐标系时，通常会采用一种局部直角坐标系，其坐标原点可以是一个容易识别的地理点，如村庄的中心、地标建筑的角点等。坐标系的方向通常选择使得坐标轴与地理方位保持一致的方向。地方独立坐标系通常用于局部地图制作、工程测量、地理信息系统（GIS）分析等应用中。

根据定义，大地坐标系的基本参数是不同的（有些坐标系采用相同的数值），相互之间转换是大地测量学中的一个重要的步骤，有助于读者建立关于大地坐标系的基本知识框架，明确几何定位工作的最终目标。

5.2.2　基于地面控制点的几何定位

基于地面控制点的几何定位，核心思想是把地面控制点的已知经纬度映射到遥感图像上经纬度未知的同名点上，并通过已知的同名点经纬度计算出遥感图像每个点的经纬度方程，从而对遥感图像上的每个像素进行定位。该方法计算环节少，定位精度依赖控制点的经纬度精度。基于地面控制点的几何定位流程如下。

① 根据成像方式初始化图像坐标与地面坐标间的数学模型。

② 根据控制点坐标和图像坐标进行平差计算，得到变换参数。

③ 全图经纬度计算。

基于地面控制点的几何定位主要有多项式法、共线方程和有理函数模型法等，一般多项式纠正变换公式为

$$\begin{cases} x = \sum_{i=0}^{N}\sum_{j=0}^{i} a_{ij}X^{i-j}Y^{j} \\ y = \sum_{i=0}^{N}\sum_{j=0}^{i} b_{ij}X^{i-j}Y^{j} \end{cases} \tag{5.11}$$

a_{ij}、b_{ij} 是多项式系数，其个数为

$$M = \sum_{i=0}^{N}\sum_{j=0}^{i} 1 = \frac{(N+1)(N+2)}{2} \tag{5.12}$$

多项式系数 a_{ij}、b_{ij} 既可以通过可预测图像变形参数构成，也可以用已知控制点的坐标求取。利用线性函数把式（5.11）写成矩阵形式。

$$\begin{cases} \boldsymbol{PA} = \boldsymbol{L}x \\ \boldsymbol{PB} = \boldsymbol{L}y \end{cases} \tag{5.13}$$

$\boldsymbol{P}$ 的每一行为 $X^{i-j}Y^{j}$，写成行向量方式，K 个地标点形成 $K \times M$ 的矩阵，如

$$\boldsymbol{P} = \begin{bmatrix} X_1^0 Y_1^0 & X_1^0 Y_1^1 & X_1^1 Y_1^0 & \cdots & X_1^0 Y_1^N \\ X_2^0 Y_2^0 & X_2^0 Y_2^1 & X_2^1 Y_2^0 & \cdots & X_2^0 Y_2^N \\ \vdots & \vdots & \vdots & \vdots & \vdots \\ X_K^0 Y_K^0 & X_K^0 Y_K^1 & X_K^1 Y_K^0 & \cdots & X_K^0 Y_K^N \end{bmatrix} \tag{5.14}$$

式（5.13）中，A、B 矩阵是 a_{ij}、b_{ij} 的列向量形式，Lx、Ly 矩阵是 x、y 序列的列向量形式，有

$$A = \begin{bmatrix} a_{00} & a_{10} & a_{01} & \cdots & a_{NN} \end{bmatrix}^{\mathrm{T}}$$
$$B = \begin{bmatrix} b_{00} & b_{10} & b_{01} & \cdots & b_{NN} \end{bmatrix}^{\mathrm{T}}$$

(5.15)

和

$$Lx = \begin{bmatrix} x_0 & x_1 & x_2 & \cdots & x_K \end{bmatrix}^{\mathrm{T}}$$
$$Ly = \begin{bmatrix} y_0 & y_1 & y_2 & \cdots & y_K \end{bmatrix}^{\mathrm{T}}$$

(5.16)

5.2.3　定位模型应用

无论是基于观测方程的几何定位还是基于地面控制点的几何定位，每种定位模型都有它适用的环境，包括精度要求、可操作性和经济性等，因此在几何定位基本原理基础上，对定位模型的选用与实施是具体卫星工程中定位工作的内容。以 FY-4A/AGRI 为例，其属于静止轨道广域成像，全图范围内变形差异大，地标点相对较少，因此选择基于观测方程的几何定位方案比较符合实际条件，实际上全球静止轨道气象卫星成像仪都采用了类似方案。作者团队在研究过程中以该方案为基础取得了很好的几何定位效果，实现了静止轨道1 个可见光像素的定位精度，结果评价详见 5.4 节。

其他卫星及仪器的定位方案，要根据卫星轨道不同、遥感仪器性能不同等具体情况进行设计选用，需要具体分析和再设计，当条件充足时，基于观测方程的几何定位和基于地面控制点的几何定位联合应用，进一步提高几何定位精度。

5.3　求解观测方程变量

本节具体讲解式（5.9）中各相关矩阵在实际工程中是如何确定的。

5.3.1　机械扫描角

机械转动部件是星载遥感仪器的重要组件，高精度的转动部件测角是成像质量的保证。光电码盘和电磁感应同步器是目前重要的星载遥感仪器测角装置。

5.3.2　仪器在轨安装角

仪器安装角指仪器坐标系坐标轴和卫星本体坐标系坐标轴的夹角，一般卫星装调时会精确测量仪器安装角，但是不可避免地，受卫星发射时的振动以及卫星在轨后的热胀冷缩引起的热变形影响，仪器安装角的精度会降低，因此测量在轨安装角是必要的，甚至是不

可或缺的，这一点对轨道三轴稳定静止卫星尤其重要，因为静止轨道特点决定了太阳外热流对三轴稳定卫星的加热是非均匀的。虽然遥感仪器进行设计时会考虑外热流影响，尽量减小在轨热胀冷缩的大小，比如采用低热胀冷缩系数的材料等，但是安装角变化依然存在。

仪器在轨安装角几乎没有办法直接测量，通常采用同一矢量的两种不同表示的比较来求解，本书以 FY-4A/AGRI 为例。为了计算构成实际 $\boldsymbol{R}_{\text{INS-SCS}}$ 矩阵的 3 个欧拉角 θ、ϕ、ψ，根据数学知识，给定式（5.9）的一组确定解，即确定的观测矢量 $(a_{\text{-ecr}}, b_{\text{-ecr}}, c_{\text{-ecr}})^{\text{T}}$ 时，可以求出方程中的系数 θ、ϕ、ψ。

选择通过地标来明确观测矢量 $(a_{\text{-ecr}}, b_{\text{-ecr}}, c_{\text{-ecr}})^{\text{T}}$，见式（5.17）。

$$\begin{bmatrix} a_{\text{-ecr}} \\ b_{\text{-ecr}} \\ c_{\text{-ecr}} \end{bmatrix} = \text{LOS} = \frac{\begin{bmatrix} x_{\text{-GCP}} \\ y_{\text{-GCP}} \\ z_{\text{-GCP}} \end{bmatrix} - \begin{bmatrix} x_{\text{-sat}} \\ y_{\text{-sat}} \\ z_{\text{-sat}} \end{bmatrix}}{\left\| \begin{bmatrix} x_{\text{-GCP}} \\ y_{\text{-GCP}} \\ z_{\text{-GCP}} \end{bmatrix} - \begin{bmatrix} x_{\text{-sat}} \\ y_{\text{-sat}} \\ z_{\text{-sat}} \end{bmatrix} \right\|_2} \tag{5.17}$$

式中，$(x_{\text{-GCP}}, y_{\text{-GCP}}, z_{\text{-GCP}})^{\text{T}}$ 是观测位置在地心地固坐标系下的坐标，$(x_{\text{-sat}}, y_{\text{-sat}}, z_{\text{-sat}})^{\text{T}}$ 是卫星在地心地固坐标系下的坐标。

为了计算得到系数 θ、ϕ、ψ，设

$$\boldsymbol{W}_1 = \boldsymbol{A} \cdot \boldsymbol{B} \cdot \boldsymbol{C} \cdot \boldsymbol{D} \cdot \boldsymbol{R}_{\text{OCS-ECI}} \cdot \boldsymbol{R}_{\text{SCS-OCS}} \tag{5.18}$$

$$\boldsymbol{W}_2 = \boldsymbol{R}_{\text{N-S}} \cdot \boldsymbol{R}_{\text{E-W}} \tag{5.19}$$

则式（5.9）可以变换为

$$\boldsymbol{W}_1 \cdot \boldsymbol{R}_{\text{INS-SCS}} \cdot \boldsymbol{W}_2 \cdot \begin{bmatrix} 0 \\ 1 \\ 0 \end{bmatrix} = \text{LOS} \tag{5.20}$$

进一步化简为

$$\boldsymbol{R}_{\text{INS-SCS}} \cdot \begin{bmatrix} a_{\text{-t}} \\ b_{\text{-t}} \\ c_{\text{-t}} \end{bmatrix} = \boldsymbol{W}_1^{-1} \cdot \text{LOS} \tag{5.21}$$

式中

$$\begin{bmatrix} a_{\text{-t}} \\ b_{\text{-t}} \\ c_{\text{-t}} \end{bmatrix} = \boldsymbol{W}_2 \cdot \begin{bmatrix} 0 \\ 1 \\ 0 \end{bmatrix} \tag{5.22}$$

结合式（5.2），则

$$\boldsymbol{R}_z(-\psi) \cdot \boldsymbol{R}_x(-\theta) \cdot \boldsymbol{R}_y(-\phi) \cdot \begin{bmatrix} a_{-t} \\ b_{-t} \\ c_{-t} \end{bmatrix} = \boldsymbol{W}_1^{-1} \cdot LOS \tag{5.23}$$

分别绕 x、y、z 轴旋转，矩阵具体形式为

$$\boldsymbol{R}_x(\gamma) = \begin{bmatrix} 1 & 0 & 0 \\ 0 & \cos\gamma & \sin\gamma \\ 0 & -\sin\gamma & \cos\gamma \end{bmatrix} \tag{5.24}$$

$$\boldsymbol{R}_y(\gamma) = \begin{bmatrix} \cos\gamma & 0 & -\sin\gamma \\ 0 & 1 & 0 \\ \sin\gamma & 0 & \cos\gamma \end{bmatrix} \tag{5.25}$$

$$\boldsymbol{R}_z(\gamma) = \begin{bmatrix} \cos\gamma & \sin\gamma & 0 \\ -\sin\gamma & \cos\gamma & 0 \\ 0 & 0 & 1 \end{bmatrix} \tag{5.26}$$

代入式（5.23）并展开后得到

$$\begin{bmatrix} \cos\psi\cdot\cos\phi+\sin\psi\cdot\sin\theta\cdot\sin\phi & \sin\psi\cdot\cos\theta & -\cos\psi\cdot\sin\phi+\sin\psi\cdot\sin\theta\cdot\sin\phi \\ -\sin\psi\cdot\cos\phi+\cos\psi\cdot\sin\theta+\sin\phi & \cos\psi\cdot\cos\theta & \sin\psi\cdot\sin\phi+\cos\psi\cdot\sin\theta\cdot\cos\phi \\ \cos\theta\cdot\sin\phi & -\sin\theta & \cos\theta\cdot\cos\phi \end{bmatrix} \begin{bmatrix} a_{-t} \\ b_{-t} \\ c_{-t} \end{bmatrix} = \tag{5.27}$$

$$\boldsymbol{W}_1^{-1} \cdot LOS$$

为方便，将式（5.27）记为

$$\begin{bmatrix} c_{11} & c_{12} & c_{13} \\ c_{21} & c_{22} & c_{23} \\ c_{31} & c_{32} & c_{33} \end{bmatrix} \cdot \begin{bmatrix} a_{-t} \\ b_{-t} \\ c_{-t} \end{bmatrix} = \begin{bmatrix} c_{14} \\ c_{24} \\ c_{34} \end{bmatrix} \tag{5.28}$$

对于式（5.28），数学上有很多的方程求解算法，这里仅介绍一种基于梯度下降的搜索算法供参考，如图 5-3 所示，算法基于的物理事实为：仪器安装角在发射前有测量值，并且仪器安装角发生变化是在一定范围之内的，因此在轨实测安装角不会偏离发射前测量值非常多，静止轨道遥感卫星的外热流环境要比极轨卫星外热流环境差，从 GOES 卫星文献看，热变形大小能达到 1000mrad，利用梯度下降法求方程的数值解，可以设置发射前测量的安装角为初始值，在一定范围内进行搜索。具体工作中采用何种方程求解算法可根据计算条件和技术熟悉程度进行选择。

从定位方程看，仪器安装角的求解方法适用于方程中的任一旋转矩阵，因此具体卫星应用时，可以考虑实际情况，对其他未知旋转矩阵进行类似求解，如安装矩阵已知、姿态未知时求解卫星姿态，或者 5.2.1 节中提到的"订正"矩阵等。

输入：观测时间，轨道，姿态，扫描镜角度和初始值 θ°、ϕ°、ψ°。

输出：在轨实时标定后的实际安装角 θ、ϕ、ψ。

① 计算 $[a_{-t} \quad b_{-t} \quad c_{-t}]^{\mathrm{T}}$ 和 $[c_{14} \quad c_{24} \quad c_{34}]^{\mathrm{T}}$。

② 用 θ°、ϕ°、ψ° 初始化安装矩阵。

$$\boldsymbol{R}^{\circ}_{\mathrm{INS\text{-}SCS}} = \begin{bmatrix} c_{11} & c_{12} & c_{13} \\ c_{21} & c_{22} & c_{23} \\ c_{31} & c_{32} & c_{33} \end{bmatrix}$$

③ 代入 $\boldsymbol{R}^{\circ}_{\mathrm{INS\text{-}SCS}}$ 计算误差。

$$f_1^{\circ} = c_{11} \cdot a_{-t} + c_{12} \cdot b_{-t} + c_{13} \cdot c_{-t} - c_{14}$$
$$f_2^{\circ} = c_{21} \cdot a_{-t} + c_{22} \cdot b_{-t} + c_{23} \cdot c_{-t} - c_{24}$$
$$f_3^{\circ} = c_{31} \cdot a_{-t} + c_{32} \cdot b_{-t} + c_{33} \cdot c_{-t} - c_{34}$$

④ 计算总误差 $F^{\circ} = \dfrac{1}{2} \sum\limits_{i=1}^{3} \left(f_i^{\circ} \right)^2$。

⑤ 如果 $F^{\tau} > \varepsilon \left(\tau \in [0, N_{\max}] \right)$，则

$$\frac{\partial F^{\tau}}{\partial \theta} = f_1^{\tau} \frac{\partial f_1^{\tau}}{\partial \theta} + f_2^{\tau} \frac{\partial f_2^{\tau}}{\partial \theta} + f_3^{\tau} \frac{\partial f_3^{\tau}}{\partial \theta}$$

$$\frac{\partial F^{\tau}}{\partial \phi} = f_1^{\tau} \frac{\partial f_1^{\tau}}{\partial \phi} + f_2^{\tau} \frac{\partial f_2^{\tau}}{\partial \phi} + f_3^{\tau} \frac{\partial f_3^{\tau}}{\partial \phi}$$

$$\frac{\partial F^{\tau}}{\partial \psi} = f_1^{\tau} \frac{\partial f_1^{\tau}}{\partial \psi} + f_2^{\tau} \frac{\partial f_2^{\tau}}{\partial \psi} + f_3^{\tau} \frac{\partial f_3^{\tau}}{\partial \psi}$$

$$\theta^{\tau+1} = \theta^{\tau} - \lambda \frac{\partial F^{\tau}}{\partial \theta}$$

$$\phi^{\tau+1} = \phi^{\tau} - \lambda \frac{\partial F^{\tau}}{\partial \phi}$$

$$\psi^{\tau+1} = \psi^{\tau} - \lambda \frac{\partial F^{\tau}}{\partial \psi}$$

用 $\theta^{\tau+1}$、$\phi^{\tau+1}$、$\psi^{\tau+1}$ 迭代计算步骤②～⑤。

⑥ 满足终止条件时，输出

$$\theta = \theta^{\tau}, \quad \phi = \phi^{\tau}, \quad \psi = \psi^{\tau}$$

图 5-3　梯度下降的搜索算法

　　本节详细推导了仪器安装角的在轨标定流程，在实际卫星工程中，卫星姿态往往是可测量的，利用遥感仪器观测空间位置确定目标的矢量可通过恒星、地标等来实现，作者团队采用基于观测方程的几何定位方案对仪器在轨安装角进行了求解，构建了定位要素数据全集，结合实测轨道、观测扫描角等信息得到了新的定位结果，实现了 1 个可见光像素（星下点 1km）的定位精度。

5.3.3　卫星轨道

　　卫星轨道参数是卫星的基本参数，卫星轨道测量和控制是保证卫星在轨正常运行的关

键环节，所以要认清卫星定轨工作在卫星工程的全盘作用。当然，图像几何定位的高精度要求，对定轨精度的要求可能会有所提高。本节介绍卫星定轨的基本原理和工程中的常规实施。

考虑理论的不失一般性，首先讲解天体（既包括自然天体，也包括人造天体）定轨的基本原理，轨道可用轨道根数或者状态向量来描述，二者是等价的，定轨的过程可视为确定天体状态向量的过程。在牛顿力学中，速度、位置和时间构成了物体运动的基本要素，因此抛开具体的技术方法和公式，从原理层面要明确定轨是关于时间、位置和速度的数学问题，所以定轨相关的基本公式为

$$\begin{cases} \vec{r}_i = \vec{\rho}_i + \vec{s}_i \\ \vec{r}_i = f_i\vec{r}_2 + g_i\vec{v}_2 \end{cases} (i = 1, 2, 3) \tag{5.29}$$

式（5.29）中的上式是天体和观测站以及地心的几何约束，下式是天体运动的动力学约束，意为多次观测的向径之一可由其他向径的状态组合表示。那么为何公式中的 $i = 1, 2, 3$ 呢？显然，6 个轨道根数为 6 个独立向量，而对天体的单次观测只能提供两个独立坐标赤经、赤纬（注意这里提到的是观测站、观测），所以至少 3 次观测才能满足定轨需求。

定轨具体方法有高斯法、奥伯斯方法、拉普拉斯方法和张家祥方法等。

前文已请各位读者注意，描述用词为观测站和观测，因为式（5.29）为天体定轨的基本原理公式，其中对自然天体的观测由于其不具备可应答性，只能通过观测角度（用赤经、赤纬表示）实现，其欧氏距离是未知的。而对人造天体，由于其具备可应答性，通过无线电测距、激光测距等，可直接知道公式中的 $\vec{\rho}_i$，因此求解条件大大优化。

综合分析定轨基本公式以及人造卫星定轨的实际条件，不同之处为分别用距离和角度描述天体观测结果，可视为不同的技术方案，要清楚不同的技术方案隐含的原理是测距、测角的可实施性以及精度高低问题，显然工程中要采用测量精度更高的实施方案。

采用空间位置代替测角描述时，可通过式（5.30）直接确定卫星的位置 $S(x_S, y_S, z_S)$，$P(x_i, y_i, z_i)$，L_i 表示第 i 个测距站测得的测距站点与卫星的距离。在方程和 L_i 已知的情况下，通过解方程组得到

$$L_i = \sqrt{(x_i - x_S)^2 + (y_i - y_S)^2 + (z_i - z_S)^2} \tag{5.30}$$

具体解法不赘述，无线电测距定轨、GPS 测距定轨的理论依据都是式（5.30）。

5.3.4 卫星姿态

卫星姿态是遥感成像的基础信息，为了获得卫星的高精度姿态，已经有多种定姿系统被研制开发，并应用于卫星定姿，定姿系统一般分为绝对定姿系统和惯性定姿系统。

① 绝对定姿系统：以固定间隔确定卫星的绝对定向。

② 惯性定姿系统：测量一定间隔下的姿态变化。

磁力计、射频信标、地球敏感器、太阳敏感器、星敏感器、图像定姿是常用的绝对定姿系统；机械陀螺仪、光纤陀螺仪、卫星动力学模型是常用的惯性定姿系统。在实际卫星

工程中通常复合应用绝对定姿系统+惯性定姿系统，其中绝对定姿系统提供姿态绝对测量值，惯性定姿系统提供短时间内姿态变化的高精度测量值。

本书开篇即表明，卫星工程不能狭义地"就事论事"，在理论层面讨论技术问题往往事半功倍，如我国 FY-2 卫星采取了和国外同类卫星不同的定位方法，遵循定位原理，开创性地以对地观测仪器 VISSR 的红外通道图像兼作地平仪来使用，取得了优于 1 个红外像元（星下点 5km）的定位性能，图 5-4 显示了采用 VISSR 红外地平仪进行卫星姿态分析的时间序列效果。

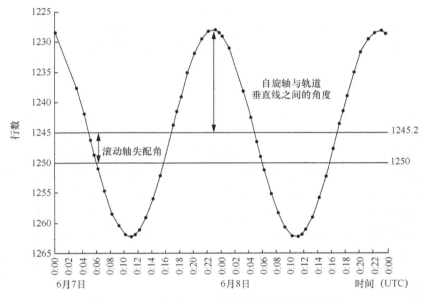

图 5-4　FY-2 基于 VISSR 红外地平仪的姿态求解

5.3.5　时间系统

现在采用的时间系统，起源于对天体运动的观测，天文学规定了恒星时、真太阳时和平太阳时等时间系统，抛开天文学的观测过程，本节对时间系统的讲解起点从恒星时、真太阳时和平太阳时的定义开始。

1. 地方时

由于真太阳时、平太阳时和恒星时都与天体的时角有关，依赖观测站的天子午圈，因此这些计时系统在全球各地是不同的，形成了各自的计时系统，可以被称为地方真太阳时、地方平太阳时和地方恒星时。

2. 世界时

地球上的天文经度起始位置是格林尼治天文台的子午线（本初子午线），所以以格林尼治地方时在时间系统中具有重要作用，一般用大写字母 S 表示格林尼治地方恒星时，用大写字母 M 表示格林尼治地方平太阳时，且将格林尼治地方平太阳时称为世界时，记为 UT。

世界时系统有 UT0、UT1 和 UT2 之分，UT0 是直接由观测得到的世界时，对应瞬时极的子午圈。1956 年后世界时引入了两项修正项，一项是地极移动所引起的观测站的经度变化改正 $\Delta\lambda$，修正后称为 UT1；第二项是地球自转速度引起的季节性变化改正 ΔT_S，修正后称为 UT2。它们之间的关系为

$$\begin{cases} UT1 = UT0 + \Delta\lambda \\ UT2 = UT1 + \Delta T_S \end{cases} \tag{5.31}$$

3．区时

地球被划分为 24 个时区，每 15° 经度为一个时区，且从本初子午线向东为正时区，向西为负时区，正负时区各 12 个。则世界时 M 和区时 T_N 的关系为

$$T_N = M + N \tag{5.32}$$

式中，N 为时区号，中国统一采用东八区时间。

4．原子时

上述时间都依赖于天体运动，但是在精度足够高时，地球自转也是不均匀的，导致了时间系统的不稳定性，因此人们以物质内部原子运动的特征为基础建立了原子时，原子内部的电子在能级之间的跃迁所吸收或发射的电磁波，其频率具有很高的稳定性。

1967 年第十三届国际度量衡会议通过了决议，定义位于海平面上的铯原子 Cs^{133} 基态的两个超精细能级在零磁场中跃迁辐射振荡 9192631770 周所持续的时间作为 1s 的长度，称为国际单位秒，此原子时被称为国际原子时（TAI），取 1958 年 1 月 1 日 0h0min0sUT1 为起算点。

5．协调世界时

虽然原子时秒长均匀性很高，但是与地球自转无关，而很多问题却需要计算地球的瞬时位置，需要世界时系统，因此折中建立了协调世界时（UTC），协调世界时秒长与原子时秒长一致，在时刻上则尽量与世界时接近，1972 年起两者的差值维持在 ±0.9s 以内，为此需要对协调世界时进行跳秒调整，这由国际时间局提前两个月公布。

6．儒略日

儒略日是天文上常用的一种长期纪日法，以公元前 4713 年 1 月 1 日的格林尼治平午（世界时 12 时）为起算日期，每天增加 1，儒略日记为 JD，随着天数增加，儒略日数值变得很大，为此引入简化儒略日，记为 MJD，其定义为

$$MJD = JD - 2400000.5 \tag{5.33}$$

简化儒略日的起算日期为公元 1858 年 11 月 17 日 0h0min0sUT。

7．星地授时

从时间系统的定义可以看出，获得稳定的高精度时间参照系是一件非常复杂且困难的事情，卫星工作时，也有其自身的时间系统，称为"守时系统"，然而此时间系统随着工作时间增加，误差必然增大，因此要通过地面更高基准的时间系统为其授时，以提高星上时间系统的时间准确性。

5.3.6　天文转换

在太阳等天体的引力作用下，地球自转轴的指向和地球公转轨道平面发生改变，使赤道、黄道和春分点存在以星空为背景的运动，因此依赖它们的坐标系，就时刻改变在天球上的位置，这种现象称为岁差和章动。天文转换是天文学的重要组成内容，天文学自身的发展已经提供了直接可用的天文转换系数，本书仅介绍基本概念来加深理解。

1. 岁差、章动

实际上，在各种复杂因素的共同作用下，地球的北天极并不是指向天球坐标系下固定位置不变的，它的运动轨迹是一条复杂的曲线，通常认为是一条起伏的波纹线，可以视作一个假象天极绕黄极沿小圆运动，在这个小圆上运动的北天极称为平天极，简称平极；北天极还有另一种运动，是实际的天极绕平天极作运动，称为真天极，简称真极。平极的运动称为日月岁差；真极绕平极的运动称为章动。

岁差不仅有日月岁差，还有行星岁差，指黄道面存在缓慢而持续的运动，引起黄极运动。

考虑日月岁差和行星岁差时，分别认为黄道或者赤道是不变的，实际上它们都是同时运动的，总效应为总岁差，当时间间隔不大时，总岁差可以被认为是上述两种岁差的加和。

2. 恒星时

以春分点为参考点，由春分点的周日视运动所确立的时间称为恒星时，春分点连续两次上中天的时间间隔称为一个恒星日。由于岁差、章动的存在，恒星时分为真恒星时、平恒星时，格林尼治真恒星时和平恒星时分别记为 GAST 和 GMST，平恒星时加上赤经章动修正项就得到真恒星时。

3. 极移

地球自转还有另外一个特性，即地球自转轴相较于地球体的位置是变化的，一般取自转轴与地球北极相应的交点为地球极点，自转轴发生相对运动引起的极点变化称为极移。

5.4　定位精度检验

定位精度检验是定位过程中的重要环节，它起到效果评估、反馈提升定位技术的作用，定位精度检验的直观理解就是用"经纬度已知的标准图像"（配准检验不需要明确的经纬度，只需要指定"标准图像"）来评估图像定位给出的经纬度的精度，本章系统地给出了利用不同方法检验配准和定位精度的方法。

5.4.1　基于图像的精度检验

视觉是人类感知世界的重要方式，对遥感卫星来说，用眼睛来观察并且确认图像定位的精度是一种非常直观且重要的方法，当然，为了便于观察，通常需要对原始图像进行一些相应的处理，如彩色图像合成，在 RGB 模型下，任一色彩都可以由 3 个独立分量（Red 分量、Green 分量和 Blue 分量）构成，那么彩色图像即可视为 3 个基本分量图像的叠加，将 3 幅理论上空间位置相同的图像分别当成 R、G、B 分量组成彩色图像，通过分析图像中景物边缘的对齐程度即可进行精度分析。

1. 定位精度检验

准确的评估是高质量应用遥感数据的重要先验知识，利用人眼对色彩的敏感可以很方便地进行定位精度评估，在性能确认和改进中可以快速应用。如以观测图像和海陆模板组成彩色合成图，通过景物边缘的色彩差异可以很方便、直观地评估定位性能，从单幅图像中无法分析定位精度，但是彩色图像可直观显示出，图像形式和附图 2 所示通道配准是类似的，主要通过景物边缘色彩差异来分析景物的定位精度。

2. 通道配准检验

通道配准指通道间相对位置的一致性，在遥感图像定量应用的很多场景中，需要考虑目标的不同通道观测辐亮度或者亮温之间的差值关系，此时通道配准尤为重要，如果配准误差较大，那么等价于两个通道的能量差值为非同一目标的能量差值，这是没有物理意义的，定量应用效果受到影响。并且显然，当观测平滑目标时，通道配准误差引起的通道联合应用误差会小些，而对于迅速变化的目标，配准误差引起的通道联合应用误差会很明显。

把这一物理基础通过图像合成的方式来表达，并通过图像合成效果进行通道配准检验，是方便而且迅速的，附图 2 显示了利用彩色图像分析配准精度的过程，附图 2（d）是 FY-4A/AGRI 业务 L1 图像彩色合成图，图像中目标边缘出现了彩色斑点，说明通道配准存在一定随机性。

5.4.2 基于海岸线的精度检验

利用海岸线数据库中各点的经纬度，将海岸线点投影到待评价图像上，则可以看到理论海岸线与实际图像上海岸线的差别，从而实现精度检验。

1. 海岸线投影

从数据库中提取海岸线的经纬度序列，然后通过计算与待评价图像上逐点的欧氏距离 $L = \sqrt{(x_i - x_{\mathrm{GCP}})^2 + (y_i - y_{\mathrm{GCP}})^2} < \varepsilon$ 来搜索满足条件的海岸线匹配点。

2. 快速海岸线投影

把海岸线投射到待评价图像上。理论上采用一个双循环即可完成逐点搜索的功能，即海岸线点作为外层循环，待评价图像逐点作为内循环，然后当图像点增多时，双层循环的效率迅速降低，使计算过程变得不可接受，因此需要采用优化的算法对海岸线投射进行加速。

（1）图像金字塔加速

金字塔加速是对图像进行下采样以减小图像规模，提高匹配速度，然后在匹配位置上进行更高分辨率的匹配，直至原始分辨率图像，图 5-5 是金字塔加速的概念图。

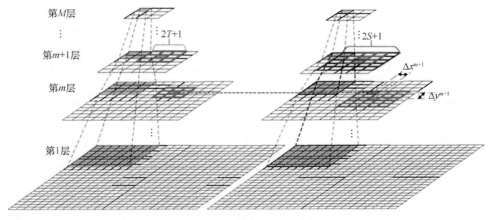

图 5-5　金字塔加速的概念图

（2）预先计算.shp 文件

可以把海岸线数据按照待投影图像需求预先生成.shp 文件，然后和待投影图像进行叠加。

（3）并行及计算机硬件加速

通过硬件资源，包括硬件性能和并行计算等方法来提升算法速度。

5.4.3　基于地标点的精度检验

基于地标点的精度检验是依靠图像上明确已知经纬度的像素来评价定位精度，本书以视线夹角来评价图像定位的圆误差，过程见式（5.34）、式（5.35）和式（5.36），利用此方法对本书改进的 FY-4A/AGRI 新定位结果进行精度评估，达到了 1 个可见光像素（星下点 1km）的定位精度，评价数据见表 5-1。基于地标点的评价和基于图像的评价、基于海岸线评价结果一致。

$$A_{\mathrm{err}} = \arccos\left(\overrightarrow{\mathrm{LOS}} \cdot \overrightarrow{\mathrm{LOS}'}\right) \qquad （5.34）$$

式中，A_{err} 表示误差，$\overrightarrow{\mathrm{LOS}}$ 和 $\overrightarrow{\mathrm{LOS}'}$ 分别是基于图像和基于地标点计算的观测视向量。

$$A_{\mathrm{err\_avg}} = \frac{1}{N}\left\|A_{\mathrm{err}-i}\right\|_1 \qquad （5.35）$$

$$\mathrm{PE}\left(\mathrm{pixel}\right) = A_{\mathrm{err\_avg}} / \mathrm{IFOV} \qquad （5.36）$$

式中，$A_{\mathrm{err\_avg}}$ 表示平均误差，PE 表示像素。

表 5-1　本书改进的 FY-4A/AGRI 定位精度评价

序号	纬度/°		经度/°		误差/pixel
	真值	计算值	真值	计算值	
1	−17.027	−17.021	123.581	123.562	1.095
2	−32.627	−32.609	137.790	137.774	1.300

续表

序号	纬度/°		经度/°		误差/pixel
	真值	计算值	真值	计算值	
3	22.421	22.431	68.978	68.973	0.838
4	−9.297	−9.296	119.935	119.945	1.068
5	−32.480	−32.463	133.873	133.854	1.398
6	−21.795	−21.797	114.153	114.166	1.226
7	−14.409	−14.407	129.357	129.370	1.342
8	45.275	45.245	132.760	132.740	1.903
9	47.683	47.648	132.454	132.434	2.088
10	25.803	25.803	57.332	57.332	0.111
11	43.481	43.513	135.019	135.044	2.045
PE					1.310

5.4.4　基于图像序列的定位精度检验

基于图像序列的定位精度检验可以采用 5.4.1 节中的方法，也可以采用动态方式，把相同经纬度网格投影的数据采用动画方式播放，利用人眼视觉暂留原理观察稳定且灰度变化剧烈的区域的稳定程度（一般采用海陆边界）来评价定位精度。

5.4.5　定位误差分析

用 FY-4A 真实轨道和真实姿态，对测轨精度、测姿精度和安装矩阵精度引起的误差开展误差分析实验，具体流程如下。

① 随机生成 2000 个观测角度（包含东西和南北），利用 FY-4A 真实轨道、姿态和理论安装矩阵，通过式（5.9）计算出 2000 个理论观测矢量。

② 分别在轨道方向逐次添加 100m、200m 和 300m 的误差，以及在所有方向逐次添加 100m、200m 和 300m 的误差，计算 2000 个真实观测矢量，并用公式计算定位误差。

③ 分别在姿态测量方向逐次添加 5"、10" 和 15" 的误差，以及在所有方向逐次添加 5"、10" 和 15" 的误差，计算 2000 个真实观测矢量，并用公式计算定位误差。

④ 分别在安装矩阵方向逐次添加 1mrad、2mrad 和 3mrad 的误差，以及在所有方向逐次添加 1mrad、2mrad 和 3mrad 的误差，计算 2000 个真实观测矢量，并用公式计算定位误差。

图 5-6 是对不同轨道误差、姿态误差和仪器安装矩阵误差进行敏感性分析的结果，给出了 3 种误差因素及 3 种误差因素组合的不同精度对最终定位精度的影响，由于仪器在卫星上安装的结构对称性，图 5-6（b）、（c）中出现了 x 轴误差和 y 轴误差两条曲线的重合，所以看起来比图 5-6（a）少了一条曲线。

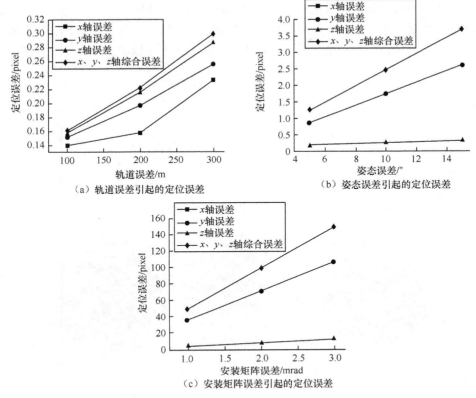

（a）轨道误差引起的定位误差

（b）姿态误差引起的定位误差

（c）安装矩阵误差引起的定位误差

图 5-6 FY-4A/AGRI 定位误差仿真分析

5.5 定位辅助数据计算

5.5.1 海陆模板

海陆模板是卫星遥感数据应用的重要辅助数据之一，表明了卫星观测数据的下垫面基本分类，陆地表面和海洋表面的很多应用有不同的方法，因此海陆模板对于广域形式的对地观测仪器是非常重要的，如各静止轨道气象卫星都把海陆模板作为基本辅助数据。

首先获取目标卫星的经纬度网格文件，然后依据经纬度文件从海岸线数据库中提取海岸线模板图像，最后对海岸线模板图像进行填充，如使用通用映射工具得到海陆分布模板图像。

5.5.2 天顶角与方位角

1. 天顶角

天顶角指通过观测目标的某矢量和天顶方向的夹角，在图 5-7 中，$\overrightarrow{OU}$ 是观测目标 O 的天顶方向，$\overrightarrow{OA}$ 是通过观测目标的矢量，$\overrightarrow{OU}$ 和 $\overrightarrow{OA}$ 之间的夹角是天顶角。对于遥感观测，天顶角一般需要卫星天顶角、太阳天顶角。图 5-8 和图 5-9 分别是静止卫星一天内的卫星天顶角和太阳天顶角，将 0°～90°角线性映射为图像中的黑色～白色，其中卫星天顶角一天内变化很小，太阳天顶角随时间变化较大，从中可以体会天顶角以及静止卫星的含义。

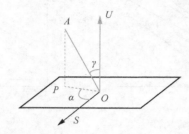

图 5-7　观测目标方位角和天顶角定义

图 5-8　静止卫星一天内的卫星天顶角

图 5-9　静止卫星一天内的太阳天顶角

2．高度角

高度角指通过观测目标的某矢量和当地地平面的夹角，在图 5-7 中，OP 是通过观测目标的矢量 $\overrightarrow{OA}$ 在地平面上的投影，$\overrightarrow{OA}$ 与 OP 的夹角称为高度角，高度角和天顶角互为余角。对于遥感观测，高度角一般需要卫星高度角、太阳高度角，太阳高度角可简称太阳高度（物理含义为角度），是决定地球表面获得太阳热能数量的最重要因素。

3．方位角

方位角指通过观测目标的某矢量在当地地平面上的投影与基准方向的夹角，在图 5-7 中，OP 是通过观测目标的矢量 $\overrightarrow{OA}$ 在地平面上的投影，这里以正南方向为基准（0°）方向、顺时针为正角度，则 OP 与 $\overrightarrow{OS}$（子午线，即正南方向）的夹角为方位角。对于遥感观测，方位角一般需要卫星方位角、太阳方位角。例如，太阳在正东时，方位角为 270°（−90°）；太阳在正东北方时，方位角为 225°（−135°）；太阳在正西方时，方位角是 90°；太阳在正西北方时，方位角为 135°；太阳在正北方时，方位角为 180°（-180°）。图 5-10 和图 5-11 分别是静止卫星一天内的卫星方位角和太阳方位角，将 0°～180°角线性映射为图像中的黑色～白色，其中卫星方位角一天内变化很小，太阳方位角随时间变化较大，从中可以体会方位角和静止卫星的含义。

图 5-10　静止卫星一天内的卫星方位角

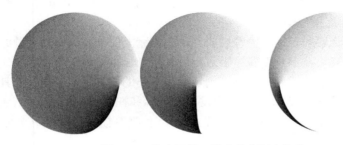

图 5-11　静止卫星一天内的太阳方位角

天顶角和方位角的计算可以参考卫星俯仰角和方位角的计算，这里不赘述。

第6章

遥感数据辐射定标

辐射定标是遥感数据定量应用的核心，辐射定标工作把仪器观测输出值与带有量纲的物理量进行一一映射，从而把遥感图像变成了具有真实物理含义的测量值，把遥感图像应用从图像解译推广到了定量反演。

时至今日，遥感图像辐射定标已经发展成一个非常庞大的处理分支，定量遥感是卫星遥感的重要发展方向，所以，在多角度阐述辐射定标时，包含的准确意义和对应分类都可能有所不同，下面从工程建设和技术角度，分别阐述定标工作的界定，以及相关的具体技术。

按照卫星工程阶段不同，定标可以分为发射前定标和在轨定标。

按照定标目的不同，定标可以分为相对辐射定标和绝对辐射定标，每个分类中又包含多种定标技术。

最后介绍目前比较公认和常用的定标检验方法，以及一些复杂光学仪器的定标前处理等。

注意，这些定义之间是互相嵌套的，有时又是互相替代的，在进行学术讨论和研究时要清楚彼此之间的属类关系。

6.1 卫星工程中的辐射定标

首先要明确的是，卫星工程中讲的定标，无论是"发射前定标"还是"在轨定标"，都是一项工作的界定，并不是特指某一项技术，这是一系列工作的总和，在轨定标阶段属于卫星业务范畴，也可被称为"业务定标"。

业务定标指的是输出卫星业务运行时观测数据的定标系数，注意，此时的业务定标仍然不是一项具体技术的名称，可能是某一项具体技术输出的定标系数，也可能是某几项定标技术共同输出的定标系数，还包括定标备份技术和检验技术等，虽然称作业务定标，但实际是包含诸多方面的业务定标系统；但在很多具体工程环境里，经常把"输出业务定标系数的定标技术"概念等同于"业务定标"概念，如目前红外观测系统常用"黑体定标"指业务定标。

用文字辨析这些概念看似拗口，但是是必要的，定量化是卫星遥感发展的重要趋势，定标是贯穿卫星研制和在轨运行的大事，是卫星系统和地面系统共同实现的目标，如果存在概念模糊，在具体的研制交流过程中就会引起歧义，导致沟通不畅，也不利于将定标性能推向极致。

并且，这些概念是可以互换的，如我国 FY-2 系列卫星的红外业务定标，在各项技术发展的支撑下，曾先后经历过场地定标时期、交叉定标时期和黑体定标时期，但是这些具体的定标技术都是当时的"业务定标"技术；而且，在后期，场地定标和交叉定标起到了定标技术备份和检验精度的效果，在业务定标中也发挥了重要作用。

总而言之，定标是一项涉及面广的复杂工作，既要辨析基本概念，也要考虑在不同时期以及某些具体环境下的变通理解。

6.1.1　卫星发射前定标

卫星发射前定标既包括发射前实验室定标，也包括发射前外场定标，发射前定标也可以换一种定义，称为"发射前标定"，因为实验室定标除确定仪器输入输出映射关系外，还需设置遥感仪器的工作参数以及测量遥感仪器指标性能，所以除"标"的工作外还有"定"的内容。通常实验室定标和实验室标定的概念相同。

实验室定标的目的主要有：确定仪器增益、评价灵敏度、测量观测几何引起的辐射变化、确定定标系数、红外波段完成热真空实验。

1. 确定仪器增益

光电转换器件输出的电压范围和数字电路往往是不匹配的，放大器增益调整就是为了完成二者之间的匹配，并且使用放大器增益调整调节仪器动态范围，使之与测量目标和测量目的相匹配；使用多元探测器时，还可以调节增益使多元响应更加接近真实情况。合理的增益保证了遥感仪器在轨工作性能，表 6-1 是 FY-4A/AGRI 的增益设置情况。

表 6-1　FY-4A/AGRI 的增益设置情况

波段		主机	备机
0.45～0.49μm		4.01	4.16
0.55～0.75μm		2.06	2.06
0.75～0.90μm		0.94	0.96
1.36～1.39μm		2.87	2.78
1.58～1.64μm		1.95	1.95
2.1～2.35μm	第一元	28.86	29.13
	第二元	29.16	29.19
	第三元	29.33	28.99
	第四元	28.59	29.02
	第五元	29.36	29.53
	第六元	29.23	29.52
	第七元	29.14	29.81
	第八元	29.43	29.85

2．辐射定标

（1）反射波段定标

反射波段定标一般有两种方法：一种是在外场采用太阳光经过漫反射板作为光源；另一种是实验室内采用积分球作为定标源。

① 外场漫反射板定标

在垂直于太阳入射面上的光谱辐照度为

$$E_\lambda = E_{\lambda 0} \cdot \mathrm{e}^{-\tau(\lambda)\sec\theta} \tag{6.1}$$

式中，$E_{\lambda 0}$ 是外大气层的太阳辐照度，$\tau(\lambda)$ 是大气光学厚度。E_λ 是在一定太阳天顶角下利用待定标的遥感仪器测量得到的光谱辐照度。假定测量期间 $\tau(\lambda)$ 恒定；遥感仪器的输出信号与辐射能量成正比。

定标时，测量太阳辐射经过一个反射率 ρ 已知的漫反射板的反射量，由于遥感仪器的输出信号与辐射能量成正比，式（6.1）可改写成

$$V_\lambda = V_{\lambda 0} \cdot \mathrm{e}^{-\tau(\lambda)\sec\theta} \tag{6.2}$$

式中，$V_{\lambda 0}$ 是外大气层的太阳辐射下仪器的输出信号，而 V_λ 是在一定太阳天顶角下辐射计的输出信号。根据定标时的太阳天顶角 θ 和大气光学厚度 $\tau(\lambda)$ 计算得到外大气层辐照度；又根据已知的漫反射板的反射率可以确定 $V_{\lambda 0}$ 与 ρ 的关系。

$$\rho = k \cdot \mathrm{DN} + b \tag{6.3}$$

式中，$\mathrm{DN} \propto V_{\lambda 0}$，确定定标系数 k 和 b。

② 实验室积分球定标

将积分球作为可见光定标源，在实验室进行可见光波段辐射定标，可以避免大气衰减的影响，图 6-1 为积分球定标原理图，目前积分球主要采用钨灯作为光源。

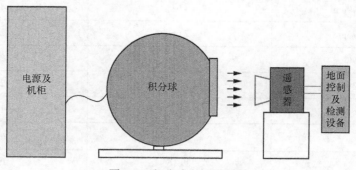

图 6-1　积分球定标原理图

辐射计的输出信号可用积分方法求得。

$$R = \int_{\lambda_1}^{\lambda_2} L(\lambda)\varphi(\lambda)\mathrm{d}\lambda \tag{6.4}$$

式中，λ_1 和 λ_2 分别表示波长的下限和上限。

由于积分球所用光源为钨灯，温度在 3100K 左右，而太阳温度在 6000K 左右，太阳和积分球的光谱辐亮度不同（如图 6-2 所示），因此二者存在一个转换关系。所以用积分球模

拟太阳辐射的标准漫反射时，首先计算出在辐射计光谱范围内，积分球单个灯照射时与一个太阳常数辐射下 100%反照率时，扫描辐射计输出信号之比 k 为

$$k = \frac{\int_{\lambda_1}^{\lambda_2} L_{\text{INT}}(\lambda)\varphi(\lambda)\mathrm{d}\lambda}{\int_{\lambda_1}^{\lambda_2} L_{\text{SUN}}(\lambda)\varphi(\lambda)\mathrm{d}\lambda} \tag{6.5}$$

得到辐射计输出信号与积分球亮度的对应关系，再转换成一个太阳常数辐射下辐射计所对应的反照率。

太阳辐亮度 L_{SUN} 与辐照度 E_{SUN} 关系为

$$L_{\text{SUN}} = \frac{E_{\text{SUN}}}{\pi} \tag{6.6}$$

通过增减钨灯数量改变积分球的辐亮度，可以直接得到反照率与输出信号的关系，通过输出信号和反照率拟合出反照率曲线，确定该曲线的系数。

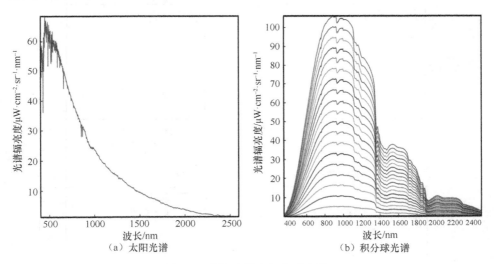

图 6-2　太阳光谱和积分球光谱

一个典型的积分球光源如图 6-3 所示，为了尽可能使积分球出光口有更好的角度均匀性和面均匀性，在测试过程中积分球关灯顺序应尽量确保灯是对称关闭的，实验现场用消光黑布进行杂光抑制，将周围设备及地面盖上消光黑布。

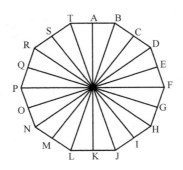

图 6-3　积分球光源位置分布图

输出信号用于辐射定标曲线的拟合，横坐标为输出信号 DN 值，纵坐标为目标反照率，得到定标曲线如图 6-4 所示。

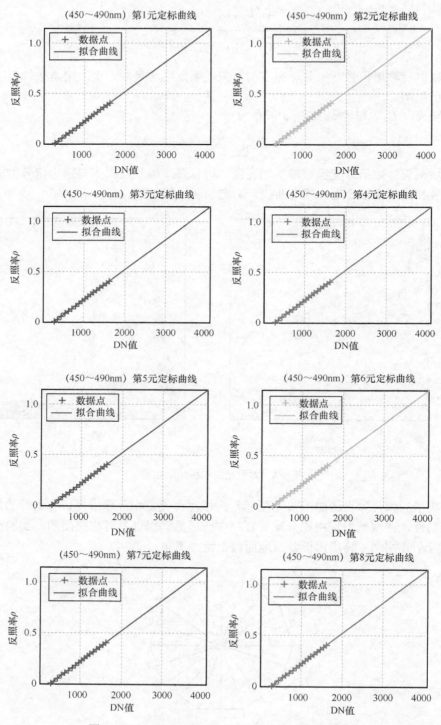

图 6-4　FY-4A/AGRI 0.47 μm 波段发射前定标曲线

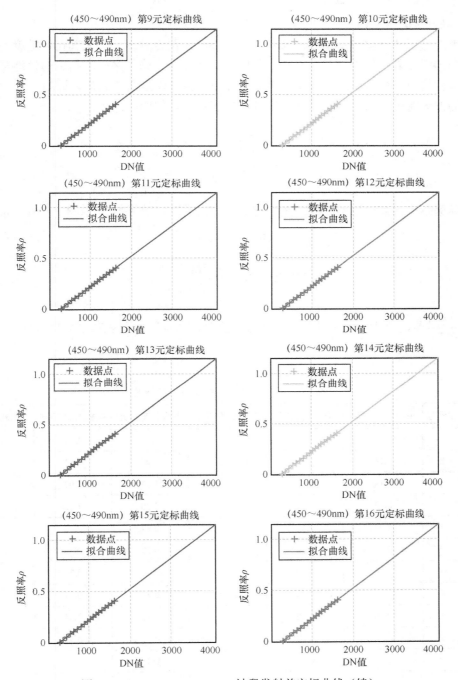

图 6-4　FY-4A/AGRI 0.47 μm 波段发射前定标曲线（续）

（2）发射波段定标

　　工作波段决定发射波段定标需要在真空罐内进行实验，符合发射波段遥感仪器在高真空、冷背景条件下工作的状态，利用黑体调温功能实现多个能量级输出，与对应 DN 完成定标工作，定标曲线和反射波段类似，不赘述。

3．测试灵敏度

灵敏度是遥感仪器的基本性能参数，对于遥感应用至关重要，尤其在灵敏度基础上，遥感仪器的很多其他性能是可以互相转化的，即通过适当降低某一项指标的性能从而获得另一项指标的更优性能，所以遥感仪器的设计与数据处理是需要通盘设计的。

探测器的随机噪声用稳定目标的均方差来表示，具体如下。

$$\mathrm{Std} = \sqrt{\frac{\sum_{i=1}^{N}(x_i - \overline{x})^2}{N}} \tag{6.7}$$

实际遥感仪器需要用实际物理量来定义探测灵敏度，故可得式（6.8）和式（6.9）。

$$\mathrm{NEL} = k \times \mathrm{Std} \tag{6.8}$$

$$\mathrm{NETD} = \mathrm{NEL} / \left(\frac{\partial L(T)}{\partial(T)}\right) \tag{6.9}$$

式中，$\frac{\partial L(T)}{\partial(T)}$ 是温度为 T 的黑体的波段微分辐亮度。表 6-2 所示为 FY-4A/AGRI 红外波段灵敏度。

表 6-2   FY-4A/AGRI 红外波段灵敏度

波段	像元号	主机/K@300K	备机/K@300K	指标/K@300K	主机/K@240K	备机/K@240K	指标/K@240K
3.5μm	1	0.13	0.13	≤ 0.2	1.91	1.71	≤ 2
	2	0.14	0.14		1.95	1.81	
	3	0.14	0.15		1.97	1.92	
	4	0.14	0.15		2.00	1.96	
5.8μm	1	0.07	0.10	≤ 0.2	0.27	0.32	≤ 0.9
	2	0.06	0.08		0.23	0.25	
	3	0.06	0.08		0.22	0.26	
	4	0.07	0.10		0.27	0.31	
6.9μm	1	0.08	0.12	≤ 0.2	0.27	0.34	≤ 0.9
	2	0.08	0.13		0.24	0.33	
	3	0.09	0.16		0.31	0.40	
	4	0.09	0.16		0.30	0.38	
8.0μm	1	0.04	0.04	≤ 0.2	0.09	0.09	≤ 0.4
	2	0.04	0.04		0.09	0.09	
	3	0.05	0.05		0.11	0.11	
	4	0.04	0.04		0.10	0.09	

续表

波段	像元号	主机/K@300K	备机/K@300K	指标/K@300K	主机/K@240K	备机/K@240K	指标/K@240K
10.3μm	1	0.05	0.04		0.08	0.08	
	2	0.05	0.05	≤ 0.2	0.09	0.09	≤ 0.4
	3	0.05	0.05		0.08	0.09	
	4	0.05	0.05		0.08	0.08	
11.5μm	1	0.06	0.06		0.10	0.10	
	2	0.05	0.05	≤ 0.2	0.09	0.09	≤ 0.4
	3	0.06	0.06		0.09	0.10	
	4	0.07	0.08		0.12	0.13	
13.2μm	1	0.23	0.23		0.36	0.37	
	2	0.17	0.17	≤ 0.5	0.28	0.28	≤ 0.9
	3	0.28	0.29		0.45	0.45	
	4	0.24	0.24		0.37	0.37	

4．测试响应非均匀性

探元的响应非均匀性是探测器性能的重要指标之一，同时探元的响应非均匀性也会反映到图像质量中，形成条纹状噪声，响应非均匀性可以用式（6.10）表示。

$$\mathrm{NU} = \sqrt{\frac{\sum_{i=1}^{N}\left(\dfrac{\mathrm{DN}_i - \overline{\mathrm{DN}}}{\overline{\mathrm{DN}}}\right)^2}{N}} \tag{6.10}$$

5．测试动态范围

根据非均匀性校正后得到的定标方程，将满量程计数值（如 1023、4095 等）代入定标方程中，可以得到满量程码字对应的反照率，该反照率就是定标后最终确定的仪器动态范围。

6.1.2　卫星在轨定标

卫星在轨定标不是一个技术概念，是指卫星在轨运行过程中提供业务定标系数的整套技术支撑。根据卫星在轨可用资源的不同，不同卫星或者同一个卫星在不同阶段都可能采用不同的在轨定标方法。

如我国 FY-2 静止气象卫星红外波段在轨绝对辐射定标，初期主要是学习日本 GMS 卫星，利用青海湖辐射校正场来进行的。在具体定标过程中，需要对水面辐射进行同步观测，释放探空气球来测量大气温度、湿度、压力等廓线信息，并利用 MODTRAN 模型计算观测路径上的大气透过率、上行和下行辐亮度贡献等，得到对应波段内的入瞳辐亮度。同时，结合冷空观测结果，求得 VISSR 待标定红外波段的定标斜率和截距参数。受限于定标频次等问题，采用青海湖辐射校正场进行定标不能满足 FY-2 卫星业务化定标需要，但为后续工作积累了宝贵经验。

后来，FY-2（02 批）卫星红外波段的在轨定标一直采用以极轨卫星遥感仪器为基准的交叉定标方案，且选用的比对基准是宽波段遥感仪器 AVHRR（先进甚高分辨率辐射仪）、HIRS（高分辨率红外辐射探测器）、MODIS（中分辨率成像光谱仪）等。从原理上来说，交叉辐射定标需要进行不同卫星相近波段间的光谱匹配，以及不同卫星对应波段观测数据间的时间匹配、空间匹配、视角匹配等，寻找两颗卫星对应波段间的同步星下点观测（SNO）匹配样本。同时，用具有较高辐射定标精度卫星的观测数据，计算出被标定卫星对应波段的入瞳辐射值，建立被定标卫星入瞳辐亮度与仪器输出值间的关系，得到对应波段的定标系数。交叉定标解决了业务化的问题，然而交叉定标需要较大数量样本进行比较分析，不能迅速跟随静止轨道卫星的响应快速改变，所以定标精度尤其是星蚀期间的定标精度比较差。

目前，FY-2 卫星主要采用基于长时间序列订正的内黑体定标，定标频次快、精度高，提升了定量化应用水平。由此可见，在轨定标要用动态发展的眼光来看，随着技术的革新，在卫星寿命周期内不断提高精度；并且，当前的在轨定标是一个综合的概念，在技术方法可用、各项开销能够承受的条件下，在轨定标系统需要多维设计。

图 6-5 为我国 FY-4A/AGRI 在轨定标系统简图，该定标系统综合设计了多种处理和分析功能，已经不是狭义的定标概念，而是涵盖了从观测数据到定量数据的全部处理流程，多方法综合应用有效地保证了 FY-4A 卫星定标精度，经全球空基交叉定标系统（GSICS）方法检验，FY-4A 红外辐射定标精度最高可达到 0.2K@290K，接近国际同类仪器水平。

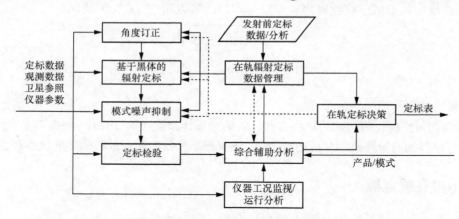

图 6-5　FY-4A/AGRI 在轨定标系统简图

1．实时定标

本节讨论的实时定标指卫星在轨定标体系中，直接输出业务定标系数的方法及过程，由于卫星遥感数据定量化因素非常多，对定量化要求也越来越高，所以实时定标包含了系列处理过程。以 FY-4A/AGRI 在轨红外辐射定标为例，实时定标既包括绝对定标、相对定标，又包括对仪器几何辐射特性的校正等。

根据发射前和在轨测试发现，FY-4A/AGRI 两面扫描镜角度会引起表面反射率变化，这也符合带有机械扫描机构的遥感仪器特点；并且由于多元探测器不同探元的辐射响应和光谱的非一致性，图像会产生条纹状噪声；同时由于 AGRI 黑体发射率与国际同类仪器相比偏低，所以还要进行遥感仪器辐射建模来提高黑体辐射定标精度。

所以 FY-4A/AGRI 实时定标是一个极其复杂的过程，经过分析设计与验证，最终 FY-4A/AGRI 星上黑体定标流程如图 6-6 所示。

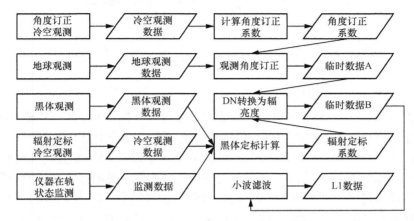

图 6-6　FY-4A/AGRI 星上黑体定标流程

（1）仪器观测几何订正

由发射前测试和在轨工作情况分析出，FY-4A/AGRI 扫描镜观测角度不同时，观测数据出现了明显的随角度变化的特征，观测几何订正的目的为消除这种由观测几何变化引起的辐射变化，从而提高定量化精度。

在轨执行该任务时，东西镜、南北镜指向地球区域外冷背景区域，南北镜、东西镜分别进行观测，并根据观测数据与观测角度的关系拟合扫描镜表面反射率的变化。对于静止轨道来说，要对太阳进行适当规避以提高观测精度，当太阳位于地球北边时，冷背景区域应该位于地球南边。由于地球静止轨道便于观测地球圆盘外冷空间，因此该方案易于执行，对于不具备该观测条件的遥感仪器，要考虑其他可行的执行方案。

图 6-7 显示了冷空观测数据随角度的变化，通过拟合计算出扫描镜角度向观测计数值的拟合系数 $p1$、$p2$、$p3$，则任意扫描镜角度 ra 观测时对应的计数值可订正为

$$\mathrm{DN_C} = \mathrm{DN_O} - \left[f_{p1,p2,p3}(\mathrm{ra}) - f_{p1,p2,p3}(0) \right] \tag{6.11}$$

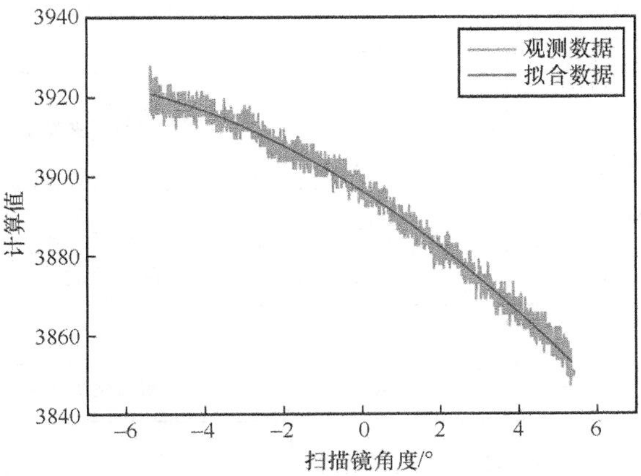

图 6-7　FY-4A/AGRI 扫描镜角度与计数值拟合情况

（2）黑体两点辐射定标

$$\begin{cases} R_{\mathrm{H}} = \varepsilon \cdot \dfrac{\int \mathrm{Planck}\left(\varphi(\lambda),T_{\mathrm{BB}}\right)\varphi(\lambda)\mathrm{d}\lambda}{\int \varphi(\lambda)\mathrm{d}\lambda} + (1-\varepsilon)\cdot R_{\mathrm{BK}} \\ R_{\mathrm{L}} = 0 \\ k = \dfrac{R_{\mathrm{H}}}{\mathrm{DN}_{\mathrm{H}} - \mathrm{DN}_{\mathrm{L}}} \\ b = -k\cdot \mathrm{DN}_{\mathrm{L}} \end{cases} \tag{6.12}$$

式（6.12）是星上全口径、全光路黑体辐射定标公式，黑体发射率 ε 决定了黑体自身辐射能量和环境辐射反射能量在探测器获得能量中的占比，理论上只有 $\varepsilon=1$ 时，才能避免环境辐射能量的影响，实际上 ε 很难达到 1。我国静止气象卫星 FY-4A 的黑体发射率在 0.985 以上（各波段略有不同），会引入一定大小的辐射不确定性，要进行订正才能实现高精度辐射定标。作者团队提出了 FY-4A/AGRI 的仪器背景辐射模型，将式（6.12）中黑体辐射和背景辐射细化为式（6.13），经过模型订正实现了静止轨道温度交变环境下的 0.2K 辐射定标精度。黑体发射率引起的误差详细分析见 6.3.1 节。

$$\begin{cases} R_{\mathrm{H}} = \varepsilon \cdot \dfrac{\int \mathrm{Planck}\left(\varphi(\lambda),T_{\mathrm{BB}}\right)\varphi(\lambda)\mathrm{d}\lambda}{\int \varphi(\lambda)\mathrm{d}\lambda} + (1-\varepsilon)\cdot R_{\mathrm{BK}} = \\ \qquad R_{\mathrm{BB}-O} + (1-\varepsilon)\cdot R_{\mathrm{BK}} \\ R_{\mathrm{BK}} = \int_{s}\left[\varepsilon_{s}\cdot \mathrm{Planck}\left(T_{s}\right) + (1-\varepsilon_{s})\cdot R_{\mathrm{BB}-O}\right]\mathrm{d}s \end{cases} \tag{6.13}$$

式中，Planck()表示普朗克函数。

（3）条纹噪声抑制

FY-4A/AGRI 每个红外通道有 4 元探测器，呈南北方向排列，东西方向靠扫描同时完成 4 行数据的观测，然后整体南北步进到下一个机械位置。经过查看，条纹噪声的方向也是东西方向，和扫描方向一致。FY-4A/AGRI 红外条纹噪声情况如表 6-3 所示。

表6-3　FY-4A/AGRI 红外条纹噪声情况

序号	波长	灵敏度	条纹噪声	备注
1	3.5μm	0.1K	—	—
2	5.8μm	0.09K	图像清晰可见	水汽吸收带
3	6.9μm	0.12K		
4	8.5μm	0.06K	产品反演放大可见	大气窗区
5	10.3μm	0.07K		
6	11.5μm	0.14K		
7	13.2μm	0.6K	图像清晰可见	CO_2吸收带

经过对云图数据的分析，发现行与行之间的差异不是哪个更亮、更暗，而是时而 A 行比 B 行亮，时而 A 行比 B 行暗，并且亮暗对比程度随地球表面目标的变化而变化。通过表 6-3

对所有红外通道进行比较发现，除最后一个通道（13.2μm）外，其他通道的灵敏度都非常接近，但是对于吸收带通道，在 L1 云图中清晰可见条纹噪声，而在大气窗区通道，通过产品反演才能看到条纹噪声；参考 6.2.1 节对非均匀性的理论分析，确定 FY-4A/AGRI 云图中同时存在探测器响应差异引起的条纹噪声和光谱响应函数差异引起的条纹噪声，最严重的 13.2μm 通道条纹噪声最大达到 2K。图 6-8 所示为 13.2μm 通道的多元探测器辐射响应曲线，辐射响应差别最大值约为 0.6K，可见，响应非均匀性和光谱非一致性对 2K 的条纹噪声都有贡献。

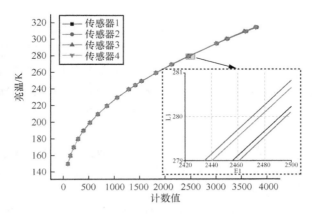

图 6-8 多元探测器辐射响应差异分析

根据 FY-4A/AGRI 的实际情况，基于计数值概率方差加权和（WSVODP）反馈的自适应小波滤波抑制了红外云图条纹，使模式噪声从 2K 降低到 0.2K 以下，保证数据质量符合要求。下面用图 6-9 所示的 FY-4A/AGRI14 波段具体图像进行直观显示。

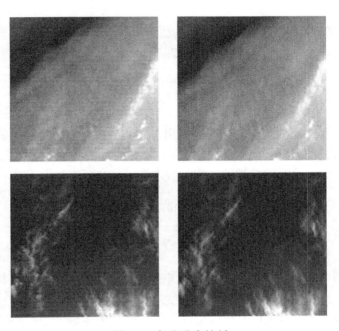

图 6-9 条纹噪声抑制

2．替代定标

绝对定标技术角度也出现了替代定标这一名词，指利用地球表面场地进行辐射定标，然而工程里提到的替代定标的主要含义是指对实时定标技术手段的备份，因为不同定标方法的执行条件是不一样的，或者考虑失效的可能性，在技术手段存在的情况下，可以设计替代定标方案。

实际上，目前定标发展趋势之一是星上定标得到重视和应用，很多卫星工程里确实把技术层面的替代定标作为替代定标方案，红外波段尤其明显。

3．定标检验

定标检验是业务定标的重要方面，FY-4A 静止气象卫星红外定标精度检验主要采用 GSICS 方法。GSICS 方法是将定标精度较高的传感器作为参考标准，选择相同或相近观测条件下的观测数据，建立参考传感器的辐亮度（或亮温）与目标传感器辐亮度（或亮温）之间的关系，以实现对目标传感器的定标或者检验。FY-4A/AGRI 选择目前领域内公认的 METOP/IASI（超高光谱红外大气探测仪）作为辐射检验基准。

4．再定标

随着定标技术的发展，以及对多源卫星长期观测数据集应用的需求，对历史数据的再定标也是数据定量应用中的一个重要环节，国家卫星气象中心多次对 FY-2、FY-3、FY-4 等卫星开展了再定标工作，提高了历史数据的定量精度。

总之，工程里的定标是一项非常复杂的工作，要根据指标要求、技术可行性和软硬件，甚至人力资源等多种条件进行综合设计，科学取舍。

6.2　相对辐射定标

相对辐射定标的"相对"指的是多探元之间的相对，解决的是不同探元的非均匀性问题，包括响应率的非均匀性和光谱的非一致性。

6.2.1　非均匀性产生原因

多元探测器的非一致性是多元探测器应用，尤其是高精度定量应用的重大障碍，探测器非均匀性在物理层面的原因是半导体器件工艺不能保证多元探测器的结构参数完全一致，本书从图像层面讨论非均匀性的原因，参考式（6.14）。

$$R = \frac{\int_{\lambda_1}^{\lambda_2}\varphi(\lambda)L(\lambda)\mathrm{d}\lambda}{\int_{\lambda_1}^{\lambda_2}\varphi(\lambda)\mathrm{d}\lambda} = k \cdot \mathrm{DN} + b \tag{6.14}$$

式中，$L(\lambda)$ 是入瞳辐亮度，$\varphi(\lambda)$ 是光谱响应函数，探测器接收到的能量 R 是目标发射传输至仪器入瞳处的能量谱与探测器光谱响应曲线的卷积；从仪器输出角度看，输出的数字基化值 DN（遥感影像像元亮度值）乘以定标斜率且再加上定标截距得到入瞳能量，对多元探测器可省略 R，式（6.14）扩展为

$$\frac{\int_{\lambda_1}^{\lambda_2} \varphi_i(\lambda) L(\lambda) \mathrm{d}\lambda}{\int_{\lambda_1}^{\lambda_2} \varphi_i(\lambda) \mathrm{d}\lambda} = k_i \cdot \mathrm{DN}_i + b_i \qquad (6.15)$$

式中，k_i 和 φ_i 理论上都不同，下面分别分析它们对图像非均匀性的影响。

1. k_i 不同，φ_i 相同

当式（6.15）中 k_i 不同、φ_i 相同时，可以化简为

$$R = k_i \cdot \mathrm{DN}_i + b_i \qquad (6.16)$$

式（6.16）中只有线性计算，且 DN_i 只与探测器固有属性 k_i、b_i 有关，与目标无关。当 k_i、b_i 不同时，以 DN 实现的图像存在非均匀性。

2. k_i 相同，φ_i 不同

当式（6.15）中 k_i 相同、φ_i 不同时，可以化简为

$$\frac{\int_{\lambda_1}^{\lambda_2} \varphi_i(\lambda) L(\lambda) \mathrm{d}\lambda}{\int_{\lambda_1}^{\lambda_2} \varphi_i(\lambda) \mathrm{d}\lambda} = k_0 \cdot \mathrm{DN}_i + b_0 \qquad (6.17)$$

式（6.17）中存在非线性卷积计算，且与目标相关，没有固定相对关系。

从简化分析中可以看出，对于辐射响应差异导致的图像非均匀性，可以通过算法在观测数据层面调整探测器固有属性 k_i、b_i（数据调整等价于响应系数调整）使多元探测器响应一致，基于定标的非均匀性校正、基于缓变目标的非均匀性校正等算法都是基于调整探测器响应系数的处理思路。而光谱差异要复杂得多，当观测目标不同时，不同探测器的差异是不同的，且目标光谱 $L(\lambda)$ 相对平坦时，R_i 的差异较小；目标光谱 $L(\lambda)$ 变化剧烈时，R_i 的差异较大，因为 R_i 的差异随目标变化而变化，所以无法通过简单调整探测器响应系数来达到消除模式噪声的目的，基于图像处理的非均匀性校正更适合处理此类问题。

实际上，上边的简化分析只为了说明不同类型的非均匀性特点，具体的多元探测器会同时存在响应系数差异和光谱差异；同时，随着技术和工艺进步，我国的遥感卫星质量逐步提升，如我国 FY-4B/AGRI 同一通道不同像元间的光谱一致性做得就很好，保证获得了高质量遥感数据。

6.2.2　基于辐射计算的相对辐射定标

参考式（6.16），相对辐射定标的目的是调整输出，使具有不同 $\{k, b\}$ 属性的探元在受到相同激励时，具有相同的输出。

基于辐射计算的相对辐射定标的主要思路是探测器辐射响应模型采用线性模型，进行一点校正或两点校正，两点校正利用动态范围内高端、低端目标（如红外观测黑体–冷空）的响应计算得到式中响应系数 k 和截距 b，通过系数 k 和 b，不同探元在相同的激励时有相同的输出，达到相对定标的目的。两点校正的校正增益和偏移可以根据式（6.18）计算。

$$\begin{cases} k_i = \dfrac{R_{\mathrm{H}} - R_{\mathrm{L}}}{\mathrm{DN}_{i\mathrm{H}} - \mathrm{DN}_{i\mathrm{L}}} \\[3mm] b_i = \dfrac{R_{\mathrm{L}} \cdot \mathrm{DN}_{i\mathrm{H}} - R_{\mathrm{H}} \cdot \mathrm{DN}_{i\mathrm{L}}}{\mathrm{DN}_{i\mathrm{H}} - \mathrm{DN}_{i\mathrm{L}}} \end{cases} \tag{6.18}$$

式中，R_{H} 和 R_{L} 分别为高端、低端目标发射的辐亮度（即系统观测黑体时的入射辐亮度），$\mathrm{DN}_{i\mathrm{H}}$ 和 $\mathrm{DN}_{i\mathrm{L}}$ 是探元 i 观测高端、低端目标时的输出值。广义地，高端、低端目标不一定是具有准确物理量的确定目标，当不同探元观测均匀场景时，也可用所有探元平均输出或者指定像元输出作为 R_{H} 和 R_{L} 计算响应系数 k 和截距 b，当 R_{H} 和 R_{L} 分别用 $\mathrm{DN}_{0\mathrm{H}}$ 和 $\mathrm{DN}_{0\mathrm{L}}$ 代替时，$\mathrm{DN}_{0\mathrm{H}}$ 和 $\mathrm{DN}_{0\mathrm{L}}$ 可视作所有探元平均输出或者指定像元输出，式（6.18）用另外一种符号表示为

$$\begin{cases} g_i = \dfrac{\mathrm{DN}_{0\mathrm{H}} - \mathrm{DN}_{0\mathrm{L}}}{\mathrm{DN}_{i\mathrm{H}} - \mathrm{DN}_{i\mathrm{L}}} \\[3mm] o_i = \dfrac{\mathrm{DN}_{0\mathrm{L}} \cdot \mathrm{DN}_{i\mathrm{H}} - \mathrm{DN}_{0\mathrm{H}} \cdot \mathrm{DN}_{i\mathrm{L}}}{\mathrm{DN}_{i\mathrm{H}} - \mathrm{DN}_{i\mathrm{L}}} \end{cases} \tag{6.19}$$

当高端、低端目标具有明确物理意义时，式（6.18）也称为辐射定标公式，系数 k 和 b 称为定标系数，除具有非均匀性校正功能外，还可完成定标功能，也可称为基于定标的非均匀性校正；式（6.19）中 g 和 o 仅用于非均匀性校正。

在实际工作中，红外探测器可以在基于黑体的非均匀性校正基础上，利用场景信息再次非均匀性校正，达到更优的校正效果。恒定统计、神经网络等方法都可以通过均匀场景进行非均匀性校正，且方法比较传统，本书不赘述。

6.2.3　基于图像处理的相对辐射定标

1. 图像非均匀性噪声

基于图像处理的相对辐射定标，是把不同探元的响应差异造成的非一致性视作噪声，然后通过专门设计的滤波器把噪声信号与目标信号分离，从而通过去掉噪声来消除探元的响应差异，达到相对辐射定标的目的。

带有加性噪声的观测信号公式可以表达为

$$f_n = f + n \tag{6.20}$$

式中，f_n 是观测到的信号，f 是目标，n 是观测噪声。又有，探测器接收到的来自目标的辐射为 R。则

$$R = \int_{\lambda_1}^{\lambda_2} \varphi(\lambda) L(\lambda) \mathrm{d}\lambda \tag{6.21}$$

式中，$\varphi(\lambda)$ 是系统光谱响应函数，$L(\lambda)$ 是目标发射光谱，那么对于任意元探测器，式（6.21）的离散化形式表示为

$$\begin{cases} R_a = \sum \varphi_a(\lambda) L(\lambda) \\ R_b = \sum \varphi_b(\lambda) L(\lambda) \end{cases} \tag{6.22}$$

探测器参数是探测器的天然属性，难以说哪个探测器的参数是"正确"或者"错误"的，为了分析，假定探测器 a 是标准探测器，有

$$R_b = R_a + R_n = R_a + R_b - R_a \tag{6.23}$$

参考式（6.20），则观测噪声

$$
\begin{aligned}
R_n = R_b - R_a = & \\
& \sum \varphi_b(\lambda) L(\lambda) - \sum \varphi_a(\lambda) L(\lambda) = \\
& \sum L(\lambda)\big(\varphi_b(\lambda) - \varphi_a(\lambda)\big)
\end{aligned}
\tag{6.24}
$$

从式（6.24）可以看出，噪声多项式 $\sum L(\lambda)\big(\varphi_b(\lambda) - \varphi_a(\lambda)\big)$ 不仅与响应率有关，与光谱响应函数也有关，而从 6.2.1 节分析可知，基于辐射计算的相对定标对响应差异有很好的校正效果，因为响应差异完全是仪器参数，与目标不相关，可以事先计算好来使用；而多元探测器存在较大的光谱响应差异时，由于需要卷积目标光谱才能计算出实际接收能量的差异，所以单从校正响应差异的角度很难处理光谱不一致导致的差异。而图像处理方法完全从图像统计出发，所以多元探测器采用基于图像处理的相对辐射定标有其优势和便利。

2．图像噪声评价

基于图像处理的相对辐射定标，首先要明确几种图像质量评价方法，用来评估图像处理的效果。对于噪声，图像信噪比（SNR）和峰值信噪比（PSNR）、均方根误差（RMSE）和归一化均方误差（NMSE）等都是常用的评价方法；在 FY-4A/AGRI 实际卫星云图的条纹噪声抑制中，作者团队提出了基于图像统计的 WSVODP 评价参数，该参数只对不同探元的输出差异敏感，在一定程度上提高了图像处理效果评估的敏感性。

这里先定义几个基本概念，对于标准图像 $f(x,y)$，$f'(x,y)$ 是处理后的图像，则误差 $e = f'(x,y) - f(x,y)$，图像总误差 $e_S = \sum\limits_{x=1}^{M}\sum\limits_{y=1}^{N} f'(x,y) - f(x,y)$。

（1）RMSE 和 NMSE 评价

RMSE 和 NMSE 的计算式为

$$\text{RMSE} = \left[\frac{1}{M \times N} \sum_{x=1}^{M} \sum_{y=1}^{N} \big[f'(x,y) - f(x,y)\big]^2 \right]^{1/2} \tag{6.25}$$

$$\text{NMSE} = \frac{\sum\limits_{x=1}^{M}\sum\limits_{y=1}^{N}\big[f'(x,y) - f(x,y)\big]^2}{\sum\limits_{x=1}^{M}\sum\limits_{y=1}^{N} f(x,y)^2} \tag{6.26}$$

式中，$f'(x,y)$ 是观测图像，$f(x,y)$ 是标准图像，$M \times N$ 是图像大小。显然，图像均方根误差（归一化均方误差）越小，图像噪声越小；均方根误差（归一化均方误差）越大，图像噪声越大。

（2）SNR 和 PSNR 评价

SNR 和 PSNR 的计算式为

$$\text{SNR} = 10 \cdot \lg \frac{\sum_{x=1}^{M}\sum_{y=1}^{N}[f(x,y)]^2}{\frac{1}{M \times N}\sum_{x=1}^{M}\sum_{y=1}^{N}[f'(x,y)-f(x,y)]^2} \qquad (6.27)$$

$$\text{PSNR} = 10 \cdot \lg \frac{f_{\max}^{2}}{\frac{1}{M \times N}\sum_{x=1}^{M}\sum_{y=1}^{N}[f'(x,y)-f(x,y)]^2} \qquad (6.28)$$

显然，图像信噪比（峰值信噪比）越高，表明图像噪声越小；图像信噪比（峰值信噪比）越小，表明图像噪声越大。

（3）WSVODP 评价

$$P_i = S_i / \sum_{i=0}^{Q-1} S_i \qquad (6.29)$$

$$\text{VODP}_i = \{E[P_{i,k} - E(P_{i,k})]^2\}^{1/2} \qquad (6.30)$$

$$\text{WSVODP} = \sum_{i=0}^{Q-1}\left(\text{VODP}_i \cdot \sum_{j=1}^{\text{Det}N}\text{Num}_{i,j}\right) \qquad (6.31)$$

计数值概率方差加权和（WSVODP）首先用式（6.29）分别计算构成整幅图像的 K 个不同探元输出的计数值出现的概率，然后用式（6.30）对值域内每个计数值计算不同探元在此计数值上的概率方差，最后用式（6.31）以整幅图像中不同计数值出现的次数为权重计算计数值概率方差的和，分析计算过程不难发现，不同探元的计数值分布概率越接近，则 WSVODP 越小，用计数值出现次数为权重体现了某个计数值出现的次数越多，那么评价参数对其越"重视"，用 WSVODP 对条纹噪声进行评估，结合了噪声来源（不同探元响应差异）、只针对不同探元响应差异进行评估，降低了图像内容对评价结果的影响。

需要说明的是，WSVODP 参数是作者团队在研究 FY-4A/AGRI 红外图像条纹噪声时提出的，一个物理事实是当观测较大区域时，各探元观测目标在统计特性上是一致的，如果该前提不成立，即各探元观测目标的输出计数值概率本来就有差异，那么参数评价效果就会大打折扣。事实上，注重图像处理的前提、明确不同参数的适用性，是所有图像处理过程都需要注意的。

3. 基于图像处理的相对定标基本框架

（1）噪声分析

噪声分析指获得实际遥感图像的噪声特性，比如方向性、均值、方差等信息。

（2）生成图像滤波器

根据噪声统计特性，生成滤波器，包括空间滤波器以及频域滤波器。

（3）图像滤波

使图像通过图像滤波器，获得滤波后的图像。

当然，如果使用频域滤波器，还需要对图像进行频率分解，或者对图像进行其他变换处理。以处理 FY-4A/AGRI 红外通道条纹噪声的 LAWF 算法为例，说明基于图像处理的相对定标基本框架算法及参数设计与操作过程。

首先对 FY-4A/AGRI 红外图像进行分析，得到结论：这是一种主要由不同探元之间光谱响应函数不一致引起的动态噪声，有明确的方向性，与东西扫描方向一致。考虑到明显的方向性，初步选择有很好的时–频分析特性的小波分解滤波方法。

对于小波滤波，比较重要的参数是分解层数以及小波抑制系数，在设计滤波器参数时，以 WSVODP 参数评价反馈为准则，式（6.32）～式（6.34）是具体的执行过程。

$$\left\{\begin{bmatrix} LL'_y & LH'_y \\ HL'_y & HH'_y \end{bmatrix} \middle| y = 1, 2, \cdots, N\right\} = \left\{\begin{bmatrix} cy_1 \cdot LL & cy_2 \cdot LH \\ cy_3 \cdot HL & cy_4 \cdot HH \end{bmatrix} \middle| y = 1, 2, \cdots, N\right\} \tag{6.32}$$

$$cy_1 = cy_3 = cy_4 = 1, y \in [1, N] \tag{6.33}$$

$$\Delta WSVODP_i = WSVODP_i - WSVODP_{i+1}, i \in [1, LN-1]$$
$$iC = \min\{i \mid \Delta WSVODP_i < \varepsilon, i \in [1, LN-1]\} \tag{6.34}$$

式中，LN 是小波分解层数，LL、LH、HL、HH 是小波分解系数，cy 是作用到小波系数上的抑制系数。

执行时，以最大可能层数分解原始图像，然后以设定的步长为间距预设滤波器的系数，使用该系列滤波器对图像进行滤波并评价，得到评价系数 WSVODP 序列，最后通过条件筛选得到 iC，从而得到滤波器的准确参数。必须要明确，图像评价有一定的相对性，一般用于比较目标变化较小的图像，如处理前后图像、不同观测仪器对相同目标的观测等，如果图像目标变化很大，则评价指标比较意义不大；图像处理工作要有针对性，对处理参数的选择，要在评价结果的基础上结合工作经验进行初设、调整以及最终确定。

6.3　绝对辐射定标

顾名思义，绝对辐射定标提供遥感仪器电子学输出和目标辐射能量的映射关系。

按照定标源的种类不同，绝对辐射定标可以分为几个大类，分别是星上定标、天体定标、场地定标和交叉定标。这 4 个大类中，又可以细分为很多技术，为了让读者建立起清晰的辐射定标概念并掌握定标的基本方法，本节重在讲解各类定标的基本原理。

6.3.1　星上定标

星上定标是指遥感仪器自带定标源进行的在轨定标，对于反射波段，一般采用灯、漫反射板作为定标源，对于发射波段，采用黑体作为定标源。

1. 反射波段星上定标

（1）人工定标源

在反射波段，星上人工定标源一般采用定标灯方式，通过点亮定标灯作为定标操作，提供辐射基准，定标方法的精度主要受限于灯的亮度测量精度及稳定性等。

（2）自然定标源

漫反射板星上定标的典型形式是 MODIS 定标结构，如图 6-10 所示，漫反射板定标结构由漫反射板（SD）、漫反射板稳定性监测仪（SDSM）构成，定标时，首先用 SDSM 分别直接观测以及通过漫反射板观测太阳，由此计算漫反射板的衰减、确定通过漫反射板入射的辐射值，然后把扫描镜转向漫反射板观测太阳，得到定标参数。

$$k = \frac{\mathrm{BRDF_{SD}} \cdot \cos\theta_\mathrm{SD} \cdot K_\mathrm{SD}}{\mathrm{DN_{SD}} \cdot d^2_\mathrm{SUN-SD}} \tag{6.35}$$

式中，k 是漫反射板定标系数，$\mathrm{BRDF_{SD}}$ 是漫反射板的双向反射分布函数，θ_SD 是定标时漫反射板的入射角，$\mathrm{DN_{SD}}$ 是观测漫反射板时的计数值，K_SD 是漫反射板自身的衰减系数，$d^2_\mathrm{SUN-SD}$ 是太阳-漫反射板之间的距离修正。

观测地球目标时，目标反射率为 ρ_EV，则

$$\rho_\mathrm{EV} \cdot \cos\theta_\mathrm{EV} = k \cdot \mathrm{DN_{OBS}} \cdot d^2_\mathrm{SUN-SD}{}' \tag{6.36}$$

目标辐亮度为 L_EV，有

$$L_\mathrm{EV} = \frac{\rho_\mathrm{EV} \cdot \cos\theta_\mathrm{EV}}{d^2_\mathrm{SUN-SD}{}'} \cdot \frac{E_\mathrm{SUN}}{\pi} \tag{6.37}$$

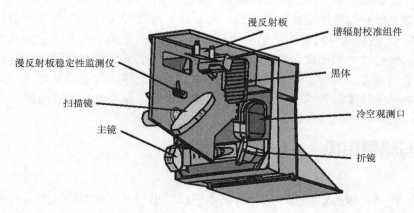

图 6-10　MODIS 定标结构

（图片来源：MODIS Level 1B Algorithm Theoretical Basis Document）

2．发射波段星上定标

（1）全光路黑体

这里分析基于黑体的两点辐射定标公式（式（6.12））如何提高定标精度。从式（6.12）可见，当黑体发射率较低时，黑体会反射周围环境的辐射，从而引入较大不确定性，当不确定性增大时，定标精度下降，因此提高红外黑体的发射率是提高黑体定标精度的重要手段；另外，当黑体发射率相对较低时，采用合适的黑体辐射定标模型也可以有效提高辐射定标精度，如 FY-4A/AGRI 采用了黑体辐射定标模型校正后，实际定标精度最高达到了0.2K，具体评价结果见 6.4.2 节。

（2）部分光路黑体

为了说明部分光路黑体定标细节，先写出全光路黑体定标的完全公式

$$
\begin{cases}
R_{\mathrm{H}} = \varepsilon \cdot \dfrac{\int \mathrm{Planck}\big(\varphi(\lambda), T_{\mathrm{BB}}\big)\varphi(\lambda)\mathrm{d}\lambda}{\int \varphi(\lambda)\mathrm{d}\lambda} + (1-\varepsilon)\cdot R_{\mathrm{BK}} + R_{\mathrm{BF}} \\[2mm]
R_{\mathrm{L}} = 0 + R_{\mathrm{BF}} \\[2mm]
k = \dfrac{R_{\mathrm{H}}}{\mathrm{DN_H} - \mathrm{DN_L}} \\[2mm]
b = -k \cdot \mathrm{DN_L}
\end{cases}
\tag{6.38}
$$

观测黑体时，探测器除了接收黑体辐射和黑体反射辐射，还会接收到仪器的自发辐射，以 R_{BF} 表示；当观测冷空时，R_{BF} 同样存在，因此计算定标系数 k、b 时，R_{BF} 被差分掉——式（6.38）简化掉 R_{BF} 得到式（6.12）。

当采用部分光路黑体（即黑体处于光路中间）时，式（6.38）变为

$$
\begin{cases}
R_{\mathrm{H}} = \varepsilon \cdot \dfrac{\int \mathrm{Planck}\big(\varphi(\lambda), T_{\mathrm{BB}}\big)\varphi(\lambda)\mathrm{d}\lambda}{\int \varphi(\lambda)\mathrm{d}\lambda} + (1-\varepsilon)\cdot R_{\mathrm{BK}} + R_{\mathrm{BH}} \\[2mm]
R_{\mathrm{L}} = 0 + R_{\mathrm{BF}} \\[2mm]
k = \dfrac{R_{\mathrm{H}} + R_{\mathrm{BH}} - R_{\mathrm{BF}}}{\mathrm{DN_H} - \mathrm{DN_L}} \\[2mm]
b = -k \cdot \mathrm{DN_L}
\end{cases}
\tag{6.39}
$$

由于观测黑体和观测冷空的光路不同，因此式（6.39）中观测黑体和观测冷空时的仪器自发辐射不再一样，分别用 R_{BH} 和 R_{BF} 表示，由于 $R_{\mathrm{BH}} \neq R_{\mathrm{BF}}$，所以计算 k、b 时遥感仪器不可被差分掉，即 k 是算不出来的。单从计算理论上来说，单温度点黑体无法做绝对辐射定标（因为此时冷空观测与之不对应），正如单点不能确定一条直线。但如果内黑体温度点 $\geqslant 2$，式（6.39）就变换为

$$
\begin{cases}
R_{\mathrm{H}} = \varepsilon \cdot \dfrac{\int \mathrm{Planck}\big(\varphi(\lambda), T_{\mathrm{BB\text{-}1}}\big)\varphi(\lambda)\mathrm{d}\lambda}{\int \varphi(\lambda)\mathrm{d}\lambda} + (1-\varepsilon)\cdot R_{\mathrm{BK}} + R_{\mathrm{BH}} \\[2mm]
R_{\mathrm{L}} = \varepsilon \cdot \dfrac{\int \mathrm{Planck}\big(\varphi(\lambda), T_{\mathrm{BB\text{-}2}}\big)\varphi(\lambda)\mathrm{d}\lambda}{\int \varphi(\lambda)\mathrm{d}\lambda} + (1-\varepsilon)\cdot R_{\mathrm{BK}} + R_{\mathrm{BH}} \\[2mm]
k = \dfrac{R_{\mathrm{H}} - R_{\mathrm{L}}}{\mathrm{DN_H} - \mathrm{DN_L}} \\[2mm]
b = -k \cdot \mathrm{DN_{SPACE}}
\end{cases}
\tag{6.40}
$$

另外，如果仪器自身辐射贡献 $R_{\mathrm{BH}} - R_{\mathrm{BF}}$ 可估计，则相当于增加了先验知识，也可以实现绝对辐射定标，建模理论可参考式（6.13）。

6.3.2 天体定标

在历史的长河中，人类对自然界的认识很多是对"天"的崇拜以及观测获得的，如"时间"的基本概念就来自人类对地球自转周期的固化；天体很多固有的性质可以用来进行辐射定标，如恒定性、长时性和类似性等。

恒定性和长时性是相对统一的，即一定时间跨度内天体的辐射稳定性，稳定性是定标

源的重要性能之一；类似性是指天体的亮度对大部分对地观测遥感仪器的动态范围来说是适中的，方便观测。

1. 恒星定标

对对地遥感仪器来说，恒星表现为一个点源目标。理想点源在仪器入瞳处产生的辐照度为

$$H = J_0 \frac{\tau \cdot \cos\theta_2}{l^2} \qquad (6.41)$$

式中，J_0 是点源目标辐射强度，τ 是辐射衰减系数，l 是观测距离，θ_2 是探测器法线与辐射方向的夹角。τ、l 和 θ_2 由观测场景和观测几何决定。

则探测器接收到的辐射功率为

$$P = J_0 \frac{\tau \cdot \cos\theta_2}{l^2} \mathrm{d}S \qquad (6.42)$$

式中，$\mathrm{d}S$ 是探元面积。式（6.42）中 θ_2 可以用探测器点扩散函数来表示，即点源位于点扩散函数中 (x_0, y_0) 位置时刚好满足以 θ_2 角观测。

$$\theta_2 = \mathrm{PSF}(x_0, y_0) \qquad (6.43)$$

当对遥感仪器定标时，

$$R_{\mathrm{SENSOR}} = J_0 \frac{\tau \cdot \cos\left[\mathrm{PSF}(x_0, y_0)\right]}{l^2 \cdot \mathrm{d}\Omega} = k \cdot \mathrm{DN} + b \qquad (6.44)$$

从式（6.44）可以看出，对于点源定标来说，点源在探测器视场中的位置 (x_0, y_0) 会影响辐射定标的精度，这和面源定标是不同的。通常，仪器点扩散函数认为是各向同性的，可以用高斯函数表示，即

$$\mathrm{PSF} = \exp\left[-\frac{x^2 + y^2}{\delta^2}\right] \qquad (6.45)$$

式中，δ^2 越大，点扩散函数分布越宽，能量集中度越低；δ^2 越小，点扩散函数分布越窄，能量集中度越高。一般遥感仪器设计要求点扩散函数越窄、能量集中度越高越好，然而当点扩散函数很窄时，R_{SENSOR} 对位置自变量 x_0, y_0 的误差敏感度会增大，从而提高对点源位置提取精度的要求。当点源刚好在某一探元中心时，此时探测器接收到的来自点源的能量较高，点源位置提取误差导致的能量误差（百分比）较小，所以对于恒星定标来说，要尽量采用恒星出现在探测器中心的数据来定标，但在实际观测中，恒星出现在探测器上的位置是随机的，这就要求工作中采用恒星定标方案时的算法要具有针对性。

2. 行星定标

对月定标使用月球作为参考源，月球是目前最常用的行星定标源，为星载遥感仪器提供辐射定标和仪器稳定性监测。月球表面物理属性稳定，但月球没有大气、表面温度迅速变化，通常用月球做太阳反射波段定标的基准。为了从太空探测全球气候变化的信号，对太阳反射波段仪器长期稳定性的要求是 10 年内达到 1%，对月定标是可能满足这一要求的方法之一。

许多遥感卫星仪器正在进行或拟进行对月定标，这些仪器包括 SeaWiFS、MODIS、

ASTER、MISR、EO-1 Hyperion、EO-1 ALI、GOES、GMS-5、ETM+、NPP VIIRS、SAGE-III、CERES、MTI、EPIC 和 HERO 等。此外，利用 FY-2C 的在轨数据，根据美国地质调查局的 ROLO（Robotic Lunar Observatory）模型，并参照太阳同步轨道 SeaWiFS 的在轨运行情况，也开展了静止轨道遥感仪器对月定标的研究工作。

对月定标的优势包括如下几个方面。

（1）月球作为定标源的主要优势在于其反射率的稳定性。研究表明，在普通的星载成像分辨率上，月球表面的辐照度稳定性为 10^{-8} /年，辐亮度稳定性为 10^{-7} /年。

（2）月球色彩不强，尽管在近红外波段其反射率有所增加，在可见光波段仍显现出灰色。月球样品的光谱特征非常广阔，这样很好地再生了日光的色度温度和细微结构。此外，月球的光谱辐亮度介于地球上的海洋与陆地表面之间，因此处于大多数地球成像仪器的动态范围之内。月球周围环绕着反射波段和热波段的暗视野，这提供了受杂散光污染最小的定标目标。

（3）卫星遥感仪器使用观测陆地场景的配置就可以观测月球，不需要另外的部件，这为对月定标降低了卫星观测的复杂度。因为月球是卫星外面的定标源，并且由于月球的长期光度稳定性，所以不同卫星都可以使用这一相同的定标源。这允许把不同时期使用的遥感仪器联系到共同的辐亮度基准。

使用月球作为光源的主要挑战是月球表面反射率的不一致、月相和天平动引起的亮度变化，以及月球表面反射率对相角的强烈依赖。本质上，月球是一个变化的亮度源，光度函数较为复杂。月球表面不是朗伯体，在小相角时辐亮度表现出强增长。月球表面要素的辐亮度的实际公式（称为光度函数或双向反射函数）需要至少 3 个独立的角度——观察几何的入射角、出射角和相角，才能准确描述月球在所有几何条件下的行为。在过去的几十年里，许多复杂的理论被提出来，以增加光度函数预测与实际月球表面响应之间的一致程度。有些理论是基于光散射事件的物理过程，有些则完全是经验关系，其余的是二者的结合。月球表面每一要素的光度函数潜在地都不同，这极大地增加了预测整个月球辐亮度所需的工作量。测量月球表面光度函数中的另一复杂因素来自月球的天平动。月球并非一直精确地向地球展示同一面。月球相对于地球的轨道可以看到月球的另外±7°（经、纬度）。由于视差效应，地球表面上的观测者在观测者下方位置可以获得另外 1°的变化。与月球转动极的进动相结合，这些效应的结果是在地球上有时可以看到月球表面的 59%。天平动模式并非每月严密地重复，它是在 18.6 年中缓慢变化的。

这些依赖的复杂性要求使用月球辐射模型与卫星观测的月球相比较。必须由对月球的辐射测量计划而开发得到这样的模型，这一测量需覆盖月相的实际范围和 18.6 年天平动循环的足够部分。美国地质调查局利用地基自动月球观测台（ROLO）获得了开发月球模型所必需的观测数据，并建立了月球 ROLO 模型，见式（6.46），ROLO 模型是月球定标应用较多的模型。

$$
\begin{aligned}
\ln A_k = {} & \sum_{i=0}^{3} a_{ik} g^i + \sum_{j=0}^{3} b_{jk} \Phi^{2j-1} + c_1\theta + c_2\phi + c_3\Phi\theta + c_4\Phi\phi + d_{1k}\mathrm{e}^{-g/p1} + \\
& d_{2k}\mathrm{e}^{-g/p2} + d_{3k}\cos\left[(g-p3)/p4\right]
\end{aligned}
\tag{6.46}
$$

式中，A_k 是第 k 个波段的全盘等效反射率，a、b、c 是模型系数，其余为月球观测的几何角度。

基于拟合余差和数据误差分析，ROLO 模型可以以大约 1%的相对精度确定月球辐照度，基于大量卫星观测数据比较，估计目前 ROLO 模型的绝对不确定性为 5%～10%，但是，可以独立于绝对标度而获得许多重要的仪器特性，例如跟踪仪器随时间的变化，以及对观测月球的不同仪器进行相互比较。

$$P = \left(\frac{I_{\text{INS}} - I_{\text{ROLO}}}{I_{\text{ROLO}}} \right) \times 100\% \tag{6.47}$$

式（6.47）是目前应用 ROLO 模型进行辐射定标的公式。利用 ROLO 模型对 MODIS、GOES 和 VIIRS 等多个遥感仪器开展了定标和性能监测，取得了良好的效果，其中，对 GOES-10 的月球定标结果表明，仪器在轨期间的衰减为每年 4%～5%，与其他定标方式吻合，估算的定标精度达到 3.5%；对 MODIS 的月球定标结果为每年 4.4%，与其他定标方式结果相当；SeaWiFS 开展了长期的对月定标，在轨运行后，每月进行一次月亮观测，为了减少月球定标的参数、简化定标模型，SeaWiFS 在固定的月相角 7°左右进行观测，得到了大量的数据，逐渐建立了月球定标的模型，并与 ROLO 模型进行比对，取得了良好的定标效果。

6.3.3 场地定标

场地定标也称外场定标，指利用地球表面、适合定标的目标作为辐射定标源，在遥感卫星观测定标场地同时获取大气状态，通过辐射传输模型等方法订正得到仪器入瞳处的辐亮度，与观测数据构成定标方程，解出定标系数。

为了实现遥感仪器辐射定标，我国建立了中国遥感卫星辐射校正场，包括敦煌陆面校正场、青海湖水面校正场和普洱热带雨林校正场等。其中敦煌场地利用相对较高反射率的陆面作为目标，主要用于可见光波段定标；青海湖场地利用相对较高发射率的水面作为目标，主要用于红外波段定标；普洱热带雨林场地主要用于微波遥感仪器的辐射定标。

1. 反射波段场地定标

目前，国际上比较好的反射波段定标场主要有美国国家航空航天局（NASA）和亚利桑那（Arizona）大学在新墨西哥州的白沙与加利福尼亚州的爱德华兹空军基地干湖床上建立的辐射定标场、法国马赛市附近的 La Crau 辐射定标场、加拿大的 Newell Country 辐射定标场、利比亚沙漠辐射定标场和北非沙漠辐射定标场等。

敦煌陆面校正场是我国国家级辐射定标场，位于甘肃省敦煌市以西 35km 的戈壁滩上，校正场位于戈壁滩中部，测量区域中心纬度为 40°8′N，中心经度为 94°19′E，南部标高 1300m，北部标高 1140m，坡降 160m。

除敦煌场外，我国又陆续兴建了内蒙古贡格尔草原、达里湖、丽江、嵩山等辐射定标场。

在具体实现中，可以采用较为成熟的反射率基法或者辐照度基法进行定标。

（1）反射率基法

获取同步点观测计数值、观测时刻卫星和太阳天顶角及方位角、大气状态参数等，在同步点实际测量地球表面垂直反射比，并用各向异性双向反射模型算法对方向性系数进行修正；将上述参数代入 6S 模型计算敦煌场大气层外的表观反射比，经太阳天顶角余弦和日地距离修正后，得到等效反射比；建立电压值与等效反射比间的线性关系，线性斜率即定标系数，并可进一步生成定标查找表。反射率基法的核心公式为

$$\rho^* = \left[\rho_a + \frac{\tau(\mu_S)\rho\tau(\mu_V)}{1 - \rho S} \right] T_g \tag{6.48}$$

式中，ρ^* 表示表观反射率，ρ_a 表示大气反射率，ρ 表示地表反射率，S 表示大气球面反射率，τ 表示大气散射透过率，T_g 表示气体吸收透过率，μ_S 和 μ_V 分别表示太阳和观测天顶角余弦。

（2）辐照度基法

辐照度基法又称为改进的反射率基法，与反射率基法的主要差别在于，在测量时同步测量地球表面的太阳直射和太空辐射漫射比，从而减小大气辐射传输计算对气溶胶模型的假设，提高计算精度。辐照度基法的核心公式为

$$\rho^* = \left[\rho + \rho(1 - \rho S) \frac{e^{-\delta/\mu_s} e^{-\delta/\mu_V}}{(1 - a_S)(1 - a_V)} \right] T_g \tag{6.49}$$

式中，δ 表示大气光学厚度，a_S 和 a_V 分别表示太阳入射方向和卫星观测方向的满射比。

2．发射波段场地定标

发射波段场地定标一般选择清洁水体作为目标（因为发射率高），在卫星观测时，获取无云区的浮标或者其他方式测得的水体表面温度或辐亮度，同时测量大气光学特性和气象要素或者从对应时间、空间上的由预报或者再分析数据集中提取的大气分析场温、湿、压等信息，利用 MODTRAN 等模式计算匹配好的观测点在大气层顶的表观辐亮度，进而得到红外波段对应的定标系数。发射波段场地定标的核心公式为

$$I = \left[\varepsilon \text{Planck}(T_S) + (1 - \varepsilon)L_d \right] \tau(P_S) + \int_{P_S}^{P_0} B(P) \frac{\partial \tau}{\partial P} dP \tag{6.50}$$

式中，ε 是地表反射率，T_S 是地表温度，L_d 是地表处向下的幅亮度，$\tau(P_S)$ 是大气透过率，P_S 和 P_0 分别表示地面和大气顶气压。

（1）内陆湖定标

青海湖水面校正场是我国国家级辐射定标场，为多颗卫星的辐射定标做出了贡献。青海湖位于青海省境内，青藏高原东北部，海拔 3200m，湖区中心纬度为 36°43′N，中心经度为 100°26′E，青海湖东西长约 106km，南北宽约 65km，略呈椭圆形，湖水平均深度约为 19m，是我国最大的内陆高原微咸水湖，水面温度水平梯度小于 0.12°，分布均匀。由于海拔较高以及所处自然环境，光学厚度不大，定标时大气订正量相对较小。

（2）大洋浮标场定标

大洋浮标场定标一般由海洋浮标测定海表面温度，海洋浮标普遍采用的海表面温度测量方式——测温传感器布置于浮标体水下 0.5～1m 处位置，浮标测量的海温和真正的海表面温度理论上存在着差异，所以要进行订正。同时，由于获得的海表面温度都集中在高温度（大于 270K），所以基于大洋浮标的替代定标在低温端可能误差较大。

6.3.4 交叉定标

GSICS 是由世界气象组织（WMO）和国际气象卫星协调工作组（CGMS）发起的一个国际计划，目的是通过对国际业务运行的卫星遥感仪器进行交叉定标，统一到通用参考标准上，确保不同卫星的不同遥感仪器在不同时间、不同位置进行的观测具有可比性。交叉定标的核心在于通过遥感仪器在相同时间间隔内、相近空间位置的观测数据的相关关系，获得两个遥感仪器在辐射方面的校正系数，该校正系数体现了两台仪器观测相同目标时的辐射响应差异，可以通过校正系数订正待定标卫星的观测值，达到多源遥感卫星数据联合定量应用的目的。

从 GSICS 发展可以看出，交叉定标的目的是订正不同仪器的辐射基准，其工作原理是通过大样本消除随机误差，求出两台仪器辐射基准的系统偏差，受样本限制难以提供短时、单次的定标系数。

一般可以用定标精度高的仪器作为辐射基准来订正或者检验定标精度低的仪器。由于可见光和近红外波段遥感对目标双向反射分布函数的敏感程度较高，所以目前成熟的交叉定标方案是红外遥感交叉定标。红外遥感交叉定标要遵守必要的观测约束，根据影响红外遥感仪器辐射响应的外部因素，红外遥感交叉定标约束主要包括时间约束、空间约束、观测几何约束和目标约束，同时符合上述约束的数据可视作交叉定标的匹配样本，构成一个匹配样本对，通过所有样本对的拟合得到两台仪器的交叉定标系数。对于通道成像类遥感仪器，针对与之进行交叉定标操作的仪器的不同，可分为与通道式遥感仪器的交叉定标、与高光谱遥感仪器的交叉定标，两种交叉定标在具体实施中针对光谱的处理略有不同。

交叉定标主要分为 3 个步骤，① 样本匹配和筛选，即对两星交叉观测区域的数据进行匹配和筛选，使其尽可能满足时间、空间和观测几何的一致性，这是交叉定标过程中重要的步骤，直接影响计算效率和定标精度。② 数据转换，即将两台仪器的匹配样本数据转换成可直接比较的形式，主要包括单位转换、光谱卷积或光谱补偿的处理。③ 定标计算，将经过数据转换和过滤等转换后匹配样本数据，根据经验拟合关系进行定标。

1. 红外交叉定标一般约束
（1）时间约束

由于地球观测目标的时变性，待交叉定标的仪器观测时间不可以间隔太长，以保证二者观测的目标具有同一性，操作时推荐使用 5min 作为两台仪器观测时间约束阈值。

（2）空间约束

空间约束保证了待交叉定标的两台仪器观测相同的目标，空间约束的具体阈值与仪器的空间分辨率和定位精度有关，也可以用符合时间约束的空间最临近点来保证较多的匹配样本。

（3）观测几何约束

观测几何约束保证了待交叉定标的两台仪器对目标的辐射衰减路径一致，可以用卫星观测天顶角来计算，采用下式

$$\left|\frac{\cos(\text{Zen\_TBC})}{\cos(\text{Zen\_STD})}-1\right|<\text{Thd\_Sight} \tag{6.51}$$

式中，Zen_TBC 和 Zen_STD 分别表示待定标卫星数据和基准卫星数据的观测角，Thd_Sight 是天顶角约束的阈值。

（4）目标约束

目标约束指定了样本区域的复杂程度，样本区域目标越均匀、起伏程度越小，显然越有利于保证交叉定标精度。

$$\frac{\text{Mean(Target)}}{\text{Std(Target)}}>\text{Thd\_SNR}_\text{T} \tag{6.52}$$

式中，Target 表示目标，Thd_SNR_T 表示信噪比阈值。

2．与通道式遥感仪器交叉定标

两个通道式遥感仪器光谱响应曲线通常是不一致的，图 6-11 所示是 FY-4A 和 Himawari-8 卫星相近通道的光谱响应曲线，虽然同是气象卫星、观测目标类似，但是根据各自的需求，二者的光谱响应曲线还是有所差别的，所以通道式遥感仪器交叉定标往往要进行光谱订正。利用 MODTRAN 等辐射传输模型根据两颗卫星相近通道各自的光谱响应函数，模拟计算二者在相同的大气状况下获得红外辐射的能量，从而通过曲线拟合建立起两颗卫星观测数据之间的换算关系，达到光谱订正的目的。首先要确认一组大气廓线，可从目前大气廓线数据库中选择，注意选择的廓线要具有覆盖范围广、代表性好的特点；再设置不同的卫星天顶角和不同的地球表面发射率条件进行模拟计算；最后通过曲线拟合完成亮温值订正。采用线性订正时的表达式为

$$R_2 = aR_1 + b \tag{6.53}$$

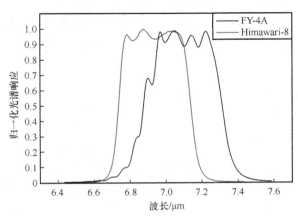

图 6-11　不同遥感仪器光谱响应曲线

选择有相同区域的 FY-2D 和 MSG 的红外 10.8μm 通道的亮温图，在两幅图上选取地理位置大致相同的区域，具体的经纬度范围是：纬度 4.66°～5.15°，经度 45.8°～46.46°。取这个范围内的有效像素上的亮温值进行平均，FY-2D 的亮温均值为 211.65K，MSG 的亮温均值为 209.5K，订正后的 MSG 的亮温均值为 211.73K，在上述经纬度范围内，选择 5 个具体

位置进行比较，结果如表 6-4 所示。

表 6-4　MSG 亮温订正及与 FY-2D 比较

对比项	匹配点经纬度				
	(5.09°,46.29°)	(5.00°,46.09°)	(4.85°,46.31°)	(4.76°,45.83°)	(4.71°,46.11°)
FY-2D	209.68K	211.1K	211.45K	213.84K	211.45K
MSG	207.85K	208.69K	205.67K	209.52K	208.27K
订正后 MSG	210.06K	210.91K	207.86K	211.75K	210.49K
$\Delta T1$	1.83K	2.41K	5.78K	4.32K	3.18K
$\Delta T2$	0.38K	0.19K	3.59K	2.09K	0.96K

在表 6-4 中，$\Delta T1$ 表示 FY-2D 与 MSG 相同经纬度上的像素的亮温差，$\Delta T2$ 表示 FY-2D 与订正后的 MSG 相同经纬度上的像素的亮温差。可以看到经过订正后的亮温差明显减小。

3．与高光谱遥感仪器交叉定标

基于高光谱遥感仪器的交叉定标特点是可以利用高光谱对通道式遥感仪器光谱响应进行卷积，见式（6.54）。

$$R_2 = \int_\lambda R_1(\lambda) \cdot \mathrm{SRF}(\lambda) \cdot \mathrm{d}\lambda \qquad (6.54)$$

式中，$R_1(\lambda)$ 是作为辐射基准的高光谱遥感仪器辐射值，$\mathrm{SRF}(\lambda)$ 是通道式遥感仪器的光谱响应函数。目前公认的可作为交叉定标辐射基准的辐射精度较高的高光谱遥感仪器主要是 METOP/IASI，FY-4A/AGRI 和 METOP/IASI。交叉定标结果显示，FY-4A/AGRI 红外通道辐射定标精度在 0.5K 以内，最优通道达到 0.2K，详情见 6.4.2 节。

6.4　定标精度检验

定标精度检验是定标环节中的重要步骤，对评价定标性能、改进定标系统有重要指示意义。目前 ROLO 模型主要用于反射波段定标，而红外波段主要用 METOP/IASI 仪器进行辐射精度检验和比对。实际上，当两种定标方法施用于同一遥感数据时，其定标结果即可产生彼此验证的作用，当然，科学的检验要根据需求、方法和资源消耗等进行综合设计。

6.4.1　ROLO 模型定标检验

图 6-12 所示为不同遥感仪器以 ROLO 模型为基准的辐射定标结果。

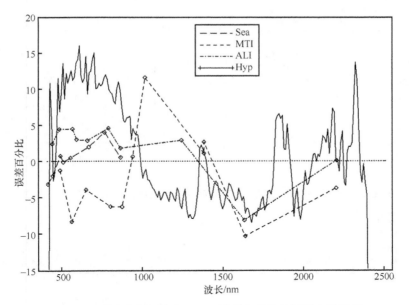

图 6-12　不同遥感仪器以 ROLO 模型为基准的辐射定标结果

（图片来源：Use of the Moon to Support On-Orbit Sensor Calibration for Climate Change Measurements）

6.4.2　IASI 交叉定标检验

交叉样本散点图和定标偏差的长时间序列图常被用来评估定标精度，图 6-13 为 FY-4A/AGRI 和 IASI 交叉定标样本散点图，图 6-14 是 FY-4A/AGRI 和 IASI 交叉定标偏差的长时间序列图。图 6-13 和图 6-14 显示 FY-4A/AGRI 定标精度在 0.5K 以内，最优可达到 0.2K。

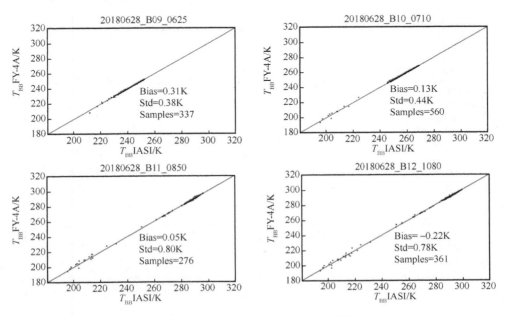

图 6-13　FY-4A/AGRI 和 IASI 交叉定标样本散点图（B09～B14）

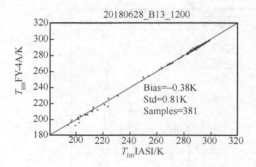
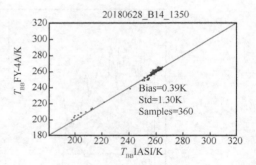

图 6-13　FY-4A/AGRI 和 IASI 交叉定标样本散点图（B09～B14）（续）

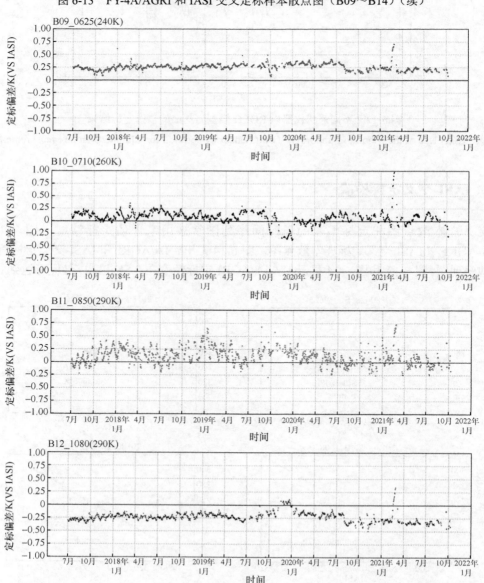

图 6-14　FY-4A/AGRI 和 IASI 交叉定标偏差的长时间序列图（B09~B14）

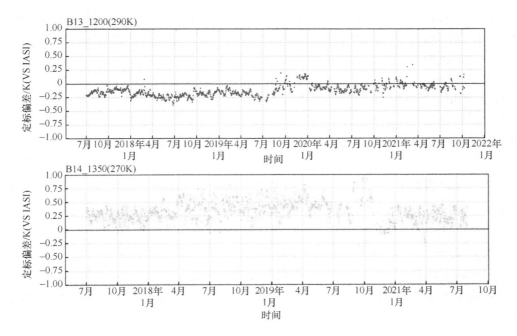

图 6-14　FY-4A/AGRI 和 IASI 交叉定标偏差的长时间序列图（B09~B14）（续）

6.5　辐射订正

无论对地观测的目标是大气还是地球表面，不可改变的事实是遥感卫星接收到的辐射来自大气层顶，而当目标"隐藏"在大气层中（地球表面可视作隐藏在大气层下）时，大气是观测的阻隔，必须消除掉大气对观测目标的辐射影响才能得到观测目标准确的辐射值；并且，当目标能量来自太阳反射光时，太阳与目标的距离和角度也会影响辐射值，因此消除大气影响和观测几何影响是准确进行目标辐射测量的不可或缺的步骤，此过程被称为辐射订正。

在实际遥感仪器中，有些仪器的输出量已经不再是单纯的目标辐射（需要地面处理），比如闪电成像仪，输出的是闪电的频数，因此不能用完全的定标概念来描述闪电成像仪，这里将比较分析称为广义定标。

6.5.1　大气辐射订正

当观测目标是地球表面时，大气的存在使遥感仪器观测时戴上了一层"面纱"，把这层"面纱"去掉是数据应用的基础性工作，这是大气辐射订正的目的——在部分领域里，大气辐射订正工作在产品反演时完成。

1. 基于辐射传输模型的大气辐射订正

辐射传输模型是基于电磁波在大气中的辐射传输原理建立起来的模型，当输入地球表面参数以及大气廓线信息时，辐射传输模型能够计算得到指定处的辐射能量，参考图 1-2，卫星对地遥感一定会受到大气的影响，因此辐射传输模型是卫星遥感应用必备的工具之一。

目前常用的辐射传输模型有 LBL 模型、6S 模型、LOWTRAN 模型、MODTRAN 模型、UVRAD 模型和 ATCOR 模型等。辐射传输模型需要动态描述复杂的大气辐射规律，建立准确、高效的辐射传输模型是一项重要的科学研究工作，但是成熟模型的应用比较规范，这里不做具体介绍。

2. 基于地面场地数据的大气辐射订正

当卫星观测地面时，在地球表面特定区域进行同步测量，获得未经大气影响的地球表面测量值，将地面测量得到的亮度值和卫星测量得到的亮度值按照式（6.55）进行拟合。

$$L = aL_a + b \tag{6.55}$$

式中，L 为卫星观测值，L_a 为地面观测值（是未受大气影响的真值），通过拟合求出拟合系数 a、b，则系数 b 是大气影响产生的，订正时有

$$L_C = L - b \tag{6.56}$$

3. 基于稳定不变波段的大气辐射订正

散射一般发生在短波。波长越长的辐射受到大气散射的影响越小，因此可以把一些长波波段作为无散射影响的标准波段，利用标准波段进行大气辐射订正。一般有回归法和直方图法。

（1）回归法

把不受大气影响的波段作为标准波段，将其亮度值和待订正波段亮度值进行拟合，再进行订正，拟合和订正公式参考式（6.55）和式（6.56），式中的 L 和 L_a 分别表示标准波段和待订正波段亮度值。

（2）直方图法

图像中的低亮度目标其遥感观测响应值应该为 0，然而当有大气辐射影响存在时，观察图像直方图，会发现有些波段受到了大气辐射影响，波段的低值表现为非 0，其最小值为大气辐射订正值。操作时，在其他未受大气影响的波段图像上找到响应值为 0 的地区，然后在受到大气影响的波段图像上找到相同地区，其值就是大气影响的值，进而进行大气订正。

6.5.2 观测几何引起的辐射变化订正

观测几何引起的辐射变化订正包括太阳高度角订正和日地距离订正。

1. 太阳高度角订正

太阳高度角订正指实际观测时将太阳斜射能量订正为太阳垂直入射的能量，满足如下关系。

$$E_{up} = \frac{E_{obvious}}{\cos \gamma} \tag{6.57}$$

式中，E_{up} 是太阳垂直入射的能量，$E_{obvious}$ 是太阳斜射的能量，γ 为太阳天顶角。

2. 日地距离订正

日地距离订正把不同日地距离处的辐射值订正到平均日地距离处。

$$E_r = E_0 \left(\frac{d_0}{d}\right)^2 = E_0 d_m^2 \tag{6.58}$$

式中，E_0 是平均日地距离 d_0 处的太阳辐射，E_r 是平均日地距离 d 处的太阳辐射。

6.6　定标前处理

现代遥感仪器性能迅猛发展，成像原理日趋复杂，相应的数据处理必须符合遥感仪器的成像原理，许多新型遥感仪器的输出量已不再是单纯的目标辐射（预处理后），FY-4A 搭载的闪电成像仪和傅里叶光谱仪就需要复杂的数据处理，才能得到观测目标的物理信息，本书称之为定标前处理。

6.6.1　闪电成像仪定标前处理

2016 年以来，地球静止轨道连续发射了两颗闪电成像仪，分别搭载于美国 GOES-R 卫星和我国 FY-4A 卫星，开启了地球静止轨道闪电连续观测的新时代。闪电成像仪通过光学成像方式对闪电进行观测，它与传统的成像类仪器不同。闪电成像仪在星上增加了处理过程，下传数据是闪电的时空切片。因此，闪电成像仪数据定标前处理要先把观测数据"恢复"成闪电——自然界中存在的客观事物，再高可信度地描述闪电发生的频次。

1.　空基闪电遥感成像原理

在物理学角度，闪电是带电云放电时在特定空间位置上发生的一系列声光电磁变化，闪电观测通过捕捉声光电磁信号，从而得到闪电信息，目前地基闪电网主要通过电磁信号捕捉闪电，而空基闪电遥感通过光学成像方式，观测被闪电照亮的云顶，从而分析得到闪电发生的信息。

从时间分辨率、空间分辨率和观测谱段的角度来讲，闪电成像仪要符合传统的成像仪器定义。对于闪电观测，其物理特性决定了闪电成像仪的时间分辨率为 2ms、空间分辨率为 8km 左右，谱段设置为中心波长在 777.4nm，且只有 1nm 带宽。

抛开具体参数数值，闪电成像仪在实际设计中是难以实现的，主要是 2ms 帧频决定了观测数据量的"海量"特征，由于闪电是瞬时发生的脉冲信号，所以闪电成像仪设置了星上检波器，检出并下传所有的瞬时冲激信号，对稳态信号"视而不见"，实现了闪电光学探测。闪电成像仪星上数据处理流程如图 6-15 所示。

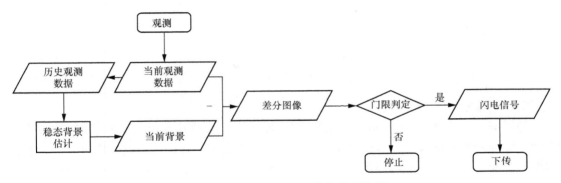

图 6-15　闪电成像仪星上数据处理流程

当前观测数据和当前背景的差分抑制了稳态背景数据，经过门限判定时，存在一定的探测率和虚警率。探测率是在特定的背景、环境下，系统探测特定目标成功的概率；虚警率是同样条件下，无目标但系统误判为有目标的概率。一个可靠的目标探测系统要求系统有较高的探测率和较低的虚警率。一般虚警率和探测率是同时定义的，门限判定的单帧探测率和虚警率公式分别为

$$P_{\mathrm{DEC}} = \frac{1}{2}\left\{1 + \mathrm{erf}\left[\frac{1}{\sqrt{2}}\left(\mathrm{SNR_S} - \mathrm{SNR_T}\right)\right]\right\} \tag{6.59}$$

$$\mathrm{FAR} = \frac{1}{2\sqrt{3}T_L}\exp\left(-\frac{1}{2}\mathrm{SNR_T^2}\right) \tag{6.60}$$

分析式（6.59）和式（6.60），对于确定的具体仪器，其结构和性能是确定的，通过调整 $\mathrm{SNR_T}$ 可以改变探测率和虚警率。提高门限可以降低虚警率，但也会降低探测率。要求闪电成像仪同时有较高的探测率和较低的虚警率的唯一方法是提高系统的信噪比，并设置合适的门限值。

2．闪电成像仪数据处理

从空基闪电成像仪遥感原理来看，所谓"闪电成像"实际上输出的是闪电引发的云顶亮度脉冲信号经过了时间和空间分割后得到的"闪电事件"信号，并不是物理上的真实闪电，为了把这些闪电事件信号恢复成物理上实际发生的闪电，需要对闪电成像仪数据进行处理。

用图 6-16 表示把闪电事件恢复成真实闪电的基本原理，把事件按照时间−空间三维坐标进行标识，图中每个圆球表示一个闪电事件，且用相同类型的球表示相同时间的闪电事件、不同类型的球表示不同时间的闪电事件，那么根据物理上闪电的时间尺度和空间尺度进行约束，把符合同一闪电尺度的闪电事件进行时空聚合，则可得到一个物理上的闪电。

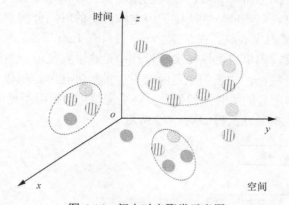

图 6-16　闪电时空聚类示意图

3．闪电成像仪"观测概率"分析

通过前文分析可知，闪电成像仪信噪比 $\mathrm{SNR_S}$ 和门限信噪比 $\mathrm{SNR_T}$ 在理论方面确定了仪器的单帧探测率和虚警率，由此对仪器的在轨性能测试可以分析出闪电成像仪的理论观测概率。然而受诸多不确定性因素和计算精度影响，通常利用对应闪电观测数据的直接比较来说明观测概率，FY-4A 闪电成像仪观测数据和地基网监测结果比较分析如图 6-17 所示。

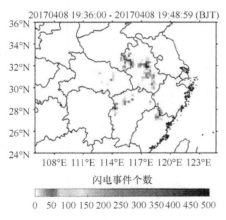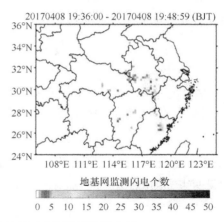

图 6-17 FY-4A/LMI 观测数据和地基网监测结果比较分析

6.6.2 傅里叶光谱仪定标前处理

从大气透过率曲线可知，光谱分辨率越高，则可区分出的观测目标光谱特征越多，典型的高光谱探测仪类型之一是迈克耳孙干涉仪，即傅里叶光谱仪。

1. 傅里叶光谱仪的工作原理

风云四号干涉式大气垂直探测仪（GIIRS）是典型的傅里叶光谱仪，原理如图 6-18 所示，从目标来的入射光线经过望远镜系统进入傅里叶光谱仪，在分束器分成两束相干光，两束光分别经过动镜和定镜反射后再次通过分束器而产生干涉，干涉光汇聚在面阵探测器上；动镜运动会引起两束相干光光程差变化，探测器接收到的能量随着光程差变化而变化，形成干涉图。所以，傅里叶光谱仪工作原理是通过时间代价换取了目标的高光谱探测，仪器的输出表征的是目标发出的辐射在干涉域的辐射值，需要通过对获得的干涉图进行傅里叶逆变换，得到入射辐射的光谱图。

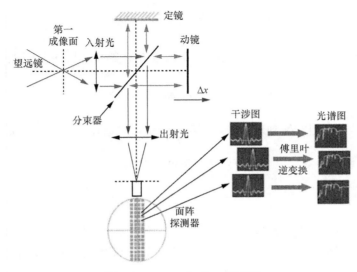

图 6-18 FY-4A/GIIRS 原理图

设波长相同的两束单色光分别为

$$\begin{cases} E1_v = A_1\cos(\omega t) \\ E2_v = A_2\cos(\omega t + 2\pi v\delta) \end{cases} \tag{6.61}$$

式中，v 是单色光的波数，δ 是光程差，则 $2\pi v\delta$ 是相位差，根据光的相干叠加原理，两束光发生干涉后的光波和光强分别为

$$\begin{cases} E3_v = E1_v + E2_v = A\cos(\omega t + \varphi) \\ I = A^2 = A_1^2 + A_2^2 + 2A_1 A_2 \cos(2\pi v\delta) \end{cases} \tag{6.62}$$

如果两束光的光强相等，即 $A_1 = A_2$，则

$$\begin{aligned} I = A^2 &= A_1^2 + A_1^2 + 2A_1 A_1\cos(2\pi v\delta) = \\ &2A_1^2\left[1 + \cos(2\pi v\delta)\right] \end{aligned} \tag{6.63}$$

把原始单色光的光强 A_1^2 记为波数 v 的函数 $B(v)$，则干涉后的窄带光强为

$$\mathrm{d}I(v) = 2B(v)\left[1 + \cos(2\pi v\delta)\right]\mathrm{d}v \tag{6.64}$$

那么对全色光有

$$\begin{aligned} I(\delta) &= \int_0^\infty 2B(v)\left[1 + \cos(2\pi v\delta)\right]\mathrm{d}v = \\ &2\int_0^\infty B(v)\mathrm{d}v + 2\int_0^\infty B(v)\cos(2\pi v\delta)\mathrm{d}v \end{aligned} \tag{6.65}$$

式中，等号右边第一项与光程差无关，称为直流项；第二项与光程差有关，称为交流项。当仅对式中交流部分提取后，有

$$I_a(\delta) = 2\int_0^\infty B(v)\cos(2\pi v\delta)\mathrm{d}v \tag{6.66}$$

由于 $B(v)$ 是偶函数，有 $B(-v) = B(v)$，则

$$I_a(\delta) = \int_{-\infty}^\infty B(v)\cos(2\pi v\delta)\mathrm{d}v \tag{6.67}$$

可见，全色光干涉后光强是光源光强分布函数 $B(v)$ 的傅里叶余弦变换，根据性质，有

$$B(v) = \int_{-\infty}^\infty I_a(\delta)\cos(2\pi v\delta)\mathrm{d}\delta \tag{6.68}$$

一般地，光学系统很难做到理想状态，所以傅里叶光谱仪的基本变换关系用复数表示为

$$\begin{cases} I_a(\delta) = \int_{-\infty}^\infty B(v)\mathrm{e}^{-\mathrm{i}2\pi v\delta}\mathrm{d}v \\ B(v) = \int_{-\infty}^\infty I_a(\delta)\mathrm{e}^{\mathrm{i}2\pi v\delta}\mathrm{d}\delta \end{cases} \tag{6.69}$$

2. 傅里叶光谱仪有限光程差采样

对任一实际傅里叶光谱仪，由于干涉图采样区间不可能在 $[-\infty, \infty]$，而是在有限光程差 $[-L, L]$ 内，所以式（6.69）在实际仪器观测到的光谱为

$$B_L(v) = \int_{-L}^{L} I_a(\delta) e^{i2\pi v\delta} d\delta \tag{6.70}$$

式（6.70）可认为是 $I_a(\delta)$ 函数与矩形窗函数 $rect(\delta)$ 相乘后在 $[-\infty, \infty]$ 上积分，即

$$B_L(v) = \int_{-\infty}^{\infty} I_a(\delta) rect(\delta) e^{i2\pi v\delta} d\delta \tag{6.71}$$

根据傅里叶变换性质，两个函数相乘的傅里叶变换等于其各自傅里叶变换的卷积，因此有

$$\begin{aligned} B_L(v) &= \int_{-\infty}^{\infty} I_a(\delta) e^{i2\pi v\delta} d\delta * \int_{-\infty}^{\infty} rect(\delta) e^{i2\pi v\delta} d\delta = \\ & B(v) * [2L \mathrm{sinc}(2\pi vL)] = \\ & B(v) * W_L(v) \end{aligned} \tag{6.72}$$

式中，$*$ 表示卷积，$W_L(v)$ 称为仪器线型函数。当仅考虑有限光程差影响时，仪器线型函数为矩形窗 $rect(\delta)$ 的傅里叶变换 sinc 函数，矩形窗函数 $rect(\delta)$ 的傅里叶变换过程详见式（3.21）。

单色光可以用冲激响应函数 $\triangle(\ )$ 对复合光采样得到，又有傅里叶变换性质，冲激响应函数与函数的卷积等于函数的位移，所以，傅里叶光谱仪对波数为 v_0 的单色光观测得到的光强可以表示为

$$\begin{aligned} B_L(v_0) &= \triangle(v - v_0) * W_L(v) = \\ & W_L(v - v_0) = \\ & 2L \frac{\sin[2\pi L(v - v_0)]}{2\pi L(v - v_0)} \end{aligned} \tag{6.73}$$

参考 3.2.3 节对 MTF 的分析，sinc 函数的截止频率为 $\frac{1}{2L}$，所以式（6.73）表示最大光程差为 L 的傅里叶光谱仪观测单色光 $B(v_0)$ 时经处理输出的光谱，在 v_0 处得到最大值，并在 $v_0 \pm \frac{1}{2L}$ 处的响应衰减为 0，根据瑞利判断，该傅里叶光谱仪所能区分的最小光谱距离为 $\frac{1}{2L}$，是傅里叶光谱仪的光谱分辨率。

3. 傅里叶光谱仪 IFOV 线型函数

考虑探测器是一个立体角为 Ω 的有限视场时，则有新光程差

$$\delta' = \delta\left(1 - \frac{\Omega}{2\pi}\right) \tag{6.74}$$

那么在探测器视场内的干涉光强为

$$\begin{aligned} I_\Omega(\delta) &= \int_0^\Omega I(\delta') d\Omega' = \\ & \int_0^\Omega I\left[\delta\left(1 - \frac{\Omega}{2\pi}\right)\right] d\Omega' = \\ & \int_0^\Omega \int_{-\infty}^{\infty} B(v) e^{-i2\pi v\delta\left(1 - \frac{\Omega'}{2\pi}\right)} dv d\Omega' = \\ & \int_{-\infty}^{\infty} B(v) \int_0^\Omega e^{-i2\pi v\delta\left(1 - \frac{\Omega'}{2\pi}\right)} d\Omega' dv = \end{aligned}$$

$$\int_{-\infty}^{\infty} B(v) \int_0^\Omega \mathrm{e}^{-\mathrm{i}2\pi v\delta} \mathrm{e}^{\mathrm{i}v\delta\Omega'} \mathrm{d}\Omega' \mathrm{d}v =$$

$$\int_{-\infty}^{\infty} B(v) \left[\frac{1}{\mathrm{i}v\delta} \left(\mathrm{e}^{-\mathrm{i}2\pi v\delta\left(1-\frac{\Omega}{2\pi}\right)} - \mathrm{e}^{-\mathrm{i}2\pi v\delta} \right) \right] \mathrm{d}v =$$

$$\int_{-\infty}^{\infty} B(v) \left[\frac{1}{\mathrm{i}v\delta} \left(\mathrm{e}^{\mathrm{i}v\delta\frac{\Omega}{2}} - \mathrm{e}^{-\mathrm{i}v\delta\frac{\Omega}{2}} \right) \mathrm{e}^{-\mathrm{i}2\pi v\delta\left(1-\frac{\Omega}{4\pi}\right)} \right] \mathrm{d}v =$$

$$\int_{-\infty}^{\infty} \Omega B(v) \frac{\sin\left(\frac{v\delta\Omega}{2}\right)}{\frac{v\delta\Omega}{2}} \mathrm{e}^{-\mathrm{i}2\pi v\delta\left(1-\frac{\Omega}{4\pi}\right)} \mathrm{d}v = \qquad (6.75)$$

$$\int_{-\infty}^{\infty} \Omega B(v) \mathrm{sinc}\left(\frac{v\delta\Omega}{2}\right) \mathrm{e}^{-\mathrm{i}2\pi v\delta\left(1-\frac{\Omega}{4\pi}\right)} \mathrm{d}v$$

式（6.75）显然与 IFOV 为 0 时的理想表达式不同。当波数为 v_0 的单色光入射时，式（6.75）可以化简为

$$I_\Omega(\delta) = \Omega \mathrm{sinc}\left(\frac{v_0\delta\Omega}{2}\right) \mathrm{e}^{-\mathrm{i}2\pi v_0\delta\left(1-\frac{\Omega}{4\pi}\right)} \qquad (6.76)$$

由式（6.75）经过傅里叶逆变换计算入射光谱，可得

$$B_\Omega(v) = \int_{-\infty}^{\infty} I_\Omega(\delta) \mathrm{e}^{\mathrm{i}2\pi v\delta} \mathrm{d}\delta =$$

$$\int_{-\infty}^{\infty} \Omega \mathrm{sinc}\left(\frac{v_0\delta\Omega}{2}\right) \mathrm{e}^{-\mathrm{i}2\pi v_0\delta\left(1-\frac{\Omega}{4\pi}\right)} \mathrm{e}^{\mathrm{i}2\pi v\delta} \mathrm{d}\delta = \qquad (6.77)$$

$$\int_{-\infty}^{\infty} \frac{2\pi}{v_0} \frac{v_0\Omega}{2\pi} \mathrm{sinc}\left(2\pi\delta\frac{v_0\Omega}{4\pi}\right) \mathrm{e}^{-\mathrm{i}2\pi v_0\delta\left(1-\frac{\Omega}{4\pi}\right)} \mathrm{e}^{\mathrm{i}2\pi v\delta} \mathrm{d}\delta$$

式（6.77）中，$\frac{v_0\Omega}{2\pi} \mathrm{sinc}\left(2\pi\delta\frac{v_0\Omega}{4\pi}\right)$ 显然是矩形窗函数 $\mathrm{rect}(v)$ 的傅里叶变换，且根据傅里叶变换性质，两个函数相乘后进行傅里叶变换，等于对每个函数进行傅里叶变换后再进行卷积，且根据傅里叶变换时移性质，有

$$B_\Omega(v) = \frac{2\pi}{v_0} \mathrm{rect}(v) * \triangle\left[v - v_0\left(1-\frac{\Omega}{4\pi}\right) \right] = \mathrm{rect}'(v) \qquad (6.78)$$

式中，$\triangle(\ )$ 表示点冲激响应函数，$\mathrm{rect}(v) = \begin{cases} 1, |v| \leqslant \dfrac{v_0\Omega}{4\pi} \\ 0, 其他 \end{cases}$，所以可知

$$\mathrm{rect}'(v) = \begin{cases} \dfrac{2\pi}{v_0}, v_0\left(1-\dfrac{\Omega}{2\pi}\right) \leqslant |v| \leqslant v_0 \\ 0, 其他 \end{cases} \qquad (6.79)$$

由式（6.79）可见，对于波数为 v_0 的单色光，经过 IFOV 为 Ω 的傅里叶光谱仪观测，

其输出光谱被展宽为 $\mathrm{d}v = \dfrac{v_0 \Omega}{2\pi}$ 。

$$
\begin{aligned}
B_\Omega(v) &= \frac{2\pi}{v_0}\mathrm{rect}(v)*\triangle\left[v - v_0\left(1 - \frac{\Omega}{4\pi}\right)\right] = \\
&\frac{2\pi}{v_0}\mathrm{rect}(v)*\triangle\left(v + \frac{v_0\Omega}{4\pi}\right)*\triangle(v - v_0) = \\
&W_\Omega(v,v_0)*B(v)
\end{aligned} \tag{6.80}
$$

4. 傅里叶光谱仪离轴角线型函数

当某一立体角为 Ω 的探测器不在光学系统主光轴上时，该探测器光谱特性和主光轴探测器光谱特性会有差异，假设矩形探测器接收的光线与主光轴的张角从最小 θ_1 增加到最大 θ_4 ，且设探测器对主光轴的张角为 θ ，对焦平面中心的张角为 φ ，若离轴角为 θ ，则有光程差 $\delta' = \delta\cos(\theta)$ ，此时探测器内接收到的干涉光强有

$$
\begin{aligned}
I_\mathrm{P}(\delta) &= \int_{\theta_1}^{\theta_4}\int_{\alpha}^{\alpha+\varphi} I(\delta')\theta\mathrm{d}\varphi\mathrm{d}\theta = \\
&\int_{\theta_1}^{\theta_4}\int_{\alpha}^{\alpha+\varphi} I(\delta\cos\theta)\theta\mathrm{d}\varphi\mathrm{d}\theta = \\
&\int_{\theta_1}^{\theta_4}\int_{\alpha}^{\alpha+\varphi} \mathrm{e}^{-\mathrm{i}2\pi v\delta\cos\theta}\theta\mathrm{d}\varphi\mathrm{d}\theta = \\
&\int_{\theta_1}^{\theta_4} \mathrm{e}^{-\mathrm{i}2\pi v\delta\cos\theta}\theta\varphi\mathrm{d}\theta
\end{aligned} \tag{6.81}
$$

波数为 v_0 的单色光入射时，式（6.81）简化为

$$
I_\mathrm{P}(\delta) = \int_{\theta_1}^{\theta_4} \mathrm{e}^{-\mathrm{i}2\pi v_0\delta\cos\theta}\theta\varphi\mathrm{d}\theta \tag{6.82}
$$

由此逆变换得到的光谱为

$$
\begin{aligned}
B_\mathrm{P}(v,\theta) &= \int_{-\infty}^{\infty}\int_{\theta_1}^{\theta_4} \mathrm{e}^{-\mathrm{i}2\pi v_0\delta\cos\theta}\theta\varphi\mathrm{d}\theta\mathrm{e}^{\mathrm{i}2\pi v\delta}\mathrm{d}\delta = \\
&\int_{\theta_1}^{\theta_4}\int_{-\infty}^{\infty} \mathrm{e}^{\mathrm{i}2\pi\delta(v - v_0\cos\theta)}\theta\varphi\mathrm{d}\theta\mathrm{d}\delta = \\
&\int_{\theta_1}^{\theta_4} \theta\varphi\triangle(v - v_0\cos\theta)\mathrm{d}\theta
\end{aligned} \tag{6.83}
$$

将式（6.83）对弧长 $2\pi\theta$ 进行归一化，得到

$$
B_\mathrm{P}'(v,\theta) = B_\mathrm{P}(v,\theta)/(2\pi\theta) = \frac{1}{2\pi}\int_{\theta_1}^{\theta_4} \varphi\triangle(v - v_0\cos\theta)\mathrm{d}\theta \tag{6.84}
$$

根据式（6.84），有限视场在离轴情况下的光谱展宽为

$$
\mathrm{d}v = v_0\left(\cos\theta_1 - \cos\theta_4\right) \tag{6.85}
$$

将式（6.85）代入式（6.84）有

$$
\begin{aligned}
B_\mathrm{P}'(v,\theta) &= \frac{1}{2\pi}\int_{\theta_1}^{\theta_4} \varphi\triangle(v - v_0\cos\theta)\mathrm{d}\theta = \\
&\frac{1}{2\pi}\int_{\theta_1}^{\theta_4} \varphi\triangle[v + v_0(1 - \cos\theta)]*\triangle(v - v_0)\mathrm{d}\theta = W_\mathrm{P}(v,\theta)*B(v)
\end{aligned} \tag{6.86}
$$

式中，W_P 表示线型函数。

结合式（6.72），傅里叶光谱仪最终的仪器函数

$$B_{LP}(v,\theta) = W_L * W_P(v,\theta) * B(v) \tag{6.87}$$

5. 傅里叶光谱仪去趾处理

式（6.69）显而易见，理想的傅里叶光谱仪要求是无限光程差变换，而根据式（6.72），有限光程差变换等于用一个矩形窗滤波器对干涉图进行了滤波，使干涉图在窗函数边缘发生了"截断"现象，根据滤波器性质，干涉域内的矩形窗滤波器在光谱域内的效应是使光谱展宽，同时，输出谱线具有次级瓣（又称旁瓣），次级瓣很容易和靠近的弱谱线混淆，还会出现负光谱，这些都会引起输出光谱的精度下降。

解决办法是将干涉图乘以一个"去趾"函数来平滑干涉图在滤波器截止处的突变，以削弱干涉图突变引起的旁瓣作用。从滤波器理论来说，这些去趾函数都是典型的滤波器形式。根据傅里叶变换基本性质，干涉图乘以一个函数的傅里叶变换等于光谱图和该函数傅里叶变换的卷积，所以每种去趾函数（滤波器）都有干涉域和光谱域两种形式。常见的去趾函数见式（6.88）到式（6.91），附图 3 是几种去趾函数在干涉域和光谱域的形式。

三角窗：

$$f(\delta) = 1 - \frac{|\delta|}{L} \tag{6.88}$$

汉宁窗：

$$f(\delta) = \frac{1}{2}\left[1 + \cos\left(\frac{\pi\delta}{L}\right)\right] \tag{6.89}$$

海明窗：

$$f(\delta) = 0.54 + 0.46\cos\left(\frac{\pi\delta}{L}\right) \tag{6.90}$$

布莱克曼窗：

$$f(\delta) = 0.42 + 0.5\cos\left(\frac{\pi\delta}{L}\right) + 0.08\cos\left(\frac{2\pi\delta}{L}\right) \tag{6.91}$$

根据傅里叶变换性质，有限光程差下采样的干涉域光强增加了窗函数后反演的光谱强度为

$$B_W(v) = \int_{-\infty}^{\infty} I_a(\delta) \cdot f(\delta) e^{i2\pi v\delta} d\delta =$$
$$\int_{-\infty}^{\infty} I_a(\delta) d\delta * \int_{-\infty}^{\infty} f(\delta) d\delta = \tag{6.92}$$
$$B(v) * F^{-1}\left[f(\delta)\right]$$

从滤波器角度再来看一下傅里叶光谱仪的谱特性，可将光谱域光强视为频域信号、将干涉域光强视为时域信号，则光谱仪输出光谱的谱特性变化等于该光谱仪硬件结构决定的时域滤波器在时域对信号进行了滤波，从而引起了频域信号的展宽等一系列变化。注意：这里是"视为"，所以不用拘泥于各种窗函数在数字信号处理中给定的时域、频域形式，而是要充分理解傅里叶变换表达的时频含义，所以，对傅里叶光谱仪来说，可以结合数字信号处理、滤波等理论来进一步学习和理解。具体的几种窗函数的光谱域形式如下。

三角窗：

$$F^{-1}\big[f(\delta)\big] = \int_{-L}^{L}\left(1-\frac{|\delta|}{L}\right)e^{i2\pi\nu\delta}d\delta =$$

$$\int_{-L}^{L}e^{i2\pi\nu\delta}d\delta - \frac{1}{L}\int_{-L}^{L}|\delta|e^{i2\pi\nu\delta}d\delta =$$

$$2L\mathrm{sinc}(2\pi\nu L) + \frac{1}{L}\int_{-L}^{0}\delta e^{i2\pi\nu\delta}d\delta - \frac{1}{L}\int_{0}^{L}\delta e^{i2\pi\nu\delta}d\delta =$$

$$2L\mathrm{sinc}(2\pi\nu L) + \frac{1}{L}\left[\delta\frac{e^{i2\pi\nu\delta}}{i2\pi\nu} - \int_{-L}^{0}\frac{e^{i2\pi\nu\delta}}{i2\pi\nu}\frac{d(i2\pi\nu\delta)}{i2\pi\nu}\right] - \frac{1}{L}\left[\delta\frac{e^{i2\pi\nu\delta}}{i2\pi\nu} - \int_{0}^{L}\frac{e^{i2\pi\nu\delta}}{i2\pi\nu}\frac{d(i2\pi\nu\delta)}{i2\pi\nu}\right] = \quad （6.93）$$

$$2L\mathrm{sinc}(2\pi\nu L) + \frac{1}{L}\left[\delta\frac{e^{i2\pi\nu\delta}}{i2\pi\nu} + \frac{e^{i2\pi\nu\delta}}{(2\pi\nu)^2}\right]\bigg|_{-L}^{0} - \frac{1}{L}\left[\delta\frac{e^{i2\pi\nu\delta}}{i2\pi\nu} + \frac{e^{i2\pi\nu\delta}}{(2\pi\nu)^2}\right]\bigg|_{0}^{L} =$$

$$2L\mathrm{sinc}(2\pi\nu L) + \frac{1}{L}\left\{\frac{1}{(2\pi\nu)^2} + L\frac{e^{-i2\pi\nu L}}{i2\pi\nu} - \frac{e^{-i2\pi\nu L}}{(2\pi\nu)^2} - \left[L\frac{e^{i2\pi\nu L}}{i2\pi\nu} + \frac{e^{i2\pi\nu L}}{(2\pi\nu)^2} - \frac{1}{(2\pi\nu)^2}\right]\right\} =$$

$$\frac{2-e^{-i2\pi\nu L}-e^{i2\pi\nu L}}{L(2\pi\nu)^2} = L\mathrm{sinc}^2(\pi\nu L)$$

汉宁窗：

$$F^{-1}\big[f(\delta)\big] = \int_{-L}^{L}\frac{1}{2}\left[1+\cos\left(\frac{\pi\delta}{L}\right)\right]e^{i2\pi\nu\delta}d\delta =$$

$$\frac{1}{2}\left[\int_{-L}^{L}e^{i2\pi\nu\delta}d\delta + \int_{-L}^{L}\cos\left(\frac{\pi\delta}{L}\right)e^{i2\pi\nu\delta}d\delta\right] =$$

$$\frac{1}{2}\left[2L\mathrm{sinc}(2\pi\nu L) + \int_{-L}^{L}\cos\left(\frac{\pi\delta}{L}\right)\cos(2\pi\nu\delta)d\delta\right] =$$

$$\frac{1}{2}\left\{2L\mathrm{sinc}(2\pi\nu L) + \frac{1}{2}\int_{-L}^{L}\cos\left[\left(2\pi\nu+\frac{\pi}{L}\right)\delta\right]d\delta + \frac{1}{2}\int_{-L}^{L}\cos\left[\left(2\pi\nu-\frac{\pi}{L}\right)\delta\right]d\delta\right\} =$$

$$\frac{1}{2}\left\{2L\mathrm{sinc}(2\pi\nu L) + \frac{\sin\left[\left(2\pi\nu+\frac{\pi}{L}\right)\delta\right]}{2\left(2\pi\nu+\frac{\pi}{L}\right)}\bigg|_{-L}^{L} + \frac{\sin\left[\left(2\pi\nu-\frac{\pi}{L}\right)\delta\right]}{2\left(2\pi\nu-\frac{\pi}{L}\right)}\bigg|_{-L}^{L}\right\} =$$

$$\frac{1}{2}\left\{2L\mathrm{sinc}(2\pi\nu L) + \frac{\sin\left[\left(2\pi\nu+\frac{\pi}{L}\right)L\right]}{\left(2\pi\nu+\frac{\pi}{L}\right)} + \frac{\sin\left[\left(2\pi\nu-\frac{\pi}{L}\right)L\right]}{\left(2\pi\nu-\frac{\pi}{L}\right)}\right\} = \quad （6.94）$$

$$0.5\cdot 2L\mathrm{sinc}(2\pi\nu L) + 0.25\cdot 2L\mathrm{sinc}(2\pi\nu L+\pi) + 0.25\cdot 2L\mathrm{sinc}(2\pi\nu l-\pi)$$

海明窗和布莱克曼窗的推导形式和汉宁窗接近，因此直接给出最终形式。

海明窗：

$$F^{-1}\big[f(\delta)\big] = 0.54\cdot 2L\mathrm{sinc}(2\pi\nu L) + 0.23\cdot 2L\mathrm{sinc}(2\pi\nu L+\pi) + 0.23\cdot 2L\mathrm{sinc}(2\pi\nu l-\pi) \quad （6.95）$$

布莱克曼窗：

$$F^{-1}\left[f(\delta)\right] = 0.42 \cdot 2L\mathrm{sinc}(2\pi\nu L) + 0.25 \cdot 2L\mathrm{sinc}(2\pi\nu L + \pi) + 0.25 \cdot 2L\mathrm{sinc}(2\pi\nu l - \pi) + \\ 0.04 \cdot 2L\mathrm{sinc}(2\pi\nu L + 2\pi) + 0.04 \cdot 2L\mathrm{sinc}(2\pi\nu L - 2\pi) \tag{6.96}$$

6. 傅里叶光谱仪光谱定标

根据傅里叶光谱仪的分光原理，为了得到等光程差采样的干涉图，通常在光路中插入稳定的参考激光器，激光干涉条纹产生等光程差采样触发信号，从而获得等光程差间隔上的干涉图。因此，激光器的频率稳定性是保证该结构光谱仪光谱精度的重要组件。对于光谱仪输出的光谱，通常可以用气体吸收池或者晴朗大气的特征谱线作为光谱定标基准，两种方法基本原理类似，都是通过比较观测光谱和理论光谱得到实际光谱的位置偏差。

气体吸收池的气体比较单一，在标准大气压下，特征谱线位置明显，这有利于将气体吸收池作为光谱定标基准，如以氨气作为气体吸收池，在真空环境下，黑体辐射通过装有低浓度 NH_3 的气体吸收池后进入傅里叶光谱仪，从仪器输出光谱中选出具有明显吸收峰的一组波数与 NH_3 理论谱线位置对比，利用最小二乘法拟合出线性光谱校正系数。

$$\begin{cases} \rho = \dfrac{\sum\limits_{i=1}^{N} NH_3{}'(i)\sum\limits_{i=1}^{N} NH_3^2(i) - \sum\limits_{i=1}^{N} NH_3(i)\sum\limits_{i=1}^{N} NH_3(i)NH_3'(i)}{N\sum\limits_{i=1}^{N} NH_3^2(i) - \left[\sum\limits_{i=1}^{N} NH_3(i)\right]^2} \\[6mm] \varepsilon = \dfrac{N\sum\limits_{i=1}^{N} NH_3(i)NH_3'(i) - \sum\limits_{i=1}^{N} NH_3(i)\sum\limits_{i=1}^{N} NH_3'(i)}{N\sum\limits_{i=1}^{N} NH_3^2(i) - \left[\sum\limits_{i=1}^{N} NH_3(i)\right]^2} \end{cases} \tag{6.97}$$

式中，$NH_3(i)$ 是观测光谱中提取的氨气特征谱线位置，$NH_3'(i)$ 是数据库中氨气特征谱线的位置，实际上式（6.97）是经典的最小二乘直线拟合方程，待拟合出线性光谱定标系数 ρ 和 ε 后，通过式（6.98）来校正观测光谱。

$$v_{\mathrm{correct}} = \rho \cdot v_{\mathrm{measure}} + \varepsilon \tag{6.98}$$

对于在轨工作的傅里叶光谱仪，由于谱线展宽、重叠等效应，准确识别出单一气体的特征谱线位置比较困难，如风云四号 A 星干涉式大气垂直探测仪的工作波段为 $700\sim 1130\,\mathrm{cm}^{-1}$（长波）和 $1650\sim 2250\,\mathrm{cm}^{-1}$（中波），水汽吸收线基本上覆盖了整个红外光谱区，因此，可以采用另外一种与最小二乘法不同的光谱定标算法。前边提到过，可用参考激光器作为等光程差采样的触发器，因此实际光谱位置的偏差可以通过求取激光采样频率的偏差来确定，可在数据处理时改变激光频率，然后比较观测光谱与模拟光谱之间的均方根误差，当误差最小时所对应的采样频率即激光有效采样频率。这种方法已经在美国地基和机载干涉仪上得到检验和验证，如大气辐射干涉仪（AERI）、扫描式高光谱分辨率干涉式探测仪（S-HIS）等。

第 7 章

遥感图像投影

通常谈到的图像都是指二维平面图像，而人类生活的空间是三维空间，因此成像是把三维世界的物体映射到二维平面的过程，卫星遥感得到的图像是以卫星为观测主体的几何映射结果，同时，为了便于观察地球在二维平面的投影，许多不同的投影规则被建立和应用，不同的投影特性决定了不同的投影方式在不同应用中各具优势。为便于应用，卫星遥感图像往往按照不同需要被重新投影，生成特定投影规则的卫星遥感图像。

7.1 卫星投影

无论是平面地图，还是光学卫星遥感成像，讨论的图像都是二维平面内的图像，但是图像内容则来自三维世界，因此成像过程就是三维目标在投影规则下向二维图像投影的过程。首先讨论三维空间到二维平面的映射投影。

光学卫星遥感成像有复杂的模型，具体可参见图像几何定位章的内容，但是忽略卫星运动的短时间内，由于光沿直线传播的特性，光学卫星遥感投影属于几何透视投影，且是外心透视投影，指作为投影中心的卫星在地球椭球体之外。

图 7-1 是抽象出的卫星透视投影示意图，在成像瞬时，光学系统光轴指向上的辐射本体发出的能量，被卫星接收，按照辐射能量大小形成图像输出值。

几何透视投影是最简单的投影方式，但是符合光沿直线传播的物理特征，也符合卫星遥感成像的方式，对处理光学卫星遥感数据非常重要；同时，几何透视投影有助于建立投影的概念，可以将其视为最简单的线性投影变换。

到目前为止，有 200 多种地图投影方式，但是归纳起来，可以分为几何透视投影和数学分析投影两大类，且大多数数学分析投影是以几何透视投影为基础的，所以研究几何透视投影是研究投影的基础。

通过卫星的几何透视投影引出两个重要的概念——原面和投影面。对于投影来说，原面和投影面没有明确的指定，图 7-1 给了很好的原面和投影面的直观示意。无论是几何透视投影，还是数学分析投影，用数学方式表达，可以统一表达为

$$\begin{cases} x = f_1(B, L) \\ y = f_2(B, L) \end{cases} \tag{7.1}$$

式中，x、y 表示投影面上的坐标，B、L 表示原面上的坐标，f_1、f_2 分别是二维坐标各自符合的投影规则。

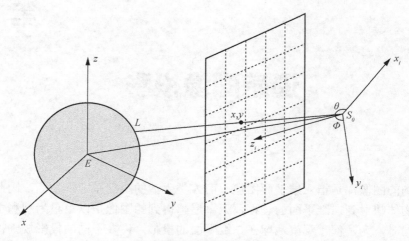

图 7-1　卫星透视投影示意图

这里由卫星引出的投影概念都是通用的、一般化的。如果是地图投影，那么地球椭球面称为原面，地图平面称为投影面；如果是遥感图像投影，原面则是卫星遥感图像，投影面是规定好的符合某种规则的地图投影面。总之，无论是卫星遥感成像投影还是地图投影、遥感图像投影，无论是几何透视投影还是数学分析投影，归根结底要使用投影规则 f_1、f_2 完成图像的空间变换。

不知道大家对式（7.1）是否有似曾相识的感觉？请回顾式（5.11），式（5.11）给出了基于地面控制点的几何定位计算方法，给出了 f_1、f_2 的规则，虽然式（5.11）的目的是通过已知确定未知，式（7.1）是通过已知建立不同平面之间的映射关系，但是无论是技术方法还是理论分析，它们都有共通之处。

7.2　地球椭球与投影基础

地球的外表轮廓极其复杂，为了便于分析问题和计算，通常采用一个接近地球表面的标准椭球体来表示地球，称为地球椭球，很多数学计算都是基于地球椭球进行的，因此有必要首先介绍地球椭球的概念。

7.2.1　地球椭球

地球的表面形状其实是无法准确描述的，人类对于地球的认识也是逐步加深的，如"天圆地方"之说，是基于当时人类的活动空间局限性以及认知能力的不足而产生的说法，后来人们逐渐认识到地球的表面形状是球形，对月食的观测与现象解释就是逐渐发展的对地球的认知过程，后来航海家们的环球航行更是直接证明了地球的表面形状是球形。现在，基于各种准确的测量，描述地球的模型普遍用椭球体模型，且是一个梨形的椭球体——北极凸出、南极凹进，一般用椭球模型代表地球，数学表达式为

$$\frac{x^2 + y^2}{a^2} + \frac{z^2}{b^2} = 1 \tag{7.2}$$

式中，a 是地球赤道半径，b 是极半径。数学上称 a、b 为半长轴和半短轴，几种目前常用的地球椭球基本参数如表 7-1 所示。

表 7-1　常用的地球椭球参数

椭球名称	半长轴/km	半短轴/km	扁率
克拉索夫斯基	6378.245	6356.863	1/298.3
GRS75	6378.140	6356.755	1/298.257
GRS80	6378.137	6356.752	1/298.257
WGS84	6378.137	6356.752	1/298.257
CGCS2000	6378.137	6356.752	1/298.257

扁率为

$$\gamma = \frac{a - b}{a} \tag{7.3}$$

偏心率为

$$e = \frac{\sqrt{a^2 - b^2}}{a} \tag{7.4}$$

1．纬线圈半径

图 7-2 是地球椭球的剖面图，图中椭圆表示一个经线圈，其上一点 P 的坐标满足

$$\frac{x^2}{a^2} + \frac{z^2}{b^2} = 1 \tag{7.5}$$

即式（7.2）中的 $y = 0$。过点 P 做经线圈切线 s，由椭圆上任一点切线斜率公式知 s 的斜率为

$$k = -\frac{b^2 x}{a^2 z} \tag{7.6}$$

过点 P 的法线反向延长线交 x 轴于 M、交 z 轴于 K，显然 $\angle PMX = B$ 为 P 点的大地纬度（注意与地心纬度的区别），由于 PK 与 s 垂直，那么直线 PK 的斜率为

$$k' = -\frac{1}{k} = \frac{a^2 z}{b^2 x} = \tan B \tag{7.7}$$

由式（7.7）知 $z = \frac{b^2 x \tan B}{a^2}$，代入式（7.5）且 $\frac{b^2}{a^2} = 1 - e^2$，求得纬线圈半径

$$r = x = \frac{a}{(1-e^2\sin^2 B)^{1/2}}\cos B \qquad (7.8)$$

同时求得

$$z = \frac{a(1-e^2)}{(1-e^2\sin^2 B)^{1/2}}\sin B \qquad (7.9)$$

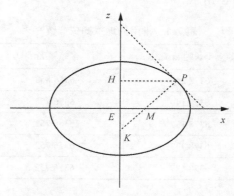

图 7-2   地球椭球剖面图

2. 卯酉圈曲率半径

过点 P 且垂直于 s 的平面与椭球表面交线称为卯酉圈，那么其曲率半径刚好等于线段 KP 长度，在 $\triangle HPK$ 中，卯酉圈曲率半径为

$$N = \frac{x}{\cos B} = \frac{a}{(1-e^2\sin^2 B)^{1/2}} \qquad (7.10)$$

于是式（7.8）又可写为

$$r = N\cos B \qquad (7.11)$$

3. 子午圈曲率半径

由椭圆上任一点曲率公式可知，P 点曲率为

$$\rho = \frac{ab}{(a^2\sin^2\theta + b^2\cos^2\theta)^{3/2}} \qquad (7.12)$$

式中 θ 满足

$$\begin{cases} x = a\cos\theta \\ y = b\sin\theta \end{cases} \qquad (7.13)$$

代入式（7.8）、式（7.9）整理得子午圈曲率半径

$$M = \frac{1}{\rho} = \frac{a(1-e^2)}{(1-e^2\sin^2 B)^{3/2}} \qquad (7.14)$$

4. 经线弧长

经线弧长指纬度在 B_1 和 B_2 之间的经线的长度，大小为

$$S_{m} = \int_{B_1}^{B_2} M \mathrm{d}B =$$

$$\int_{B_1}^{B_2} \frac{a_e(1-e^2)}{(1-e^2\sin^2 B)^{3/2}} \mathrm{d}B \tag{7.15}$$

式中，a_e 表示地球长半轴。

5．纬线弧长

纬线弧长指纬线圈上经度差为 l 的纬线圈弧长，大小为

$$S_p = r\mathrm{d}l \tag{7.16}$$

式中，$l = L_2 - L_1$ 为两点经度差。

6．球面坐标

本章前述公式都是用大地坐标系进行表述的，在某些问题中用球坐标系进行表示和分析更为直观、方便，当把地球椭球视为球体时，选定点 (φ_0, λ_0) 为极点，任一点的球面坐标为

$$\begin{cases} \cos Z = \sin\varphi\sin\varphi_0 + \cos\varphi\cos\varphi_0\cos(\lambda - \lambda_0) \\ \tan\alpha = \dfrac{\cos\varphi\sin(\lambda - \lambda_0)}{\sin\varphi\sin\varphi_0 + \cos\varphi\cos\varphi_0\cos(\lambda - \lambda_0)} \end{cases} \tag{7.17}$$

式中，(φ_0, λ_0) 为极点的地理坐标；(φ, λ) 为任一点的地理坐标；Z 为极距，表示任一点 A 与极点 Q 间大圆弧长 QA 对应的中心角；α 为极角，是过新极点的子午线与大圆弧长 QA 的夹角，顺时针为正，取值范围为 $0 \sim 2\pi$。

7.2.2　长度变形

长度变形指一段原面上的微小线段 $\mathrm{d}n$，与在投影面上对应的微小线段 $\mathrm{d}n'$ 之间的长度变化。设长度比

$$\mu = \frac{\mathrm{d}n'}{\mathrm{d}n} \tag{7.18}$$

如果 $\mu = 1$，则投影后无长度变形，否则就是有长度变形。通过长度比能求出长度变形量为

$$v_l = \mu - 1 \tag{7.19}$$

显然长度变形量是一个相对量，且有正有负，正值表示放大，负值表示缩小。注意在投影面不同位置或者相同位置不同方向上，μ 很可能是不同的。

7.2.3　面积变形

面积变形指一段原面上的微小形状 $\mathrm{d}s$，与在投影面上对应的微小形状 $\mathrm{d}s'$ 之间的面积变化。设面积比

$$p = \frac{\mathrm{d}s'}{\mathrm{d}s} \tag{7.20}$$

如果 $p=1$，则投影后无面积变形，否则就是有面积变形。通过面积比能求出面积变形量为

$$v_p = \mu - 1 \qquad (7.21)$$

显然面积变形量也是一个相对量，且有正有负，正值表示放大，负值表示缩小。在投影面不同位置，p 很可能是不同的。

7.2.4　角度变形

角度变形指原面上的两条线之间的夹角 u，与在投影面上对应的夹角 u' 之间的角度变化，角度变形为

$$\Delta u = u' - u \qquad (7.22)$$

原面上任意两条线的夹角随着位置不同，或者角度方向不同，角度变形 Δu 很可能是不同的，且这是受制于投影模型、不以人的意志力为转移的，在某点某方向上出现的角度变形最大值称为该点的角度最大变形。

7.2.5　变形椭圆

变形椭圆是表示地图投影变形的重要方法之一。一个变形椭圆可以同时表示某一投影点上的长度变形、面积变形和角度变形。

变形椭圆的中心点为投影点，以该点为中心的变形椭圆在各方向上的半径长表示长度比，不同的半径大小表示长度变形的大小；变形椭圆的面积表示面积变形的大小，若变形椭圆的面积等于单位圆面积，则该点上无面积变形；变形椭圆的扁平程度反映了角度变形大小，变形椭圆半长轴与半短轴的比值越大，角度变形越大，其比值越接近 1，角度变形越小。

变形椭圆实际绘制起来会比较困难。

原面上正交的两条直线组成的平面直角坐标系 xoy，经过投影后变形为平面非直角坐标系 $x'o'y'$，变形后 $\angle x'o'y' = \theta$，xoy 坐标系里一个微小单位圆上一点 P，其坐标 (x,y) 数值分别等于线段 $PH1$、$PH2$ 长度，该点的投影点为 P'，坐标 (x',y') 数值分别为线段 $P'H1'$、$P'H2'$ 长度，如图 7-3 所示。

那么在 x 方向和 y 方向上的长度比分别为

$$\begin{cases} \mu_x = \dfrac{P'H1'}{PH1} = \dfrac{|x'|}{|x|} \\[2mm] \mu_y = \dfrac{P'H2'}{PH2} = \dfrac{|y'|}{|y|} \end{cases} \qquad (7.23)$$

则 $|x| = \dfrac{|x'|}{\mu_x}$，$|y| = \dfrac{|y'|}{\mu_y}$，显然 $x^2 + y^2 = 1$，所以 $\dfrac{x'^2}{\mu_x^2} + \dfrac{y'^2}{\mu_y^2} = 1$。

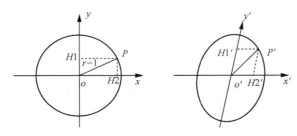

图 7-3 变形椭圆

由几何关系可知，当平面直角坐标系 xoy 的坐标轴在原面内转动时，必然某一位置上满足 $\theta = 90°$，那么称此时坐标轴的方向为主方向，主方向投影后成为变形椭圆的长短轴方向，且分别具有最大长度比和最小长度比。

根据阿波隆尼（Apollonius）定理，变形椭圆半长轴 a 和半短轴 b 与 μ_x、μ_y 满足

$$\begin{cases} a^2 + b^2 = \mu_x^2 + \mu_y^2 \\ ab = \mu_x \mu_y \sin\theta \end{cases} \tag{7.24}$$

解出 a、b，有

$$\begin{cases} a = \dfrac{1}{2}\left(\sqrt{m^2 + n^2 + 2mn\sin\theta} + \sqrt{m^2 + n^2 - 2mn\sin\theta} \right) \\ b = \dfrac{1}{2}\left(\sqrt{m^2 + n^2 + 2mn\sin\theta} - \sqrt{m^2 + n^2 - 2mn\sin\theta} \right) \end{cases} \tag{7.25}$$

式中，m、n 分别表示经线长度比、纬线长度比。

由式（7.25）可以算出变形椭圆的具体形状，反映了原面到投影面上各种变形的综合效果。再知道变形椭圆的方向，即可唯一确定变形椭圆。用变形椭圆的长轴方位角来确定椭圆方向，变形椭圆长轴方位角为

$$\tan\delta = \pm\dfrac{b}{a}\sqrt{\dfrac{a^2 - m^2}{m^2 - b^2}} \tag{7.26}$$

式中，正负号选择应使 δ 与 θ 同象限，即 $\theta < 90°$ 时，取正号；$\theta > 90°$ 时，取负号。

有了变形椭圆的概念，就可以对前文讲到的长度变形、面积变形和角度变形通过计算式来进行分析。

1. 长度比公式

本节重点讲解遥感图像按照地图投影方式进行变换的概念与过程，因此省略投影过程方程的推导，直接给出一些结论性方程便于应用。首先定义一组基本量，称为第一基本量，式（7.27）是第一基本量的计算方法，具体如下。

$$\begin{cases} E_0 = \left(\dfrac{\partial x}{\partial B}\right)^2 + \left(\dfrac{\partial y}{\partial B}\right)^2 \\ F_0 = \dfrac{\partial x}{\partial B}\dfrac{\partial x}{\partial l} + \dfrac{\partial x}{\partial B}\dfrac{\partial y}{\partial l} \\ G_0 = \left(\dfrac{\partial x}{\partial l}\right)^2 + \left(\dfrac{\partial y}{\partial l}\right)^2 \\ H_0 = \dfrac{\partial x}{\partial B}\dfrac{\partial y}{\partial l} - \dfrac{\partial y}{\partial B}\dfrac{\partial x}{\partial l} \end{cases} \tag{7.27}$$

那么原面上的一条线段在投影面上的长度比公式为

$$\mu = \sqrt{\frac{E_0}{M^2}\cos^2\alpha + \frac{F_0}{Mr}\sin2\alpha + \frac{G_0}{r^2}\sin^2\alpha} \tag{7.28}$$

式中，M 是投影点经线圈曲率半径，r 是投影点纬线圈半径，本章下同。第一基本量 E_0、F_0、G_0 是投影点 (B,l) 的函数，α 是线段方位角，那么显然某一投影点的长度变形不仅与位置有关，与方位也有关。

令式（7.28）中的 α 分别等于 0° 和 90°，那么得到经度方向和纬度方向的长度比，为

$$\begin{cases} m = \dfrac{\sqrt{E_k}}{M} \\ n = \dfrac{\sqrt{G_k}}{r} \end{cases} \tag{7.29}$$

将 m、n 代入式（7.28），得到另外一种形式的长度比公式

$$\mu = \sqrt{m^2\cos^2\alpha + mn\cos\theta\sin2\alpha + n^2\sin^2\alpha} \tag{7.30}$$

实际方位角 v 表示的长度比公式为

$$\mu = \sqrt{a^2\cos^2v + b^2\sin^2v} \tag{7.31}$$

2．面积比公式

用经纬度方向长度比表示的面积比公式为

$$p = mn\sin\theta \tag{7.32}$$

用极值长度比表示的面积比公式为

$$p = ab \tag{7.33}$$

用第一基本量 H_0 表示的面积比公式为

$$p = \frac{H_0}{Mr} \tag{7.34}$$

3．角度变形公式

角度变形相对复杂，地图投影时会关注以下几个关于角度的概念。

（1）经纬线夹角变形

经纬线是描述地理位置的重要参考，因此关注经纬线自身的投影变化是地图投影需要关注的重点话题。投影后经纬线夹角可用如下公式计算，且 θ 是经纬线夹角的东北角。

$$\sin\theta = \frac{H_0}{\sqrt{E_0 G_0}} \tag{7.35}$$

定义 $\varepsilon = \theta - \dfrac{\pi}{2}$ 为经纬线夹角变形。

（2）方位角变形

方位角 α 在投影面上的角为 α'，则

$$\cot'\alpha = \frac{E_0}{H_0}\frac{r}{M}\cot\alpha + \frac{F_0}{H_0} \tag{7.36}$$

（3）角度最大变形

角度最大变形指投影点在投影面上可能产生的角度变形最大值。首先讨论最大方向角变形的情况。

$$\sin(v_0 - v_0') = \frac{a-b}{a+b} \tag{7.37}$$

式中，v_0 和 v_0' 分别是以主方向为坐标轴时投影前后的方向线与 y 轴夹角。任一角度变形量可为最大方向角变形的 2 倍，因此最大角度变形量为

$$\Delta u = 2(v_0 - v_0') \tag{7.38}$$

即

$$\sin\frac{\Delta u}{2} = \frac{a-b}{a+b} \tag{7.39}$$

角度最大变形时的方位角公式为

$$\begin{cases} \tan v_0 = \sqrt{\dfrac{a}{b}} \\ \tan v_0' = \sqrt{\dfrac{b}{a}} \end{cases} \tag{7.40}$$

7.3 地图投影分类

地图投影伴随着人类对活动空间的感知认识一直在发展，至今已经有 200 多种投影方法，从更抽象和概括的角度对投影方法进行分门别类，是研究、学习和应用的法门。地图投影涉及的问题复杂，从不同的角度理解会有不同的分类方式，但通常投影方式分类按照变形性质和正轴投影的经纬线形状划分。

7.3.1 变形方式分类

地图投影的变形已经在前述中讲过，长度变形、面积变形和角度变形，因此地图投影可以按照此法进行分类。

1. 等角投影

顾名思义，等角投影即满足投影后角度不产生变形，使地球面上任意点的任意二方向所夹之角投影后仍保持原夹角大小不变，数学表达为式（7.22）中的 $\Delta u = 0$，叫等角投影。

等角投影的条件为

$$a = b \tag{7.41}$$

此时变形椭圆仍然为圆，但是其面积与原面上的圆面积不等，特殊位置才相等。

2. 等积投影

等积投影在于使投影面上的面积与地球面上相应面积相等。面积不发生变形的投影叫等积投影，其条件是面积比为 1，即式（7.20）中的 $p=1$。

等积投影的条件是

$$ab=1 \tag{7.42}$$

等积投影的变形椭圆是与原面上的圆面积相等的椭圆。

3. 任意投影

既非等角投影又非等积投影的投影则为任意投影，任意投影同时存在长度变形、角度变形和面积变形，可以在逻辑上把等角投影和等积投影视作任意变形的极端情况，即等角投影时面积变形最大，等积投影时角度变形最大，任意投影则居其间。

在任意投影中，有一种重要的投影叫作等距投影，指在一组特定的主方向上长度比为 1 的投影。可以在逻辑上把等距投影视作任意变形的中点，在等角投影和等距投影之间是角度变形相对较小的投影，但是面积变形较大；在等积投影和等距投影之间是面积变形相对较小的投影，但是角度变形较大。

规定经线长度比等于 1 为等距投影，即

$$\mu_y=1 \tag{7.43}$$

7.3.2 经纬线形状分类

按正轴投影的经纬线形状可以把投影分为方位投影、圆柱投影、圆锥投影、伪方位投影、伪圆柱投影、伪圆锥投影和多圆锥投影等。

按照前文讲述的地图投影基本理论，投影变换时需要关注的变换关系包括变形函数 f、长度比、面积比和角度最大变形值。下面给出正轴投影时几种投影方式的投影方程。

1. 方位投影

方位投影的几何模型是利用一个投影面来切（割）地球椭球体，然后按照一定的数学规则把地球椭球体投影在投影面上，即得到方位投影。实际中方位投影多用作制作小比例尺地图，因此一般把地球视作球体，用球坐标系表示相对简便，投影方程如式（7.44）所示。

$$\begin{cases} \rho=f(Z) \\ \delta=\alpha \\ x=\rho\cos\delta \\ y=\rho\sin\delta \\ \mu_y=\dfrac{\mathrm{d}\rho}{R\mathrm{d}Z} \\ \mu_x=\dfrac{\rho}{R\sin Z} \\ p=\dfrac{\rho\mathrm{d}\rho}{R^2\sin Z\mathrm{d}Z} \\ \sin\dfrac{\Delta u}{2}=\left|\dfrac{\mu_x-\mu_y}{\mu_x+\mu_y}\right| \end{cases} \tag{7.44}$$

式中，ρ 为纬线圈投影半径，δ 为经线圈夹角，μ_x 和 μ_y 分别是纬线方向、经线方向的长度比，p 为面积比，Δu 为最大角度变形，本章下同。

2．圆柱投影

圆柱投影是以圆柱面为投影面，将地球椭球上的经纬线网格按照确定的投影条件投影到圆柱面上，然后将圆柱面的某一母线切开展成平面的一种投影。

$$\begin{cases} x = f(B) \\ y = c \cdot l \\ \mu_y = \dfrac{\mathrm{d}x}{M\mathrm{d}B} \\ \mu_x = \dfrac{c}{r} \\ p = mn \\ \sin\dfrac{\Delta u}{2} = \left| \dfrac{\mu_y - \mu_x}{\mu_y + \mu_x} \right| \end{cases} \tag{7.45}$$

式中，l 为与中央经线的经度差，本章下同；c 为常数，当圆柱与地球相切时，c 为赤道半径，当圆柱与地球相割时，c 为标准纬线半径。

3．圆锥投影

圆锥投影是以圆锥面作为投影面，把地球椭球上的经纬线按照一定的投影条件投影到圆锥面上，然后沿着某一条母线展开成平面的一种投影。

$$\begin{cases} \rho = f(B) \\ \delta = \alpha \cdot l \\ x = \rho_s - \rho\cos\delta \\ y = \rho\sin\delta \\ \mu_y = -\dfrac{\mathrm{d}\rho}{M\mathrm{d}B} \\ \mu_x = \dfrac{\alpha\rho}{r} \\ p = mn \\ \sin\dfrac{\Delta u}{2} = \left| \dfrac{\mu_y - \mu_x}{\mu_y + \mu_x} \right| \end{cases} \tag{7.46}$$

式中，α 为比例常数，ρ_s 为投影区域最低纬线的投影半径。

4．伪方位投影

$$\begin{cases} \rho = f_1(Z) \\ \delta = f_2(Z, \alpha) \\ x = \rho\cos\delta \\ y = \rho\sin\delta \end{cases}$$

$$\begin{cases} \tan\varepsilon = \rho\dfrac{\dfrac{\partial \delta}{\partial B}}{\dfrac{\partial \rho}{\partial B}} \\[4mm] \mu_y = \dfrac{\sqrt{E_0}}{R} \\[4mm] \mu_x = \dfrac{\sqrt{G_0}}{R\sin Z} \\[4mm] p = -\dfrac{H_0}{R^2\sin Z} \\[4mm] \tan\dfrac{\Delta u}{2} = \dfrac{1}{2}\sqrt{\dfrac{\mu_x^2 + \mu_y^2}{P} - 2} \end{cases} \qquad (7.47)$$

式中，ε 为经纬线夹角变形，本章下同。

5. 伪圆柱投影

$$\begin{cases} \rho = f_1(B) \\[2mm] \delta = f_2(B,l) \\[4mm] \tan\varepsilon = \rho\dfrac{\dfrac{\partial y}{\partial B}}{\dfrac{\partial x}{\partial B}} \\[4mm] \mu_y = \dfrac{1}{R}\dfrac{\partial x}{\partial B}\sec\varepsilon \\[4mm] \mu_x = \dfrac{1}{R}\dfrac{\partial y}{\partial L}\sec B \\[4mm] p = \dfrac{1}{R^2}\dfrac{\partial x}{\partial B}\dfrac{\partial y}{\partial l}\sec B \\[4mm] \tan\dfrac{\Delta u}{2} = \dfrac{1}{2}\sqrt{\dfrac{\mu_x^2 + \mu_y^2}{P} - 2} \end{cases} \qquad (7.48)$$

6. 伪圆锥投影

$$\begin{cases} \rho = f_1(B) \\[2mm] \delta = f_2(B,l) \\[2mm] x = q - \rho\cos\delta \\[2mm] y = \rho\sin\delta \\[4mm] \tan\varepsilon = \rho\dfrac{\dfrac{\partial \delta}{\partial B}}{\dfrac{\partial \rho}{\partial B}} \\[4mm] \mu_y = -\dfrac{\partial \rho}{\partial B}\dfrac{\sec\varepsilon}{M} \\[4mm] \mu_x = \dfrac{\rho}{r}\dfrac{\partial \delta}{\partial l} \end{cases}$$

$$\begin{cases} p = -\dfrac{\rho}{Mr}\dfrac{\partial \delta}{\partial l}\dfrac{\partial \rho}{\partial B} \\[3mm] \tan\dfrac{\Delta u}{2} = \dfrac{1}{2}\sqrt{\dfrac{\mu_x^2 + \mu_y^2}{P} - 2} \end{cases} \tag{7.49}$$

式中，q 为极点纵坐标。

7. 多圆锥投影

多圆锥投影的几何意义是有多个投影圆锥相切于地球，然后把经纬线投影到不同圆锥上，并展开为一个平面的投影。

$$\begin{cases} \rho = N\cot B \\[2mm] \delta = f(B,L) \\[2mm] x = q - \rho\cos\delta \\[2mm] y = \rho\sin\delta \\[2mm] \tan\varepsilon = \dfrac{\tan B\dfrac{\partial \delta}{\partial B} - \sin\delta}{\cos\delta - \left(1 + \dfrac{M}{N}\tan^2 B\right)} \\[4mm] \mu_y = \left(1 + \dfrac{2N}{M}\cot^2 B\sin^2\dfrac{\delta}{2}\right)\sec\varepsilon \\[3mm] \mu_x = \dfrac{1}{\sin B}\dfrac{\partial \delta}{\partial L} \\[3mm] p = \dfrac{1}{\sin B}\left(1 + \dfrac{2N}{M}\cot^2 B\sin^2\dfrac{\delta}{2}\right)\dfrac{\partial \delta}{\partial L} \\[3mm] \tan\dfrac{\Delta u}{2} = \dfrac{1}{2}\sqrt{\dfrac{\mu_x^2 + \mu_y^2 - 2\mu_x\mu_y\cos\varepsilon}{\mu_x\mu_y\cos\varepsilon}} \end{cases} \tag{7.50}$$

式中，N 为卯酉圈曲率半径，$q = S_m + N\cot B$。多圆锥投影的一个典型应用是制作地球仪，首先按照多圆锥投影得到地球仪表面的平面原稿，然后合成为球形。

上述几种投影方式都是在正轴投影情况下的分类，实际上还有横轴投影和斜轴投影，同时加上等角、等积和等距限制，以及投影面的切割差异等，完整的投影命名应该包括以上因素，如正轴等距割圆柱投影、斜轴等积切方位投影等。

另外，也可常用某种投影的发明者的名字来命名投影，如桑逊投影、高斯-克吕格投影、墨卡托投影等。

7.4　投影应用

地图投影的实质是建立空间地理坐标和平面直角坐标关系的过程，但是投影的意义在于把图像按照需要的方式呈现到人类面前，面对种类繁多的投影方式，选择正确的投影方式是达到事半功倍效果的基础。

7.4.1 投影选择

投影方式的选择和希望表达的投影地区、应用目的、人眼习惯等都有关系，如正轴圆柱投影，无论是切还是割投影，赤道上的长度比为最小，两极的长度比为无穷大，而面积比是长度比的平方，所以面积变形很大。像格陵兰岛的实地面积仅是南美洲的 1/8 左右，但从等角圆柱投影图上看，它比南美洲还大。

由墨卡托投影变形情况可知，不论是切投影还是割投影，均不适合制作高纬度地区的地图，但几个世纪以来，世界各国一直用它作海图，这主要是由于等角航线投影成直线这一特性，便于在海图上进行航迹绘算。

综上所述，从繁多的投影方式中选择合适的投影应对实际问题，是投影应用要考虑的基本问题，也是首要问题。

7.4.2 确定投影方程

7.3.2 节中给出的是不同投影的一般式，主要的未知项包括作用函数 f 及常数项，在选定了投影方式后，就需要根据实际问题计算确定的投影方程。以墨卡托投影为例，详细说明如何实际完成一幅地图投影，墨卡托投影按照分类是正轴等角圆柱投影，按照正轴等角圆柱投影一般公式，在 $m=n$ 时满足等角条件，则

$$\mathrm{d}x = \frac{c}{r}M\mathrm{d}B \tag{7.51}$$

对式（7.51）积分得到

$$x = c\int \frac{M}{r}\mathrm{d}B + C = c\ln U + C \tag{7.52}$$

式中

$$U = \tan\left(\frac{\pi}{4} + \frac{B}{2}\right)\left(\frac{1 - e\sin B}{1 + e\sin B}\right)^{e/2} \tag{7.53}$$

墨卡托投影的赤道为 y 轴，所以 $B=0$ 时，$x=0$，有积分常数 $C=0$，所以 $x = c\ln U$，得到准确的投影方程。

$$\begin{cases} x = x\ln U \\ y = c \cdot l \\ \mu_y = \frac{c}{r} \\ \mu_x = \frac{c}{r} \\ p = \mu^2 \\ \Delta u = 0 \end{cases} \tag{7.54}$$

不难看出，通过投影类型条件确定作用函数 f，并确定常数项，进而得到准确的投影方程，是投影应用的一般步骤。伪方位投影、伪圆柱投影和伪圆锥投影确定投影方程的过程相对烦琐，但是基本原理同上。

7.5　遥感图像投影变换

讲解了各种投影方式，对于遥感图像应用来说，最终的目的是把卫星遥感观测图像投影到希望的网格上，以方便后续开展其他的应用研究。总体来说，图像投影变换分为解析变换和数值变换。

7.5.1　图像投影的解析变换

解析变换即确定原面位置到投影面位置的数学表达式，可以笼统地表达为

$$(x_1, y_1) = F(x_0, y_0) \tag{7.55}$$

式中，x_0、y_0 是点在原面上的坐标，x_1、y_1 是点在投影面上的坐标。投影面可以定义，但是作为地球表面上位置明确的空间点，其在大地坐标系中的经纬度是精确已知的，将其作为转换中介，转换过程用式（7.56）表示。

$$(x_0, y_0) \rightarrow (B, l) \rightarrow (x_1, y_1) \tag{7.56}$$

再设

$$\begin{cases} (x_0, y_0) = f_A(B, l) \\ (x_1, y_1) = f_B(B, l) \end{cases} \tag{7.57}$$

式中，f_A 和 f_B 分别是转换函数，那么得到原面位置到投影面位置的转换函数为

$$F = f_B \cdot f_A^{-1} \tag{7.58}$$

7.5.2　图像投影的数值变换

数值变换则是通过图上每个点的经纬度直接解出在投影图上的像素位置，本书一直提倡在理论层面看技术问题，数值变换的原理和基于地面控制点的几何定位方法非常接近，因此解法详细过程可参见 5.2.2 节，这里不再讨论该技术。

第8章

图像基本变换

平面图像是定义在欧氏空间内与二维坐标相关的亮度矩阵，变换是指把此二维矩阵的亮度变换到其他空间进行显示。

图像在不同空间显示，可以突出其不同观测维度的特征，显示数值也有各自不同的特点，因此在特征分析、图像处理、压缩编码等方面有极其重要的应用价值。本章统一、综合讲解目前主要图像变换，目的是使读者掌握各种变换的特性，从而把其作为工具应用到遥感图像处理中。

8.1 灰度变换

灰度变换是最简单的图像变换，变换后图像仍然显示在原亮度空间，只是把亮度按照变换规则变换为新的亮度值。设处理前后的像素值分别为 r 和 s，灰度变换过程可统一用 $r = T(s)$ 表示，T 根据不同变换的实际情况有不同的变换函数。

基本的图像灰度变换主要有反转变换、线性变换、对数变换、幂次变换及查找表变换等。

8.1.1 反转变换

一幅图像的二维矩阵用 $f(x, y)$ 来表示，则反转变换的数学表达式为

$$g(x, y) = \text{DN}_{\text{max}} - f(x, y) \tag{8.1}$$

式中，DN_{max} 是灰度空间的极大值。反转变换的意义在于"黑白颠倒"，尤其适用于增强嵌入在图像暗色区域的白色或灰色细节，特别是当黑色面积占主导地位时。反转变换在遥感图像中的典型应用是处理红外遥感图像，参考普朗克公式，绝对温度越高的目标，其辐亮度也越大，如果遥感仪器是正向映射系统，即输入能量越高、输出越高，那么因为地球表面的温度一般高于云的温度，显然图像上地球表面呈现白色，而云呈现黑色。但是，由于人眼在可见光波段的习惯认知，云应该呈现白色，而地球表面应该是灰色或者黑色，为了符合人眼的视觉习惯，图 8-1 所示的是红外原始观测图像和反转变换后的图像，在反转变

换后的图像上云呈现白色，陆地呈现灰色，海洋呈现黑色，与人眼在可见光波段的感觉类似，便于识别和应用图像。

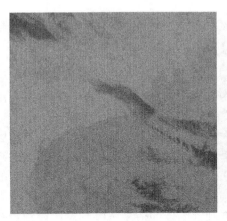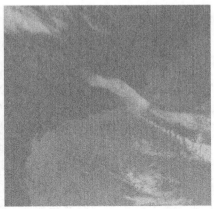

图 8-1　红外原始观测图像和反转变换后的图像

8.1.2　线性变换

线性变换的目的是充分利用显示系统的灰度空间来增强图像的对比度，其数学表达式为

$$g(x,y) = 255 \cdot (f(x,y) - \mathrm{DN}_{min}) / (\mathrm{DN}_{max} - \mathrm{DN}_{min}) \tag{8.2}$$

当然，线性变换的公式有很多，式（8.2）只是其中之一，其自适应把输入图像的最小值映射为 0，最大值映射为 255，充分利用了显示系统的灰度空间，增强了图像对比度，便于进行目标识别。

图 8-2 所示的是原始图像和线性变换后的图像，与原图相比，线性变换后的图像动态范围更大、细节更趋清晰。线性变换内的一个简单改良为分段线性变换，分段线性变换的主要优势是它在不同的像素值区间内的形式可任意合成。实际上，有些重要变换的实际应用可由分段线性函数描述，即对复杂函数的线性逼近。

图 8-2　原始图像和线性变换后的图像

8.1.3　对数变换

对数变换的一般表达式为

$$g(x,y) = c \cdot \log[f(x,y) + r] \qquad (8.3)$$

式中，c 是一个常数，并假设 $r \geqslant 0$，c 和 r 根据图像实际情况进行选择确定。对数变换的重要作用是使一幅窄带低灰度输入图像映射为一幅宽带灰度图像，扩展被压缩的高值图像中的暗像素。对数变换的一种变形是反对数变换。

对数函数有它重要的特征，就是它在很大程度上压缩了图像像素值的动态范围，其应用的一个典型例子就是显示傅里叶频谱，傅里叶频谱图像的像素值有很大的动态范围，如果直接按照频谱实际值大小进行显示，那么低端灰度值将大量映射为 0，有很多的细节会在傅里叶频谱显示时丢失。

采用对数变换对傅里叶频谱进行处理，把频谱图像的值域压缩到对比度相对较低的区间，则其显示效果便于同时观察高低频，实际上在图像处理方面书籍中看到的绝大多数傅里叶频谱经过了对数变换。图 8-3 所示的是傅里叶图像和对数变换后的图像。

图 8-3　傅里叶图像和对数变换后的图像

8.1.4　幂次变换

幂次变换公式为

$$g(x,y) = c \cdot f(x,y)^{\gamma} \qquad (8.4)$$

与对数变换的情况一样，幂次曲线把输入窄带暗值映射为宽带输出值，随着 γ 值的变化将得到一组变换曲线；并且当 $\gamma = 1$ 时，公式退化为线性变换，因此可以说线性变换是幂次变换的特殊情况。

由于幂次变换等式中的指数一般用 γ 值表示，因此幂次变换过程也被称为伽马校正。图像获取、打印和显示的各种装置一般根据幂次规律进行相应校正。

8.1.5　查找表变换

严格来说，查找表变换不属于一种变换方式，只是一种实现途径，一是因为查找表变换没有严格的数学表达式，二是因为 8.1.1 节到 8.1.4 节的计算结果都可以利用查找表变换方式实现。但是，正因为查找表变换方式灵活的特点，即可以任意指定输入图像的 DN_{IN}，便可输出映射 DN_{OUT}，可以利用查找表实现数学式难以描述的映射关系，从而突出输入图像的感兴趣特征。

8.2　傅里叶变换

傅里叶变换是由法国数学家傅里叶提出的，并由其名字命名。傅里叶指出，任何周期函数都可以表示为不同频率的正弦（或余弦）和的形式，每个正弦（或余弦）和乘以不同的系数——傅里叶级数。

无论函数有多么复杂，只要它是周期的，并且满足某些数学条件，都可以用傅里叶级数来表示；甚至有限非周期的函数也可以用正弦（或余弦）和乘以加权函数的积分来表示，这就是傅里叶变换。用傅里叶级数或变换表示的函数可以完全通过傅里叶逆变换来重建，且不丢失任何信息。傅里叶级数和变换把我们对图像的观测视角从"空间域"扩展到了"频率域"，并且我们很多处理工作可以在"频率域"内进行，这使得信号处理的手段得到了极大的丰富。

总之，傅里叶级数和变换是解决实际问题的重要工具之一，它作为基础工具正被广泛地学习和应用。

8.2.1　傅里叶变换公式

本书关注图像的傅里叶变换和处理，因此直接显示二维傅里叶变换公式，一维信号的傅里叶变换与处理可以视作二维傅里叶变换的特例，有关推导可以参看信号与处理方面的书籍，本书重点在连续变换的离散化公式及其性质上。

二维傅里叶变换公式为

$$F(u,v) = \int_{-\infty}^{\infty}\int_{-\infty}^{\infty} f(x,y)e^{-j2\pi(ux+vy)}\mathrm{d}x\mathrm{d}y \tag{8.5}$$

二维傅里叶逆变换公式为

$$f(x,y) = \int_{-\infty}^{\infty}\int_{-\infty}^{\infty} F(u,v)e^{j2\pi(ux+vy)}\mathrm{d}u\mathrm{d}v \tag{8.6}$$

式中，x、y 是空间域变量；u、v 是频率域变量。

根据欧拉公式为

$$e^{j2\pi(ux+vy)} = \cos\left[2\pi(ux+vy)\right] + j\sin\left[2\pi(ux+vy)\right] \tag{8.7}$$

展开式（8.5）得到

$$F(u,v) = \int_{-\infty}^{\infty}\int_{-\infty}^{\infty} f(x,y)\cos[2\pi(ux/M+vy/N)] + j\int_{-\infty}^{\infty}\int_{-\infty}^{\infty} f(x,y)\sin[2\pi(ux/M+vy/N)] \quad (8.8)$$

可看到，对于任意的 u、v，其值 $F(u,v)$ 是所有以 $f(x,y)$ 为加权系数的不同频率余弦函数和正弦函数的加权和，类似于棱镜能够分离出白光中的不同频率单色光，傅里叶变换可以分离出信号中的不同频率基信号。

将空间位置用极坐标表示时，二维傅里叶变换公式可以写为

$$F(u,v) = |F(u,v)|e^{j\phi(u,v)} \quad (8.9)$$

式中

$$|F(u,v)| = [R^2(u,v) + I^2(u,v)]^{1/2} \quad (8.10)$$

$$\phi(u,v) = \arctan\left[\frac{I(u,v)}{R(u,v)}\right] \quad (8.11)$$

式中，$R(u,v)$ 和 $I(u,v)$ 分别是傅里叶变换的实部和虚部。

图像功率谱定义为图像频率谱的平方，即

$$P(u,v) = |F(u,v)|^2 \quad (8.12)$$

对于数字图像处理，直接给出二维离散傅里叶变换（DFT）公式，即

$$F(u,v) = \frac{1}{MN}\sum_{x=0}^{M-1}\sum_{y=0}^{N-1} f(x,y)e^{-j2\pi(ux/M+vy/N)} \quad (8.13)$$

二维傅里叶逆变换公式为

$$f(x,y) = \sum_{u=0}^{M-1}\sum_{v=0}^{N-1} F(u,v)e^{j2\pi(ux/M+vy/N)} \quad (8.14)$$

特别关注 $(u,v)=(0,0)$ 时，式（8.13）为

$$F(0,0) = \frac{1}{MN}\sum_{x=0}^{M-1}\sum_{y=0}^{N-1} f(x,y) \quad (8.15)$$

显然 $F(0,0)$ 是 $f(x,y)$ 的平均值，对于二维图像，在原点的傅里叶变换等于图像各像素灰度的平均值，$F(0,0)$ 也被称作频率谱的直流成分。

8.2.2 傅里叶变换基本性质

傅里叶变换性质进一步揭示了傅里叶变换的本质和特性，对理解和应用傅里叶变换解决问题有很强的提示作用。为了书写简便准确，讨论傅里叶变换性质时有如下假设。

$$f_k(x,y) \Leftrightarrow F_k(u,v) \quad (8.16)$$

式中，$\Leftrightarrow$ 表示函数 $f_k(x,y)$ 和 $F_k(u,v)$ 满足傅里叶正逆变换关系，即二者为傅里叶变换对，下标 k 表示函数的序号，即不同的 k 表示不同的函数，当不需要区分时，可省略下标。傅里叶变换有多项性质，本节仅讨论一些图像处理常用的基本性质。

1. 周期性
离散傅里叶变换是周期性的，即一幅图像的傅里叶变换满足

$$F(u,v) = F(u+M,v) = F(u,v+N) = F(u+M,v+N) \tag{8.17}$$

2．线性

傅里叶变换是线性变换，因此

$$F[af_1(x,y) + bf_2(x,y)] \Leftrightarrow aF[f_1(x,y)] + bF[f_2(x,y)] \tag{8.18}$$

特别地，当作用于 x, y 的系数不同时，有

$$f(ax,by) \Leftrightarrow \frac{1}{|ab|} F(u/a, v/b) \tag{8.19}$$

傅里叶线性变换性质在图像处理中有重要的价值，推而广之，该性质在傅里叶高光谱仪器的数据处理中有重要的基础作用。

从傅里叶高光谱遥感仪器发展来说，首先进行在轨应用的是极轨气象卫星高光谱探测，代表仪器是欧洲 METOP 卫星装载的 IASI 和后来发射的美国 CrIS（跨轨红外探测仪）。虽然两个仪器都属于傅里叶高光谱仪，但是在数据处理细节方面，根据工程具体实现条件不同，IASI 在轨进行对地观测数据和冷空观测数据减法后再进行傅里叶逆变换；而 CrIS 对地观测数据和冷空观测数据分别进行了傅里叶逆变换后再计算减法，根据式（8.18），二者同源同宗、殊途同归。

技术层面的讨论上升为原理层面后，会有拨云见日、一览众山的感觉，如 IASI 和 CrIS 两台高光谱仪，具体的数据处理途径有所差别，如果仅局限于技术层面就容易生搬硬套、脱离实际工程，从而事倍功半；但是原理层面见式（8.18），二者基本原理是一致的，认清这一点再进行指导应用就会事半功倍——这是本书一直提倡的在理论层面讨论技术。

除分析傅里叶变换性质在应用中的指导作用外，也想给读者以提示，本章讲解的不同变换，在具体应用时也会产生殊途同归的效果，当然面向不同的应用，不同变换解决问题的难易程度可能有所差别，但要时刻牢记在理论层面，变换的基本意义是类似的。

3．时移与频移

时域信号的平移等于傅里叶变换后的乘积，即

$$f(x-x_0, y-y_0) \Leftrightarrow F(u,v)e^{-j2\pi(ux_0/M+vy_0/N)} \tag{8.20}$$

对于频域平移，则有

$$f(x,y)e^{j2\pi(u_0x/M+v_0y/N)} \Leftrightarrow F(u-u_0, v-v_0) \tag{8.21}$$

当 $u_0 = \dfrac{M}{2}$、$v_0 = \dfrac{N}{2}$ 时，则

$$e^{j2\pi(u_0x/M+v_0y/N)} = e^{j\pi(x+y)} = \cos[\pi(x+y)] + j\sin[\pi(x+y)] = (-1)^{x+y} \tag{8.22}$$

因此，将式（8.22）代入式（8.21），得到

$$f(x,y)(-1)^{x+y} \Leftrightarrow F\left(u-\frac{M}{2}, v-\frac{N}{2}\right) \tag{8.23}$$

式（8.23）在频域滤波中有重要的作用，可以将 $F(u,v)$ 原点变换到频率坐标下的 $\left(\dfrac{M}{2}, \dfrac{N}{2}\right)$。

4．旋转

用极坐标表示图像上每个点，则有

$$f(r,\theta+\theta_0) \Leftrightarrow F(r,\theta+\theta_0) \tag{8.24}$$

即图像和傅里叶变换按照相同角度旋转。

5．共轭对称性

对于一幅图像来说，显然 $f(x,y)$ 是实函数，那么它的傅里叶变换满足

$$F(u,v) = F^*(-u,-v) \tag{8.25}$$

式中，* 表示复数共轭，根据共轭函数性质，有

$$\left|F(u,v)\right| = \left|F(-u,-v)\right| \tag{8.26}$$

即图像的频谱是关于原点对称的。

6．卷积与相关

函数 $f_1(x,y)$ 和 $f_2(x,y)$ 的离散卷积公式为

$$f_1(x,y) * f_2(x,y) = \frac{1}{MN}\sum_{m=0}^{M-1}\sum_{n=0}^{N-1} f_1(x,y)\cdot f_2(x-m,y-n) \tag{8.27}$$

式中，*表示卷积运算，根据卷积理论，两个函数卷积与其各自傅里叶变换满足

$$f_1(x,y) * f_2(x,y) \Leftrightarrow F_1(u,v)F_2(u,v) \tag{8.28}$$

式（8.28）表明频率域函数的乘法相当于空间域函数的卷积，同样，频率域函数的卷积相当于空间域函数的乘法。

函数相关性定义如下。

$$f_1(x,y) \propto f_2(x,y) = \frac{1}{MN}\sum_{m=0}^{M-1}\sum_{n=0}^{N-1} f_1^*(x,y)\cdot f_2(x+m,y+n) \tag{8.29}$$

式中，$\propto$ 表示相关，f^* 表示 f 的复数共轭。由于图像函数为实函数，因此 $f^* = f$，所以式（8.29）与式（8.27）相比，差别仅在于 m、n 前的正负号，根据共轭对称性，显然有

$$f_1(x,y) \propto f_2(x,y) = F_1^*(u,v)F_2(u,v) \tag{8.30}$$

考虑到傅里叶变换的周期性等于函数的长度，设两个函数的长度分别为 A 和 B，那么傅里叶变换是周期为 A 和 B 的周期函数，为了避免两个傅里叶变换相乘时出现混叠，需要对函数 $f_1(x,y)$ 和 $f_2(x,y)$ 进行延拓，对两个函数分别添加 0，使它们具有相同的周期 K，并且满足 $K \geqslant A+B-1$，才能避免混叠，且周期之间的分隔等于 $K-(A+B-1)$。

7．分离性

二维离散傅里叶变换的分离形式为

$$F(u,v) = \frac{1}{MN}\sum_{x=0}^{M-1}\sum_{y=0}^{N-1} f(x,y)\mathrm{e}^{-\mathrm{j}2\pi(ux/M+vy/N)} =$$
$$\frac{1}{M}\sum_{x=0}^{M-1}\left(\frac{1}{N}\sum_{y=0}^{N-1} f(x,y)\mathrm{e}^{-\mathrm{j}2\pi vy/N}\right)\mathrm{e}^{-\mathrm{j}2\pi ux/M} \tag{8.31}$$

式（8.31）说明，二维图像傅里叶变换可以把图像的每一行进行一维傅里叶变换，然后再把每一列进行一维傅里叶变换来完成二维傅里叶变换。

8.2.3　快速傅里叶变换

离散傅里叶变换成为信号处理的一种基础工具，它的一个重要推动就是快速傅里叶变换（FFT）的发展。根据傅里叶变换性质，二维傅里叶变换能通过相继的一维变换得到，为表述方便，这里定义

$$W_N = \mathrm{e}^{-\mathrm{j}2\pi/N} \tag{8.32}$$

1. 按时间抽选的基-2 FFT 算法

首先约定 N 为正偶数，则一维离散傅里叶变换有

$$
\begin{aligned}
F(k) &= \frac{1}{N}\sum_{n=0}^{N-1} f(n)W_N^{nk} = & (1)\\[2mm]
& \frac{1}{N}\left[\sum_{p=0}^{\frac{N}{2}-1} f(2p)W_N^{2pk} + \sum_{p=0}^{\frac{N}{2}-1} f(2p+1)W_N^{(2p+1)k}\right] = & (2)\\[2mm]
& \frac{1}{N}\left[\sum_{p=0}^{\frac{N}{2}-1} f(2p)W_N^{2pk} + \sum_{p=0}^{\frac{N}{2}-1} f(2p+1)W_N^{2pk}W_N^{k}\right] = & (3)\\[2mm]
& \frac{1}{N}\left[\sum_{p=0}^{\frac{N}{2}-1} f(2p)W_N^{2pk} + W_N^{k}\sum_{p=0}^{\frac{N}{2}-1} f(2p+1)W_N^{2pk}\right] = & (4)\\[2mm]
& \frac{1}{N}\left[\sum_{p=0}^{\frac{N}{2}-1} x_1(p)W_{N/2}^{pk} + W_N^{k}\sum_{p=0}^{\frac{N}{2}-1} x_2(p)W_{N/2}^{pk}\right] = & (5)\\[2mm]
& \frac{1}{N}\left[X_1(k) + W_N^{k}X_2(k)\right] & (6)
\end{aligned}
\tag{8.33}
$$

式（8.33）第（1）行是离散傅里叶变换的基本公式，第（2）行是按照变量 n 的奇偶性把计算序列分成两部分，这里简称分为上下半区，第（3）行利用数学基本定理分离 $W_N^{(2p+1)k}$，由于 W_N^{k} 项与变量 p 无关，所以在第（4）行将其移出求和公式，第（5）行利用了 W_N^{k} 的可约性公式，可约性公式见式（8.34）。

$$W_N^{k} = W_{N/m}^{k/m} \tag{8.34}$$

第（5）行中的两个求和公式部分分别是 $\dfrac{N}{2}$ 点傅里叶变换，得到了第（6）行。

式（8.33）对任意 k 值成立，但是要注意，式中第（5）行限制 k 的取值范围是 $0 \sim \dfrac{N}{2}-1$，那么根据式（8.33）计算的 $F(k)$ 序列只有原傅里叶变换序列的前一半，因此原傅里叶变换的后一半计算公式为

$$F\left(k+\frac{N}{2}\right)=\frac{1}{N}\left[X_1\left(k+\frac{N}{2}\right)+W_N^{k+\frac{N}{2}}X_2\left(k+\frac{N}{2}\right)\right]=\quad(1)$$

$$\frac{1}{N}\left[X_1(k)-W_N^k X_2(k)\right]\qquad(2)$$

(8.35)

式中，k 的取值范围是 $0\sim\frac{N}{2}-1$，通过 $k+\frac{N}{2}$ 将其扩展到 $\frac{N}{2}\sim N-1$。且由于 W_N^k 具有周期性，满足

$$W_N^{k+N}=\mathrm{e}^{-\mathrm{j}2(k+N)\pi/N}=\mathrm{e}^{-\mathrm{j}2k\pi/N}\mathrm{e}^{-\mathrm{j}2\pi}=W_N^k\qquad(8.36)$$

因此

$$X_1\left(k+\frac{N}{2}\right)=\sum_{p=0}^{\frac{N}{2}-1}x_1(p)W_{N/2}^{p\left(k+\frac{N}{2}\right)}=\sum_{p=0}^{\frac{N}{2}-1}x_1(p)W_{N/2}^{pk}=X_1(k)\qquad(8.37)$$

同理 $X_2\left(k+\frac{N}{2}\right)=X_2(k)$，又

$$W_N^{k+\frac{N}{2}}=W_N^k W_N^{\frac{N}{2}}=-W_N^k\qquad(8.38)$$

所以式（8.35）可以由第（1）行化简得到第（2）行。从式（8.33）可见傅里叶变换序列可以通过计算其半区间的傅里叶变换来完成，减少了运算量。半区间傅里叶变换组成全区间傅里叶变换的方式可用图 8-4 所示的蝶形基本运算单元来表示。

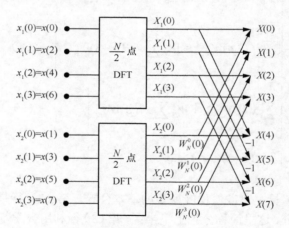

图 8-4　蝶形快速傅里叶变换框图

2．运算量分析

以标准傅里叶变换公式计算 N 点一维傅里叶变换的运算量，对于每个 k 都需要 N 次复数乘法和（$N-1$）次复数加法，从而 N 点傅里叶变换需要复数乘法和复数加法的次数为

$$\begin{cases}\mathrm{Num1}_{\mathrm{Mul}}=NN=N^2\\\mathrm{Num1}_{\mathrm{Add}}=N(N-1)=N^2-N\end{cases}\qquad(8.39)$$

从快速傅里叶变换可以看出，对于每个 k 完成变换都需要 $\log_2 N$ 层计算，每层计算里的蝶形基本运算单元是 1 个复数乘法、2 个复数加法，且每层计算有 $N/2$ 个基本单元，所以快速傅里叶变换（FFT）完成 N 点傅里叶变换需要的复数乘法和复数加法的次数为

$$\begin{cases} \text{Num2}_{\text{Mul}} = 1\dfrac{N}{2}\log_2 N = \dfrac{N}{2}\log_2 N \\[3mm] \text{Num2}_{\text{Add}} = 2\dfrac{N}{2}\log_2 N = N\log_2 N \end{cases} \tag{8.40}$$

计算机运算的特点是加法快、乘法慢，所以常规傅里叶变换和快速傅里叶变换的乘法次数比为

$$q = \frac{\text{Num2}_{\text{Mul}}}{\text{Num1}_{\text{Mul}}} = \frac{\dfrac{N}{2}\log_2 N}{N^2} = \frac{\log_2 N}{2N} \tag{8.41}$$

把式（8.41）中的比例 q 曲线画出来，如图 8-5 所示，随着计算点数 N 的增加，快速傅里叶变换的相对计算量迅速减小，在接近 1000 点时，快速傅里叶变换的计算量只有常规的 1/1000，以 FY-4A/GIIRS 20000 点规模的傅里叶变换来说，采用快速傅里叶变换有利于提高计算的实时性。

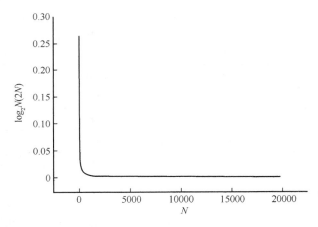

图 8-5　快速傅里叶变换和傅里叶变换运算量比值

3．序列整理

由式（8.33）的第（2）行可以看出，快速傅里叶变换的拆分规则是奇偶分开，点数减半；下一层继续对上一层函数序列进行奇偶分开，点数减半。那么对任意多层快速傅里叶变换，原始输入序列该如何调整顺序，满足快速傅里叶变换的输入需求呢？

奇偶分开的顺序是把原序列分成两个新的序列，在二进制中奇偶数的差别在于末位是 0 还是 1，末位是 0 的属于偶数列，末位是 1 的属于奇数列，利用二叉树思想对末位按照 0、1 进行分类，快速傅里叶变换倒序二叉树如图 8-6 所示。

对于输入序列中的任意一个二进制数 $n2n1n0$，第一层分类按照末位 $n0$ 属于 0 还是 1 进行分类，属于 0（偶数）的分为上半区，属于 1（奇数）的分为下半区，然后在上半区继续进行奇偶分类，由于末位都为 0，所以依据末位的前一位即 $n1$ 位进行奇偶分类，继续分为上半区、下半区……直到分到最小区间。那么从左至右对应的输入序列的真实序号就是该节点向上回溯至第一分层节点的路径，即 $n2n1n0$ 的顺序，把图 8-6 所示二叉树对应的顺序用表 8-1 表示。

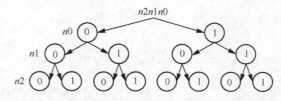

图 8-6　快速傅里叶变换倒序二叉树

由表 8-1 可以看到，输入序列的实际顺序为 $f(0)$、$f(4)$、$f(2)$、$f(6)$、$f(1)$、$f(5)$、$f(3)$、$f(7)$，与手工调整输入顺序完全一致。所以，自然序号的二进制倒序就是输入序列的实际序号。

表 8-1　快速傅里叶变换顺序

$n0n1n2$ 顺序	二进制	二进制倒序	$n2n1n0$ 顺序
0	000	000	0
1	001	100	4
2	010	010	2
3	011	110	6
4	100	001	1
5	101	101	5
6	110	011	3
7	111	111	7

8.3　小波变换

傅里叶变换在图像变换域的处理中发挥了重要的作用，但是，由于傅里叶变换采用固定的基函数，存在一些不足，如不能同时进行时频分析、不能知道函数在任一时刻的特性等，因此发展了窗口傅里叶变换来提高分析效果。小波变换继承和发展了窗口傅里叶变换的思想，它的离散化的规范正交基是满足一定数学条件的小型波，具有变化的频率和有限的持续时长。这种特殊的构造和灵活性使小波变换在许多应用中相较于傅里叶变换更加灵活，从而可以达到更好的效果。

图像处理聚焦于二维小波变换，有了上一节关于傅里叶变换的讨论，这里直接给出二维小波变换的表达式。在给定一维尺度函数和相应小波基函数的基础上，可用式（8.42）计算二维尺度函数和小波基函数。

$$\begin{cases} \varphi(x,y) = \varphi(x)\varphi(y) \\ \phi^H(x,y) = \phi(x)\varphi(y) \\ \phi^V(x,y) = \varphi(x)\phi(y) \\ \phi^D(x,y) = \phi(x)\phi(y) \end{cases} \tag{8.42}$$

式中，$\varphi(x)$ 和 $\phi(x)$ 分别是一维尺度函数和相应的小波基函数，H、V、D 分别表示水平、

垂直和对角线方向；由此进一步定义二维尺度上小波函数集合，即

$$\begin{cases} \varphi_{j,m,n}(x,y) = 2^{j/2}\varphi(2^j x - m, 2^j y - n) \\ \phi_{j,m,n}^i(x,y) = 2^{j/2}\phi^i(2^j x - m, 2^j y - n)i = \{H,V,D\} \end{cases} \tag{8.43}$$

那么对于规模为 $M \times N$ 的图像，$f(x,y)$ 的离散小波变换是

$$\begin{cases} W_\varphi(j_0,m,n) = \dfrac{1}{\sqrt{MN}} \sum\limits_{x=0}^{M-1} \sum\limits_{y=0}^{N-1} f(x,y)\varphi_{j_0,m,n}(x,y) \\ W_\phi^i(j,m,n) = \dfrac{1}{\sqrt{MN}} \sum\limits_{x=0}^{M-1} \sum\limits_{y=0}^{N-1} f(x,y)\phi_{j,m,n}^i(x,y) \end{cases} \tag{8.44}$$

小波变换的逆变换为

$$\begin{aligned} f(x,y) = \dfrac{1}{\sqrt{MN}} \sum_m \sum_n W_\varphi(j_0,m,n)\varphi_{j_0,m,n}(x,y) + \\ \dfrac{1}{\sqrt{MN}} \sum_{i=H,V,D} \sum_{j=j_0}^{\infty} \sum_m \sum_n W_\phi^i(j,m,n)\phi_{j,m,n}^i(x,y) \end{aligned} \tag{8.45}$$

式（8.44）和式（8.45）构成了二维图像的小波变换对。

这里用两组图像小波变换结果来显示其灵活的特点，对一幅常见的纹理较多的照片，分别采用 Haar 小波和 Coiflets 小波进行分解，可以看到分解效果有比较大的差异，如图 8-7 和图 8-8 所示。其他常用小波基函数还有墨西哥草帽小波、高斯小波等，可见小波变换的灵活性，对不同问题的分析解决需要进行适应性匹配。

（a）近似分量

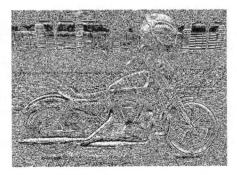

（b）水平分量

（c）垂直分量

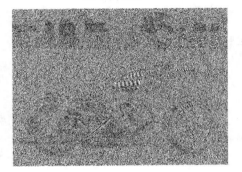

（d）对角线分量

图 8-7 Haar 小波分解

（a）近似分量 　　　　　　　　　　　　（b）水平分量

（c）垂直分量 　　　　　　　　　　　　（d）对角线分量

图 8-8 Coiflets 小波分解

图 8-7 和图 8-8 中的 4 幅图片分别是小波分解后近似分量、水平分量、垂直分量和对角线分量，因近似分量可以看出原图的全貌，因此没有单列原始图像。

8.4 离散余弦变换

在前文讨论傅里叶变换和小波变换基础上，给出二维离散余弦变换的表达式

$$C(u,v)=\frac{1}{\sqrt{MN}}a(u)a(v)\sum_{x=0}^{M-1}\sum_{y=0}^{N-1}f(x,y)\cos\frac{(2x+1)u\pi}{2M}\cos\frac{(2y+1)v\pi}{2N} \qquad (8.46)$$

式中，$a(u),a(v)=\begin{cases}1, & u,v=0 \\ \sqrt{2}, & 其他\end{cases}$。

离散余弦变换的逆变换为

$$f(x,y)=\frac{1}{\sqrt{MN}}\sum_{u=0}^{M-1}\sum_{v=0}^{N-1}a(u)a(v)C(u,v)\cos\frac{(2x+1)u\pi}{2M}\cos\frac{(2y+1)v\pi}{2N} \qquad (8.47)$$

8.5 K-L 变换

K-L（Karhunen-Loeve）变换也称特征向量变换、主分量变换、霍特林变换、最佳变换等。

本节之前介绍的傅里叶变换、小波变换等非灰度直接变换方法都可以用式（8.48）统一表示。

$$Y = TX \tag{8.48}$$

式中，X 是待变换矩阵，在傅里叶变换和小波变换等变换中，矩阵 T 是固定不变的正交基，Y 是变换后矩阵。Y 的协方差为

$$
\begin{aligned}
\text{Cov}(Y) &= E\left[\left(Y - \bar{Y}\right)\left(Y - \bar{Y}\right)^{\mathrm{T}}\right] = \\
&\quad E\left\{T(X - \bar{X})\left[T(X - \bar{X})\right]^{\mathrm{T}}\right\} = \\
&\quad E\left[T(X - \bar{X})(X - \bar{X})^{\mathrm{T}}T^{\mathrm{T}}\right] = \\
&\quad TE\left[(X - \bar{X})(X - \bar{X})^{\mathrm{T}}\right]T^{\mathrm{T}} = \\
&\quad T\text{Cov}(X)T^{\mathrm{T}}
\end{aligned}
\tag{8.49}
$$

若令 $\text{Cov}(Y)$ 为对角线型矩阵，则称变换矩阵 T 为满足 K-L 变换的矩阵，用 T 对矩阵 X 进行变换称为 K-L 变换。通过线性代数基本性质可知，如果取矩阵 $\text{Cov}(X)$ 的特征向量作为变换矩阵 T 的行向量，即 $\text{Cov}(X)T^{\mathrm{T}} = \begin{pmatrix} \lambda_1 & & & \\ & \lambda_2 & & \\ & & \cdots & \\ & & & \lambda_N \end{pmatrix} T^{\mathrm{T}}$ 时，且因 T 的各行都是正交归一化矢量，有 $T^{\mathrm{T}} = T^{-1}$，则

$$
\begin{aligned}
\text{Cov}(Y) &= T\text{Cov}(X)T^{\mathrm{T}} = \\
&\quad T\begin{pmatrix} \lambda_1 & & & \\ & \lambda_2 & & \\ & & \cdots & \\ & & & \lambda_N \end{pmatrix} T^{\mathrm{T}} = \\
&\quad \begin{pmatrix} \lambda_1 & & & \\ & \lambda_2 & & \\ & & \cdots & \\ & & & \lambda_N \end{pmatrix} TT^{-1} = \\
&\quad \begin{pmatrix} \lambda_1 & & & \\ & \lambda_2 & & \\ & & \cdots & \\ & & & \lambda_N \end{pmatrix}
\end{aligned}
\tag{8.50}
$$

式（8.50）说明 K-L 变换后的矩阵 Y 的协方差矩阵是一个对角线矩阵，且元素是协方差矩阵 $\text{Cov}(X)$ 的特征值，由此说明 Y 的各分量是互不相关的，即 K-L 变换完全消除了样本间的相关性。

使用 K-L 变换时，可令 $X_{\mathrm{E}} = X - \bar{X}$ 代入式（8.48），则 K-L 变换的逆变换为

$$X = T^{\mathrm{T}}Y + \bar{X} \tag{8.51}$$

取 $\mathrm{Cov}(\boldsymbol{X})$ 中前 K 个最大特征值的 K 个特征向量构成矩阵 $\boldsymbol{T}_K$，代入式（8.51），则输出

$$\hat{\boldsymbol{X}} = \boldsymbol{T}_K^{\mathrm{T}} \boldsymbol{Y} + \bar{\boldsymbol{X}} \tag{8.52}$$

可以证明 $\boldsymbol{X}$ 和 $\hat{\boldsymbol{X}}$ 之间的均方误差 e_{ms} 满足

$$e_{\mathrm{ms}} = \sum_{i=1}^{N} \lambda_i - \sum_{i=1}^{K} \lambda_i = \sum_{i=K+1}^{N} \lambda_i \tag{8.53}$$

式（8.53）表明，选择最大的 K 个特征值对应的特征向量重建的 $\hat{\boldsymbol{X}}$ 与 $\boldsymbol{X}$ 满足均方误差最小，即信息损失是最小的，这也是 K-L 变换被称为最佳变换的原因，损失最小在图像压缩等领域是非常重要的。

K-L 变换与傅里叶变换和小波变换等不同，不同待变换矩阵 $\boldsymbol{X}$ 的 K-L 变换矩阵 $\boldsymbol{T}$ 是不同的，对原矩阵 $\boldsymbol{X}$ 的分解需要依赖协方差矩阵来计算，具体计算过程如下。

① 矩阵 $\boldsymbol{X}$ 减去其均值 $\bar{\boldsymbol{X}}$ 去中心化。
② 计算矩阵 $\boldsymbol{X}$ 的协方差矩阵 $\mathrm{Cov}(\boldsymbol{X})$。
③ 求解 $\mathrm{Cov}(\boldsymbol{X})$ 的特征值和特征向量。
④ 用式（8.53）完成 K-L 变换。

由于 K-L 变换矩阵 $\boldsymbol{T}$ 要根据待变换矩阵 $\boldsymbol{X}$ 来计算取得，所以在计算难度和速度上跟其他变换相比没有优势，也没有相应的快速算法，在实际应用中难度较大。使用时只能退而求其次，大多数场景下，离散余弦变换的效果和 K-L 变换相比下降有限。

第9章

图像编码与压缩

　　图像携带大量的信息，大量的信息必然需要大量的信号来表示，因此图像在计算机系统内需要大量的空间进行存储，如果加以传输，也需要大量的带宽来支持，对于遥感尤其是高时空分辨率遥感系统来说，存储空间和传输带宽都是宝贵的资源。

　　以 FY-4A 成像仪 AGRI 为例来计算分析，AGRI 最高空间分辨率的观测图像为 21984 像素×21984 像素，每个像素采用 12bit 来存储，那么该幅图像的数据量为 21984×21984×12÷8÷（1024×1024×1024）=0.675（GB），如果 12bit 扩充为 2 字节存储，占用空间会更大，AGRI 是 14 通道成像仪（其他通道分辨率有所降低），并且每 15min 即可观测成一幅图像，所以大量的遥感数据在发挥重要作用的同时，也给存储和传输带宽带来了压力。

　　对图像进行编码来压缩数据大小对节省存储空间和传输带宽都有重要的意义，图像编码和压缩是数字图像处理的重要分支，对数字图像的传播和应用起到了重要作用，图像压缩涉及信息论、统计学和计算机以及人眼视觉特性等多学科知识。

9.1　信源统计

　　离散化之后的图像是离散信源，如果把所有可能出现的信号源符号组成集合 $\{a_1, a_2, \cdots, a_k\}$，且每个信号出现的概率为 $\{p(a_1), p(a_2), \cdots, p(a_k)\}$，那么显然 $\sum_{i=1}^{k} p(a_i) = 1$。其中某一符号出现时能够提供的信息为 $I(a_i)$，假设这样一种情景，通过已知信息能够完全确定下一个出现的符号为 a_m，那么该符号出现的概率为 $p(a_i) = 100\%$，同时，该符号提供的信息量为 0（因为该符号 100%出现，等价于目前的信息已经完全覆盖了该符号提供的信息）。可见，如果一个符号出现的概率越大，其能提供的信息量越小；一个符号出现的概率越小，其能提供的信息量越大。即

$$I(a_i) \propto \frac{1}{p(a_i)} \tag{9.1}$$

　　如果用以 2 为底的对数表示，那么 $I(a_i)$ 的单位为比特（bit），即

$$I(a_i) = \frac{1}{\log_2 p(a_i)} = -\log_2 p(a_i) \qquad (9.2)$$

那么符号集中的所有符号的信息量为

$$
\begin{aligned}
I(a_1, a_2, \cdots, a_k) &= -\log_2\left[p(a_1)p(a_2)\cdots p(a_k)\right] = \\
&\quad -\log_2 p(a_1) - \log_2 p(a_2) - \cdots - \log_2 p(a_k) = \\
&\quad \sum_{i=1}^{k} I(a_i)
\end{aligned}
\qquad (9.3)
$$

对于一个离散、无记忆信源来说，每个符号包含的平均信息量为

$$H = \sum_{i=1}^{k} p(a_i)I(a_i) = -\sum_{i=1}^{k} p(a_i)\log_2 p(a_i) \qquad (9.4)$$

式中，H 称为信源的"熵"。

信源符号的信息量与其概率相关，因此概率对分析信源符号的作用很大，首先对图像中出现的信源符号进行概率统计是非常重要的，图像的信源符号为图像像素的值域空间 $\{\mathrm{DN}_i \mid i = 1, 2, \cdots, i_{\max}\}$，本节介绍几种常用的统计模型。

9.1.1　高斯分布模型

式（9.5）是一维高斯分布模型，其中 $\overline{x} = E\{x\}$ 是变量 x 的均值，$\sigma = E[(x - \overline{x})^2]$ 是变量 x 的标准差，任意变量 x 出现的概率可由式（9.5）计算得出。当 x 服从式（9.5）的分布时，其值有 68%的概率落在$[(-\sigma),\ (\mu+\sigma)]$范围内，有 95%的概率落在$[(\mu-2\sigma),\ (\mu+2\sigma)]$ 范围内，有 99.7%的概率落在$[(\mu-3\sigma),\ (\mu+3\sigma)]$范围内。

$$p(x) = \frac{1}{\sqrt{2\pi}\sigma}\exp\left[-\frac{(x-\overline{x})^2}{2\sigma^2}\right] \qquad (9.5)$$

9.1.2　拉普拉斯分布模型

式（9.6）是一维拉普拉斯分布模型，其中 $\overline{x} = E\{x\}$ 是变量 x 的均值，$\sigma = E\left[(x-\overline{x})^2\right]$ 是变量 x 的标准差，任意变量 x 出现的概率可由式（9.6）计算得出。

$$p(x) = \frac{1}{\sqrt{2}\sigma}\exp\left[-\frac{\sqrt{2}}{\sigma}\left|x-\overline{x}\right|\right] \qquad (9.6)$$

9.1.3　均匀分布模型

式（9.7）是均匀分布模型，表示范围$[a, b]$内任意变量出现的概率是一样的。

$$p(x) = \begin{cases} \dfrac{1}{b-a}, & a \leqslant x \leqslant b \\ 0, & \text{其他} \end{cases} \qquad (9.7)$$

9.2 图像编码

随着图像采集设备的性能提高，图像尺寸日益增大，图像数量也日益增多。在遥感领域，我国高分系列卫星已经实现亚米级探测，FY-4A/AGRI 形成了 15min 观测地球全圆盘、5min 观测中国区的能力，这些高空间分辨率、高时间分辨率的卫星遥感图像为遥感分析应用提供了便利，同时为了节约存储空间和传输带宽，与其他应用场景一样，遥感领域对图像压缩也有需求。本节讲解常用的编码压缩原理。

9.2.1 统计编码

图像数据可以被压缩的原因之一是编码中存在冗余度，因此按照信源符号出现的概率，把信源符号进行编码，出现概率高的信源符号用短码表示，出现概率低的信源符号用长码表示，从而降低传送每一信号源需要的平均码长。

从最简单的应用场景入手，假设一个信源只包括 3 个符号，满足 3 个状态量的最小二进制码位数为 2，分别用 00、01、10 来表示 3 个符号，且假设一条信息中 3 个符号出现的概率为 10%、30% 和 60%，如果用定长码来表示，则总码长为 $L = 2 \times 10\% + 2 \times 30\% + 2 \times 60\% = 2$，如果采用另外一种编码方式，用不定长码表示 3 个符号，具体为 10、11、0，那么表示同样的信息，总码长 $L = 2 \times 10\% + 2 \times 30\% + 1 \times 60\% = 1.4$，显然比定长码的总码长要短。

对于上述例子中最简单的 3 个信源符号，可以通过直观方式来设定 3 个变长编码，但是这样的变长编码方式在众多编码方案中是否最优？并且对于多信源符号系统，显然用直观方式进行编码是不够的，必须采用准确的方式来生成变长编码。霍夫曼编码就是一种典型的生成变长编码的方法。

霍夫曼编码由霍夫曼（Huffman）于 1962 年提出，表 9-1 是霍夫曼编码的过程，首先把所有信源符号按照概率降序进行排列，并对概率最小的两个信源编码为"1""0"，然后把编码后的信源概率合并，作为一个新的信源符号概率，与上一步骤中未被编码的信源的概率重新进行降序排列，然后还是对概率最小的两个信源编码为"1""0"，重复此步骤直至所有概率的信源都被编码；当所有概率的信源（包括合并信源）按照"1""0"方式编码完成后，按照从后向前的顺序把每个"1""0"码按照其路径溯源至信源，溯源过程中遇见未曾编码的列需要跳过，溯源至信源后可以生成此信源的霍夫曼编码，从示例中第 5 次编码的"1"开始，$1(5, 0.55) - 1(4, 0.30) - 1(2, 0.15) - a_4$，则 a_4 的霍夫曼编码为 111，其中 $1(5, 0.55)$ 表示第 5 次编码中概率 0.55 的码为 1，再看另一路编码，$1(5, 0.55) - 1(4, 0.30) - 0(2, 0.15) - 1(1, 0.1) - a_5$，则 a_5 的霍夫曼编码为 1101，其他同理，完成所有溯源即完成了所有信源的霍夫曼编码。

表 9-1　霍夫曼编码的过程

次数	1		2		3		4		5		综合	
信源	概率	编码	概率	编码	概率	编码	概率	编码	概率	编码	概率	编码
									0.55	1	1	
							0.45		0.45	0		
					0.30		0.30	1				
a_1	0.25		0.25		0.25		0.25	0				10
a_2	0.25		0.25		0.25	1						01
a_3	0.20		0.20		0.20	0						00
a_4	0.15		0.15	1								111
a_5	0.10	1	0.15									1101
a_6	0.05	0		0								1100

其他的变长编码主要包括算数编码、位平面编码、游程编码等。

9.2.2　预测编码

预测编码指编码时不直接对图像值进行编码，而是对实际值与它的预测值之间的差值进行编码，如差分脉冲编码调制（DPCM）。

首先设定符号 $S1$ 表示输入信号的符号，再设置符号 $S2$ 和 $S3$ 分别表示对 $S1$ 的重建信号和预测信号，按照预测编码定义，传输的是实际值与预测值的差，那么定义

$$S3_N = \sum_{i=1}^{N-1} a_i S2_i \qquad (9.8)$$

式中，下标 N 表示输入的顺序，预测信号 $S3$ 由已知的前序信号经过预测器产生，$\{a_i\}$ 是预测系数，那么待传送的值为

$$e1 = S1 - S3 \qquad (9.9)$$

虽然在发送端也可以用真实信号 $S1$ 通过式（9.8）来预测 $S3$，但是由于接收端没有真实信号 $S1$，为了保证收发端具有相同的过程，因此发送端也要用重建信号 $S2$ 来预测 $S3$。

图 9-1 是预测编码收发的全过程，在发送端产生 $e1$ 后，经过量化器得到 $e1'$，$e1'$ 经过信道编码器编码、信道传输后被接收端接收，接收端用 $e1'$ 与预测信号 $S3$ 合成输出 $S2 = S3 + e1'$。当不考虑量化误差时，$e1' = e1$，此时 $S2 = S1$；当量化误差存在时，量化误差

$$eN = e1' - e1 \qquad (9.10)$$

此时

$$S2 = e1' + S3 = eN + e1 + S3 = eN + S1 \qquad (9.11)$$

显然量化误差引起了重建信号的误差，大小和量化误差相等，而量化误差在实际系统中是不能被忽略的。

　　用 9.2.1 节中的方法分析 3 个符号的信源编码的实施过程，如果全部用 2 位二进制码来表示信源，则传递一个符号就需要 2 位二进制码，而差分后，出现的符号很大比例可能为 0（这是符合一般景物图像规律的），则再使用霍夫曼等变长编码后，传输信号量会大幅度减少。

　　量化器和预测器是 DPCM 的关键，其二者互相作用，最小均方误差预测器、量化器、自适应预测器、量化器和基于视觉的 DPCM 优化是较常用的方法。

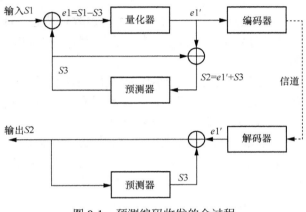

图 9-1　预测编码收发的全过程

9.2.3　变换编码

　　变换编码的基本思想是将欧氏空间描述的图像二维矩阵变换到其他的正交向量空间进行描述，如果所选的正交向量空间的基本向量与图像的特征向量接近，那么图像的表示将极其简单，图 9-2 所示是一个数字二维矩阵及其离散余弦变换结果（离散余弦变换公式见 8.4 节），其中数字二维矩阵可以看作一幅图像的数值表示，离散余弦变换后的矩阵虽然规模大小没有变，但是能量都集中在左上角区域，因此可以用霍夫曼编码等方式减小数据量。对图像的正交分解原理上都可以用来进行变换编码。

79	77	78	67	61	66	58	47
77	75	76	66	59	64	56	45
75	73	74	64	58	62	54	43
74	72	73	63	58	62	53	42
72	70	72	61	56	59	51	40
69	67	68	58	52	56	48	37
68	65	67	56	50	54	47	35
68	66	67	56	50	55	47	36

484	78	−10	11	−24	9	10	0
32	0	0	0	0	0	0	−1
0	0	2	0	−1	1	0	−1
0	0	0	0	0	0	0	0
5	0	0	0	0	−1	0	0
0	0	0	0	0	0	0	0
0	0	0	0	0	0	0	0
0	0	0	0	0	0	0	1

图 9-2　数字二维矩阵及其离散余弦变换结果

9.2.4 子带编码

子带编码的核心思想是把图像在频率域内分解成若干子带，然后对每个子带用一个与其统计特性适合的编码方案进行数据编码压缩，解码时将各子带信息综合成重建图像。

子带编码主要有 3 项优势，具体如下。

① 发生误码时，影响域仅局限在该子带内，不会扩散到其他子带。由于进行了分离，可以针对某个子带的具体统计特征，选择合适的编码方案，对不同的子带选择不同的编码方案，保证各个子带的编解码精度。

② 可以按照人眼视觉特性进行倾向性编码，把编码噪声的影响局限在人眼对不同频带噪声的敏感程度内，从而提高图像的直观质量。与不划分子带的直接离散余弦变换编码方案相比，在相同码率条件下，子带编码的质量要略高。

③ 通过子带分裂，各子带的采样频率得以下降，资源处理需求降低；且经过子带分裂后，高频子带携带了图像的主要信息，如果信道予以优先传送，则接收方首先得到图像的全图概貌，再通过后续发送增强细节，便于提高图像交流时效。

典型的子带编码方案为小波变换编码。

9.2.5 其他编码

图像压缩技术种类繁多，还有模型基编码、矢量量化编码、分形图像压缩编码等，这里不再详细介绍。

9.3 图像压缩标准

为了应用方便，制定一套从业者需要遵守的技术规范是必要且必须的，这样可以保证遵守同一技术标准的软硬件、数据能够互认互通互用。下面介绍几种目前主流应用的图像和视频压缩标准。

9.3.1 JPEG/JPEG2000 格式

JPEG 是联合图像专家组的英文首字母缩写，JPEG 成立于 1986 年。JPEG 标准的正式名称为"信息技术连续色调静止图像的数字压缩编码"，是一种用于连续色调静态图像的压缩标准，于 1992 年正式通过，是第一个国际图像压缩标准，文件后缀名为.jpg 或.jpeg。JPEG 是一种有损压缩格式，能够将图像压缩到很小，其压缩比通常在 10:1 到 40:1 之间，这在一定程度上会造成图像数据的损伤。

JPEG 格式可分为标准 JPEG、渐进式 JPEG 及 JPEG2000 这 3 种格式。

① 标准 JPEG 格式。此类型在网页下载时只能由上而下依序显示图像，直到图像资料全部下载完毕，才能看到图像全貌。

② 渐进式 JPEG。此类型在网页下载时，先呈现出图像的粗略外观后，再慢慢地呈现出完整的内容，而且存成渐进式 JPEG 格式的文档所占存储空间比存成标准 JPEG 格式的文档要小，所以如果要在网页上使用图像，可以多用这种格式。

③ JPEG2000。JPEG2000 是新一代的图像压缩法，压缩品质更高，并可解决在无线传输时信号不稳造成的马赛克现象及位置错乱的问题，提高传输的品质。

JPEG 算法共包含 4 种运行模式，其中一种是基于 DPCM 的无损压缩算法，另外 3 种是基于离散余弦变换的有损压缩算法。其要点如下。

① 无损压缩编码模式。采用预测法和霍夫曼编码（或算术编码）以保证重建图像与原图像完全相同（设均方误差为零），无失真。

② 基于离散余弦变换的顺序编码模式。根据离散余弦变换原理，按从上到下、从左到右的顺序对图像数据进行压缩编码。当信息传送到接收端时，首先按照上述规律进行解码，从而还原图像。在此过程中存在信息丢失，因此是一种有损图像压缩编码。

③ 基于离散余弦变换的累进编码模式。也是以离散余弦变换为基础的，但是其扫描过程不同。它通过多次扫描的方法对一幅图像进行数据压缩。其描述过程采取由粗到细逐步累加的方式进行。图像还原时，在屏幕上首先看到的是图像的大致情况，而后逐步地细化，直到全部还原出来为止。

④ 基于离散余弦变换的渐进编码模式。这种编码模式与基于离散余弦变换的顺序编码模式类似，但在图像数据的扫描和压缩过程中，它采用了一种不同的策略。基于离散余弦变换的渐进编码模式通过将图像数据分解成多个频带，并逐步对这些频带进行压缩和传输，从粗到细地渲染图像。在压缩过程中，首先对图像进行一次全局的离散余弦变换，然后将频率系数分成多个子频带，通常按照空间分辨率逐渐减小的方式进行划分。接收端根据接收到的数据，首先对低频部分进行解码和显示，此时图像呈现出大致的轮廓和主要特征。随着数据的继续传输，解码和显示逐渐细化，直到达到最高的空间分辨率，完整呈现原始图像。

JPEG 采用离散余弦变换将图像压缩为 8×8 的小块，然后依次放入文件中，这种算法靠丢弃频率信息实现压缩，因而图像的压缩率越高，频率信息被丢弃得越多，在极端情况下，JPEG 图像只保留了反映概貌的基本信息，图像的精细细节都损失了，为此，制定了新一代静止图像压缩标准 JPEG2000。JPEG2000 与传统 JPEG 最大的不同在于，它放弃了 JPEG 所采用的以离散余弦变换为主的区块编码方式，而采用以小波变换为主的多解析编码方式，其主要目的是将影像的频率成分抽取出来。小波变换可以将一幅图像作为一个整行进行变换和编码，很好地保存了图像信息中的相关性，达到了更好的压缩编码效果。其特点如下。

① 高压缩率。由于在离散小波变换算法中图像可以转换成一系列可更加有效存储像素模块的"小波"，因此，JPEG2000 格式的图片压缩比可在现在的 JPEG 基础上再提高 10%～30%，而且压缩后的图像显得更加细腻平滑，这一特征在互联网和遥感等图像传输领域有着广泛的应用。

② 无损压缩和有损压缩。JPEG2000 提供无损压缩和有损压缩两种压缩方式，无损压缩在许多领域是必需的，例如医学图像和档案图像等对图像质量要求比较高的情况。同时 JPEG2000 提供的是嵌入式码流，允许从有损压缩到无损压缩的渐进解压。

③ 渐进传输。现在网络上的 JPEG 图像下载时是按"块"传输的，因此只能逐行显示，而采用 JPEG2000 格式的图像支持渐进传输，先传输图像轮廓数据，然后再逐步传输其他

数据来不断提高图像质量。互联网、打印机和图像文档是这一特性的主要应用场合。

④ 感兴趣区域压缩。这一特征允许用户在图片上定义感兴趣区域，然后在压缩时对这些区域指定压缩质量，或在恢复时指定某些区域的解压缩要求。这是因为小波变换在空间域和频率域上具有局域性，要完全恢复图像中的某个局部，并不需要所有编码都被精确保留，只要对应它的一部分编码没有误差就可以，这样可以很方便地突出重点。

⑤ 码流的随机访问和处理。这一特征允许用户在图像中随机地定义感兴趣区域，使得这一区域的图像质量高于其他图像区域，码流的随机处理允许用户对感兴趣区域进行旋转、移动、滤波和特征提取等操作。

⑥ 容错性。JPEG2000 在码流中提供了容错措施，在无线传输等误码很高的通信信道中传输图像必须采取容错措施才能达到一定的重建质量。

⑦ 基于内容的描述。图像文档、图像索引和搜索是图像处理中一个重要的领域，MPEG-7 就是支持用户对其感兴趣的各种"资料"进行快速、有效检索的一个国际标准，基于内容的描述在 JPEG2000 中是压缩系统的特性之一。

9.3.2 GIF 格式

GIF 的全称为图形交换格式，该格式是由 Compu Serve 公司在 1987 年为了填补跨平台图像格式的空白而发展起来的，其图像文件的扩展名是.gif。GIF 采用的是 Lempel-Zev-Welch（LZW）压缩算法，最高支持 256 种颜色。由于这种特性，GIF 比较适用于色彩较少的图片，如卡通造型、公司标志等。

GIF 具有 GIF87a 和 GIF89a 两个版本。GIF87a 版本是 1987 年推出的，一个文件存储一个图像，严格不支持透明像素；GIF87a 采用 LZW 压缩算法，它能够在保证图像质量的前提下将图像尺寸压缩 20%～25%。GIF89a 版本是 1989 年推出的很有特色的版本，该版本允许一个文件存储多个图像，可实现动画功能，允许某些像素透明。在这个版本中，GIF 文档扩充了图形控制区块、备注、说明、应用程序编程接口 4 个区块，并提供对透明色和多帧动画的支持。

GIF 格式的图像文件结构由文件头、逻辑屏幕描述区、调色板数据区、图像数据区、结束标志区组成。文件头是一个带有识别 GIF 格式数据流的数据块，用于区分早期版本和新版本。逻辑屏幕描述区定义了与图像数据相关的图像平面尺寸、彩色深度，并指明后面的调色板数据区属于全局调色板还是局部调色板，若使用的是全局调色板，则生成一个 24bit 的 RGB 全局调色板，其中一个基色占用一个字节。调色板数据区分为全局调色板和局部调色板，其中全局调色板适于文件中所有图像，局部调色板只适于某一个图像。图像数据区的内容有两类，一类是纯粹的图像数据，另一类是用于特殊目的的数据块（包含专用应用程序代码和不可打印的注释信息）。在 GIF89a 格式的图像文件中，如果一个文件中包含多个图像，图像数据区将依次重复数据块序列。结束标志区的作用主要是标记整个数据流的结束。

9.3.3 TIFF 格式

TIFF 的全称为标签图像文件格式，是一种灵活的位图格式，最初由 Aldus 公司与微软公司一起为 PostScript 打印开发，是目前图形图像处理中常用的格式之一。其图像格式很复杂，但由于它对图像信息的存放灵活多变，可以支持很多色彩系统，而且独立于操作系统，因此它得到了广泛应用，与 JPEG 和 PNG 一起成为流行的高位彩色图像格式。

TIFF 最初的设计目的是使 20 世纪 80 年代中期桌面扫描仪厂商达成一个公用的统一的扫描图像文件格式，而不是每个厂商使用自己专有的格式。在刚开始的时候，TIFF 只是一个二值图像格式，因为当时的桌面扫描仪只能处理这种格式，随着扫描仪的功能越来越强大，并且计算机的磁盘空间越来越大，TIFF 逐渐支持灰阶图像和彩色图像。

TIFF 文件以.tif 为扩展名，其结构由文件头信息区、图像文件目录和图像数据区 3 部分组成。

① 文件头信息区：在每一个 TIFF 文件中第 1 个数据结构被称为图像文件头（IFH），它位于文件的开始部分，包含了正确解释 TIFF 文件的其他部分所需的必要信息。

② 图像文件目录：图像文件目录（IFD）是 TIFF 文件中第 2 个数据结构，它是一个名为标记（tag）的用于区分一个或多个可变长度数据块的表，标记中包含了与图像有关的所有信息。IFD 提供了一系列的指针（索引），这些指针告诉我们各种有关的数据字段在文件中的开始位置，并给出每个字段的数据类型及长度。这种方法允许数据字段定位在文件的任何地方，且可以是任意长度，因此文件格式十分灵活。

③ 图像数据区：根据 IFD 所指向的地址，存储相关的图像信息。

TIFF 是一种灵活、适应性强的文件格式，在文件头中包含"标签"使之能够在一个文件中处理多幅图像和数据，标签能够标明图像的基本几何尺寸、图像数据的排列方式、使用的图像压缩选项；并且，在各种地理信息系统、摄影测量与遥感等应用中，要求图像具有地理编码信息，如图像所在的坐标系、比例尺、图像上点的坐标、经纬度、长度单位及角度单位等。TIFF 可以包含 JPEG 和行程长度编码压缩的图像，也可以包含基于矢量的裁剪区域（剪切或者构成主体图像的轮廓）。与 JPEG 不同，TIFF 可以编辑然后重新存储而不会有压缩损失，使用无损格式存储图像的能力使 TIFF 文件成为图像存档的有效方法。

9.3.4　PNG 格式

PNG 是一种采用无损压缩算法的位图格式，增加了一些 GIF 文件格式所不具备的特性。无损压缩 PNG 文件采用 LZ77 算法的派生算法进行压缩，其结果是获得高的压缩比，不损失数据。它利用特殊的编码方法标记重复出现的数据，因而对图像的颜色没有影响，也不可能产生颜色的损失，这样就可以重复保存而不降低图像质量。

PNG 图像格式的文件（或者称为数据流）由一个 8 字节的 PNG 文件署名和按照特定结构组织的 3 个以上的数据块组成。PNG 定义了两种类型的数据块，一种是关键数据块，这是必需的数据块；另一种叫作辅助数据块，这是可选的数据块。关键数据块定义了 4 个标准数据块，每个 PNG 文件必须包含它们，PNG 读写软件也必须要支持这些数据块。虽然 PNG 文件规范没有要求 PNG 编译码器对可选数据块进行编码和译码，但规范提倡支持可选数据块。每个数据块都由以下 4 个域组成。

① 长度：一个 4 字节的无符号整数，给出数据块的数据字段的长度（以字节计）。长度只计算数据域，为了兼容一些不支持无符号的语言，将长度限制在（231–1）字节，不能

达到（232−1）字节。

② 数据块类型码：一个 4 字节的块类型代码。 为了便于描述和检查 PNG 文件，类型代码仅限于大写和小写的 ASCII 字母（A~Z 和 a~z，使用十进制 ASCII 代码表示为 65~90 和 97~122）。 然而，编码器和解码器必须把代码作为固定的二进制值而非字符串来处理。

③ 数据域。存储按照数据块类型码指定的数据（如果有）。该字段长度可以为零。

④ 循环冗余检测：一个 4 字节的循环冗余校验（CRC）计算，在所述块的前面的字节，包括该块类型的代码和数据块的数据字段，但是不包括长度字段。CRC 始终存在，即使不包含数据块。

PNG 格式有 8 位、24 位、32 位 3 种形式。PNG8 和 PNG24 后面的数字则代表这种 PNG 格式最多可以索引和存储的颜色值。PNG8 代表 2 的 8 次方，也就是 256 色；而 PNG24 则代表 2 的 24 次方，有 1600 多万色。其中 8 位 PNG 支持两种不同的透明形式（索引透明和 Alpha 透明），24 位 PNG 不支持透明，32 位 PNG 在 24 位基础上增加了 8 位透明通道，因此可展现 256 级透明程度。

PNG8 格式的索引颜色模式与 GIF 图像类似，同样采用 8 位调色板将 RGB 颜色模式图像转换为索引颜色模式图像。图像中保存的不再是各个像素的颜色信息，而是从图像中挑选出来的具有代表性的颜色编号，每一编号对应一种颜色，图像的数据量也会因此减少，这对彩色图像的传播非常有利。更优化的网络传输显示，PNG 图像文件在浏览器上采用流式浏览，即经过交错处理的图像会在完全下载之前提供浏览者一个基本的图像内容，然后逐渐清晰起来。它允许连续读出和写入图像数据，这个特性很适合在通信过程中显示和生成图像。支持透明效果的 PNG 可以为原图像定义 256 个透明层次，使得彩色图像的边缘能与任何背景平滑地融合，从而彻底地消除锯齿边缘。这种功能是 GIF 和 JPEG 所没有的。

9.3.5　CCSDS 压缩标准

CCSDS 是空间数据系统协商委员会建议的简称，它推荐了一系列星载图像压缩算法，用来减轻卫星探测过程的数据存储和传输压力，以便卫星能够发挥最大探测能力，下面进行详细介绍。

由于服务的是卫星遥感影像系统，因此除图像压缩方面必须考虑的科学和技术问题外，还要考虑卫星应用的约束，如非完整帧图像的压缩、处理多位深图像（要求 4~16bit）、处理速度和功耗的限制以及丢包引起的影响域等问题。

CCSDS 于 2005 年 11 月发布了图像数据压缩算法 CCSDS 122.0-B-1 版本。该算法是一种基于小波变换的图像压缩算法，既能实现有损压缩又能实现无损压缩。该版本 CCSDS 图像压缩算法由两个部分组成，即离散小波变换（DWT）和位平面编码（BPE），其中 DWT 实现对图像的正交分解，而 BPE 实现数据量的压缩。

1．小波变换

CCSDS 对图像进行三层两维的小波变换，变换后产生具有 10 个子带的系数矩阵，其中第 3 层分解图像的 LL 分量是图像的低频分量，称为直流系数；其余 9 个子带称为交流系数。小波变换具体内容参考 8.3 节。CCSDS 采用两种小波变换方式，即整数小波变换和浮点小波变换，其中整数小波变换支持无损压缩，它所产生的变换结果都是整数，不需要经过量化过程可直接编码；浮点小波变换实现的则是有损压缩。

2. 数据分段

图像经过 DWT 后，在进行 BPE 之前需要先经过分段处理，分段操作在变换域中进行，过程是选择图像空间域的同一个区域的小波系数。经过三层小波变换后的小波系数，在 10 个子带中抽取 64 个系数，参考图 5-5，这 64 个系数分别是子带 LL3、HL3、LH3、HH3 中各取 1 个系数；子带 HL2、LH2、HH2 中各取 4 个系数；HL1、LH1、HH1 中各取 16 个系数，这 64 个系数对应同一空间区域，构成了最小的编码单位"数据块"。在 CCSDS 图像压缩算法中，将若干个"数据块"定义为一个"数据段"，编码过程以一个"数据段"为单位独立进行，构成"数据段的"数据块规模。CCSDS 标准规定，在一幅图像中除了末段，其余"数据段"的规模取值范围是 $[16, 2^{20}]$，末段数据块的规模取值范围是 $[1, 2^{20}]$。

CCSDS 图像压缩算法主要针对卫星数据传输，采用分段体制是考虑了卫星图像处理和传输的实际情况的必要手段，具体的优势如下。

（1）减小硬件压力

目前在轨卫星的数据处理芯片一般要求是宇航级器件，总体来说规模和性能远远不如地面图像处理的软硬件资源。CCSDS 图像压缩算法采用分段技术可以有效降低压缩系统对内存的需求，有利于高效利用内存，在定义了"数据段"规模后，采用 CCSDS 图像压缩算法的硬件压缩系统对内存的需求（不考虑中间变量）就是"数据段"的大小，而不需要对整幅图像进行存取。

（2）限制误码影响范围

星地传输链路受到的干扰因素比较多，会偶发数据破坏或数据丢失等问题，通过分段技术可以较好地解决这个问题。分段是把小波变换后的系数分割成若干数据段，然后分别对每个数据段进行独立编码压缩，对应的是将空间域图像分割成若干个区域块，这样数据要传输和解压都是针对一个空间区域块来进行，发生误码时的错误也仅限于该空间区域块内，对全幅图像的其他部分没有影响，起到了限制误码影响范围的作用。

3. 数据编码

CCSDS 图像压缩算法的编码分 3 个步骤进行，即直流系数初始编码、交流系数比特深度编码和交流系数位平面编码。

图像数据在经过 3 层二维的小波变换后，能量大多集中在子带 LL3（直流系数）。子带层数越低，能量越少，HL1、LH1、HH1 这 3 个子带的值集中在 0 的附近，其中 HH1 幅度最小。直流系数和交流系数数值相差悬殊，如果用统一的 BPE 方式，对于交流系数而言将浪费许多的位平面。CCSDS 图像压缩算法建议在进行 BPE 之前，首先对直流系数进行初始编码，直流系数初始编码的过程分两步完成，即直流系数量化处理与直流系数差分 Rice 编码。

这里的直流系数量化处理，与我们一般认为的压缩处理过程中的量化器的作用不同。一般压缩处理过程中的量化器的作用是对系数进行编码前的取整工作，而 CCSDS 图像压缩算法在直流系数处理过程中的量化作用的实质是对直流系数分两部分进行处理的过程。这里假设用来表达直流系数值的比特个数是 BitDepthDC，表达交流系数值的比特个数是 BitDepthAC。直流系数量化处理过程就是先获取直流系数值中的前 BitDepthDC－BitDepthAC/2 个比特的数据进行处理，直流系数值中其余比特的数据将与交流系数一起进行位平面编码。所以这里的量化操作不会引起图像信息的损失。

在完成直流系数的量化操作后，先将序列中的第一个值保留下来作为参考样本，然后对直流系数序列求差分，并计算其非负整数映射，最后对差分映射序列进行 Rice 编码。交流系数比特深度编码是对该"数据段"中每个"数据块"的交流系数比特深度进行编码，编码采用与直流系数初始编码相同的方法——Rice 算法。

CCSDS 图像压缩算法编码过程的最后一步是交流系数位平面编码，这个步骤需要将直流系数的剩余比特和所有交流系数一起按高位到低位的顺序，逐个平面地完成编码。编码数据的排列次序是同一个位平面的低频到高频，因此对图像重建贡献最大的数据排在最前方，贡献越小的数据排在越后面，越到后面越是图像的精细细节。CCSDS 图像压缩算法通过这样的排序实现了数据的"渐进压缩"，也就是压缩数据量越大，重建图像越清晰，用户也可以通过"截止"操作来控制图像质量与压缩比之间的关系。

第10章

图像复原

从前面所述内容知道，遥感图像的效果受到成像仪器的性能影响，与仪器的光学、电子以及成像条件等都有关系，因此一言以蔽之，光学成像是对目标的降质采样。

从空间频率的角度来说，相较于成像系统，自然目标的空间频率可以看作无限大，成像系统是一个低通滤波器，自然目标经过滤波器以后信息有所丢失，造成了图像"失真"，从拍摄图像中复原得到无失真图像是图像处理的重要方向，这就是图像复原。

10.1 图像退化/复原模型

所谓的"退化"指的是拍摄的图像与真实景物目标有差别，因此从遥感成像的角度来正向理解图像退化，就是成像过程带来的信息失真。

10.1.1 退化/复原模型

把自然景物目标表示为关于方位坐标 (x, y) 的数学函数 $f(x, y)$，成像系统对自然目标拍摄得到的图像表示为 $g(x, y)$，图像采集系统 H 所有的结构因素和拍摄环境造成的成像总效果函数用 $h(x, y)$ 来表示，那么这一过程可以表示为

$$g(x, y) = f(x, y) * h(x, y) + \eta(x, y) \tag{10.1}$$

式中，$h(x, y)$ 被称作图像采集系统 H 的退化函数，$\eta(x, y)$ 是系统的加性噪声，$*$ 表示卷积。

根据傅里叶变换性质，图像空间域上的卷积等于频率域的乘积，因此对式（10.1）进行傅里叶变换，得到

$$G(u, v) = H(u, v) \cdot F(u, v) + N(u, v) \tag{10.2}$$

式中，$G(u, v)$、$F(u, v)$、$H(u, v)$、$N(u, v)$ 分别是 $g(x, y)$、$f(x, y)$、$h(x, y)$、$\eta(x, y)$ 的傅里叶变换。

式（10.1）和式（10.2）分别是空间域和频率域的图像退化模型，也是图像复原的基础公式。结合前文讲解的仪器结构和图像获取环境，退化函数 $h(x, y)$ 和噪声 $\eta(x, y)$ 的影响因素包含了遥感仪器性能的各个方面，以及辐射传输路径对辐射的衰减、增强或者模糊。

变换式（10.2）得到

$$\hat{F}(u,v) = \frac{G(u,v) - N(u,v)}{H(u,v)} \tag{10.3}$$

式中，$\hat{F}(u,v)$ 是原始图像的估计频谱。

这里首先阐明一个问题，本章讲解的图像复原和下一章讲解的图像增强在具体的技术层面有交叉的部分，因此可能会在某一章中对技术展开讲解，另一章中则仅进行流程和原理性分析。图像复原和图像增强二者存在的主要差别如下，图像复原的目的是对图像退化过程进行客观还原，得到不失真的图像；而图像增强主要是一个主观的过程，获得满足人眼观察需求的图像显示效果。

10.1.2　退化模型参数估计

从图像复原的角度来讲，通常用 3 种方法来估计退化函数，分别为观察法、试验法、数学建模法。

观察法是指选取真实图像的部分区域，为了更好地分析图像特征，往往选择简单结构的区域，然后根据先验知识构建该简单结构区域的真实景物特征，用式（10.4）来估计退化模型。

$$H(u,v) = \frac{G_s(u,v)}{F_s(u,v)} \tag{10.4}$$

试验法是指模拟一套与真实成像系统类似的装置，试验调节模拟装置的参数，使之与真实系统获取接近的图像，然后利用模拟装置对理想点脉冲的退化通过式（10.5）求出系统响应。

$$H(u,v) = \frac{G_s(u,v)}{A} \tag{10.5}$$

数学建模法指利用既有的图像退化模型来获得系统 $H(u,v)$，如 Hufnagel 和 Stanley 提出的大气湍流退化模型。

$$H(u,v) = \mathrm{e}^{-k(u^2+v^2)^{\frac{5}{6}}} \tag{10.6}$$

以上方法在图像复原领域应用都比较成熟，本书从加强理解遥感图像的角度再深入讨论一下图像退化模型与成像系统的关系。实际的成像系统是线性移不变的，其退化函数 $h(x,y)$ 是系统的点扩散函数，即一个理想点源经过成像系统后的扩散（模糊）程度，在 3.2.3 节中，讨论过用弥散斑和 MTF 可以表征光学系统的空间分辨能力，其中弥散斑为光学系统的点扩散函数，注意，3.2.3 节中的光学系统指狭义的光学系统，实际上从应用角度更关心的是系统点扩散函数和系统 MTF，系统 MTF 又是组件 MTF 的连续乘积结果，见式（3.18）；点扩散函数和 MTF 又构成了傅里叶变换关系，MTF 测试在遥感领域是相对经典的操作，有比较成熟的方法。

可见，图像质量最终受限于仪器结构、性能和成像环境影响，充分了解成像过程的物理本质，有助于理解图像退化函数的构成和形式。

10.2　噪声模型

沿用前节系统点扩散函数的思路讨论图像噪声，点扩散函数导致系统输出的图像质量退化，与实际成像仪器中的光学、机械和数字信号处理电路以及成像环境有密不可分的关系，点扩散函数即式（10.1）中的 $h(x, y)$ 和式（10.2）中的 $H(x, y)$，那么式（10.1）中的加性噪声项 $\eta(x, y)$，在物理上又与什么相关呢？显然，仍然与实际成像仪器中的光学、机械和数字信号处理电路以及成像环境有密不可分的关系，参考第 4 章中对仪器结构的讲解，数字图像的噪声主要来自图像的获取和传输过程，如传感元器件自身的随机噪声、AD 量化以及传输中的信道干扰，或者有损压缩等，都可以产生图像噪声。

同样地，充分了解成像过程的物理本质，有助于理解图像噪声的构成和形式。图像噪声的来源极其复杂，表现出的图像噪声特性也很复杂，通常来说，图像噪声中的一类重要噪声是白噪声，白噪声的傅里叶谱是常量。

10.2.1　噪声的概率密度函数

对于白噪声来说，噪声分量灰度值的统计特性是非常重要的描述符。噪声统计特性被认为是由概率密度函数（PDF）表示的随机变量，这些 PDF 为模型化宽带噪声干扰状态提供了有用的工具。结合本书 3.2 节，本节就图像处理中常见的一些 PDF 进行介绍。源于电子电路噪声和由低照明度或高温带来的传感器噪声往往导致图像中产生高斯噪声；指数概率密度分布在激光成像中经常得到应用；瑞利概率密度分布易于特征化图像范围内的噪声；脉冲噪声主要表现为图像中出现了异常的偶发能量值，如卫星遥感中存在太空粒子诱发的脉冲噪声。

1. 均匀分布噪声

均匀分布噪声的概率密度函数为

$$p(x) = \begin{cases} \dfrac{1}{b-a}, & a \leqslant x \leqslant b \\ 0, & \text{其他} \end{cases} \tag{10.7}$$

2. 高斯分布噪声

高斯分布噪声的概率密度函数为

$$p(x) = \frac{1}{\sqrt{2\pi}\sigma} \exp\left[-\frac{(x-\mu)^2}{2\sigma^2}\right] \tag{10.8}$$

3. 瑞利分布噪声

瑞利分布噪声的概率密度函数为

$$p(x) = \begin{cases} \dfrac{2}{b}(x-a)\mathrm{e}^{-\frac{(x-a)^2}{b}}, & x \geqslant a \\ 0, & x < a \end{cases} \tag{10.9}$$

4. 指数分布噪声

指数分布噪声的概率密度函数是当 $b=1$ 时爱尔兰概率分布的特殊情况。

$$p(x) = \begin{cases} a\mathrm{e}^{-ax}, x \geq 0 \\ 0, x < 0 \end{cases} \tag{10.10}$$

5. 脉冲噪声（椒盐噪声）

脉冲噪声图像上的、不同于目标亮度的黑点和白点，其中正脉冲噪声为白点，负脉冲噪声为黑点，如果仅有白点或者黑点则称为单极脉冲噪声，若黑点和白点的数量大致相等，则脉冲噪声的形式像极了均匀分布在图像上的胡椒和盐粉微粒，因此也称为椒盐噪声；也可称为散粒和尖峰噪声。

脉冲噪声的概率密度函数为

$$p(x) = \begin{cases} P_i, x = i, i \in [1, K] \\ 0, \text{其他} \end{cases} \tag{10.11}$$

6. 周期噪声

在一幅图像中，周期噪声是指空间域内固定间隔出现的干扰，是一种空间依赖型噪声，图像中出现的周期噪声往往是由电力或机电干扰产生的，如图像采集设备受到交流市电的影响，出现频率为 50Hz 的干扰噪声。如果在空间域上，正弦波的振幅足够强，会在图像谱中看到对应图像中每个正弦波的脉冲对，因此通过频率域滤波可以显著地减少周期噪声。

10.2.2 噪声参数的估计

噪声参数是了解一幅图像的特性进而进行有效噪声抑制的基础，由于噪声来自采集设备，因此噪声 PDF 参数在一些商品化的传感器说明书中会提供，然而当仅有图像时，也需要通过合适的方法来进行噪声参数估计。典型的周期噪声参数可以通过检测图像的傅里叶频谱来估计，10.2.1 节提到，周期噪声趋向产生频率尖峰，这些尖峰有时强烈到通过视觉分析都可以检测到；如果周期噪声是明显的、简单的，那么也可以直接从图像中推断噪声分量的周期性。

回顾噪声的定义，是成像仪器观测时随机的起伏，那么显然面对自然起伏的目标，是难以从中获得噪声参数的，因此通常从图像中挑选较为"平坦"的局部环境的图像，作为噪声参数分析的区域，由于目标本身是恒定灰度值的，所以认为起伏表达的是噪声特性；遥感仪器观测黑体和漫反射板等恒定目标的数据，能够很好地分析遥感图像噪声。

在获得平坦目标的观测图像后，利用样本进行统计。

$$\mu = \sum_{i \in s} x_i P(x_i) \tag{10.12}$$

$$\delta^2 = \sum_{i \in s} (x_i - \mu)^2 P(x_i) \tag{10.13}$$

式中，x_i 是像素的灰度值，$P(x_i)$ 表示 x_i 对应的归一化直方图值。

μ 和 δ^2 从统计角度描述了噪声分布，但是噪声类型不同，显然其分布形式也不一样，从样本图像的直方图形状能够看出最接近的 PDF 匹配，如果其形状近似高斯分布，那么均值和方差正是所需要的，因为高斯分布噪声的 PDF 可以通过这两个参数完全确定下来；对于其他类型的噪声，用均值和方差可以继续解出参数 a 和 b，如均匀分布的噪声满足式（10.14）和式（10.15）。

$$\mu = \frac{a+b}{2} \tag{10.14}$$

$$\delta^2 = \frac{(b-a)^2}{12} \tag{10.15}$$

瑞利分布的噪声满足

$$\mu = a + \sqrt{\frac{\pi b}{4}} \tag{10.16}$$

$$\delta^2 = \frac{b(4-\pi)}{4} \tag{10.17}$$

指数分布的噪声满足

$$\mu = \frac{1}{a} \tag{10.18}$$

$$\delta^2 = \frac{1}{a^2} \tag{10.19}$$

10.3 图像噪声抑制

对于仅存在加性噪声的图像，图像复原的最朴素方法就是进行噪声抑制，由于图像复原和图像增强在滤波操作层面的相似性，本章除介绍空间域滤波和频率域滤波的基本概念外，不再展开讲解具体的滤波方法，具体的滤波方法详见 11.4 节和 11.5 节。

10.3.1 空间域滤波

图像空间域滤波指对图像的像素灰度进行直接处理的方法，二维平面图像可以看作关于空间位置的二维矩阵，把式（10.1）简化为某个具体的像素且只存在加性噪声时，图像灰度值有

$$g = f + \eta \tag{10.20}$$

式中，f 表示目标观测真值，η 表示该像素的观测噪声。如果通过某种方法，对图像进行操作，把图像观测值 g 里包含的噪声 η 消除，那么剩下的就是真值图像。但是，由于随机噪声的特性，我们只能从一幅图像或者局部图像的统计学概念来描述噪声，一般没有办法准确知道某个具体像素上的噪声值大小，需要通过噪声的分布特性来"预测"某个具体像素上的真值来达到消除噪声的目的，这一过程称为空间域滤波。

根据空间域滤波的基本思路，一般用掩模来提供空间域滤波的输出，掩模指对应到图像空间上特定大小的区域，用式（10.21）表示掩模输出真值的估计值为

$$\hat{f}(x,y) = \sum_{i=-a}^{a} \sum_{j=-b}^{b} w(i,j)g(x+i,y+j) \tag{10.21}$$

式中，$w(i,j)$ 为掩模，也可称作模板、滤波器、卷积核等；$[-a,a] [-b,b]$ 为掩模的空间范围。根据噪声抑制的需求，显然 1×1 大小的空间掩模是没有意义的，因为 1×1 大小的空间没有办法提供噪声的统计特性，因此无法达到滤波的效果，通常掩模大小取奇数，待输出点设置在掩模中心。具体的计算方法是，掩模系数与在其下的像素的乘积之和。

对于全幅图像来说，令掩模在图像上游走，对图像上每个像素按照式（10.21）进行滤波输出，得到全幅图像滤波处理后的图像。一个现实问题就是已经讨论过掩模是大于 1×1 的，那么在掩模中心位置靠近图像边缘的距离小于 1/2 个模板宽度时，掩模除覆盖到图像外，还会覆盖图像外区域，处理这个问题的方法有多种。最简单的方法就是限制掩模中心位置的范围，保证掩模不会移动到覆盖图像外空间的位置，这样处理后的图像会比原始图像小一些。另外一种办法就是在原始图像外增加拓展区域，增添新的行和列，把原始图像"包围"在中间，令掩模中心位置在原始图像全局范围内移动，掩模覆盖面积下总有图像值，待全部图像滤波处理完毕后再把拓展区域删除，这样可以得到和原始图像一样大小的滤波图像，但是由于拓展区域是假想出来的图像，其灰度分布特征和原始图像不同，所以有拓展区域参与滤波计算的原始图像区域滤波效果相对较差。还有一种办法就是在图像边缘区域改变掩模，使掩模覆盖范围朝向图像中心方向、不包含原始图像边界外的范围，这样参与运算的全部像素值均来自原始图像，但是掩模的改变也会改变滤波性能，因此变形掩模滤波得到的图像和中心区域（即采用了未变形的规定化掩模的图像区域）滤波效果还是有差别的。

这里提到了 3 种处理原始图像边缘区域空间滤波的方法，比较第 2 种和第 3 种方法，可以给我们这样的提示，图像处理工作很难找到通用化的"最佳"处理方法或者处理参数，这与待处理图像的内容、使用目的等都有关系，实际上，图像处理的关键就是利用算法细节——既包括算法流程的细节，也包括算法参数的细节——改变处理效果，在处理收益与代价之间取得平衡。

10.3.2 频率域滤波

频率域滤波的操作则发生在图像变换后的频率域，根据式（8.28），对式（10.21）进行傅里叶变换，显然有

$$\hat{F}(u,v) = W(u,v)G(u,v) \tag{10.22}$$

式中，$\hat{F}(u,v)$ 是原始图像的估计频谱，$W(u,v)$ 是空间滤波器掩模 $w(a,b)$ 的傅里叶变换，$G(u,v)$ 是观测图像的傅里叶变换。

10.4 逆滤波

10.3 节讨论的是对图像中的加性噪声进行处理的方法，本节开始讨论针对式（10.2）

中的退化函数 $H(u,v)$ 的复原，从数学角度看，式（10.2）可变换为

$$\hat{F}(u,v) = \frac{G(u,v) - N(u,v)}{H(u,v)} \qquad (10.23)$$

这里用 $\hat{F}$ 表示真实图像傅里叶变换 F 的估计值。式（10.23）似乎解决了图像复原的问题，然而我们仔细分析式（10.23）可发现，它更重要的作用是向我们展示图像复原的理论方向。即使成像系统的退化函数 $H(u,v)$ 是已知的，也有许多问题让计算过程充满了不确定性，首先要通过其他方法获得随机噪声的频谱 $N(u,v)$，才能准确获得图像的估计频谱，要么只能认为 $N(u,v)$ 比较小，对图像复原效果的影响可以接受，从而直接采用式（10.24）进行图像复原计算。

$$\hat{F}(u,v) = \frac{G(u,v)}{H(u,v)} \qquad (10.24)$$

式（10.24）称为逆滤波，是最简单的图像复原公式。还有另外一个问题必须要浮出水面，逆滤波公式计算为频谱对应点逐点相除，数学上必须保证 $H(u,v)$ 矩阵中的每个元素非零，运算才能成立，而且就算元素非零但其值很小时，虽然数学上计算公式成立，但是任何失之毫厘的微小扰动将使计算结果出现很大的误差，从而使估计值 $\hat{F}$ 和真实值 F 谬以千里。事实上，对于退化函数 $H(u,v)$ 来说，大片的零值或者微小值是经常出现的。

解决退化函数零值或者微小值的途径之一是限制滤波的频率，由于 $H(u,v)$ 的零频出现在矩阵中心，越靠近 $H(u,v)$ 矩阵的边缘频率越高，而图像能量集中在矩阵中心低频区域，整体趋势是越靠近 $H(u,v)$ 矩阵的边缘，元素值越小，所以限制滤波的频率等于限制 $H(u,v)$ 矩阵元素与零值的距离，从而保证数学计算的准确性，以及对微小扰动的抗干扰性。

10.5　维纳滤波（最小均方误差滤波）

同时考虑图像退化函数和加性噪声对真值图像的作用效果，把作用过程认为是随机过程，在此基础上找到真值图像的估计图像，满足二者之间的差别最小，即式（10.25）最小。

$$\delta = E\left\{(\hat{f} - f)^2\right\} \qquad (10.25)$$

式中，E 表示数学期望。满足式（10.25）的估计图像频率域表达式为

$$\hat{F}(u,v) = \left[\frac{1}{H(u,v)} \cdot \frac{|H(u,v)|^2}{|H(u,v)|^2 + S_\eta(u,v)/S_f(u,v)}\right]G(u,v) \qquad (10.26)$$

式中，$S_\eta(u,v)$ 和 $S_f(u,v)$ 分别为噪声功率谱和真值图像的功率谱，功率谱是频率谱的平方，详见式（8.12）。这就是维纳滤波，是 N. Wiener 于 1942 年首次提出的概念。

当式（10.26）中 $S_\eta(u,v) \equiv 0$ 时，维纳滤波退化为逆滤波。

分析式（10.26），对于确定的成像系统来说，$H(u,v)$ 是可测试得到的，噪声功率谱可通过实际图像获得，然而 $S_f(u,v)$ 往往是未知的。由图像获取过程决定，图像中叠加的噪声大多为白噪声，因此其功率谱为常数，式（10.26）也简化为

$$\hat{F}(u,v) = \left[\frac{1}{\boldsymbol{H}(u,v)} \cdot \frac{|\boldsymbol{H}(u,v)|^2}{|\boldsymbol{H}(u,v)|^2 + K} \right] G(u,v) \tag{10.27}$$

式中，K 是可以通过交互方式确定的常数，此时估计图像的视觉效果最好。

回顾 3.5.2 节中关于 MTF 的测试，MTF 是成像仪器的固有特性，二维 MTF 为理想点目标经过成像系统后在频率域的响应，即 $H(u,v)$，基于图 3-22 中在轨测试得到的 FY-2G 卫星中波红外通道的在轨实际 MTF，利用维纳滤波公式进行图像复原，效果如图 10-1 所示。

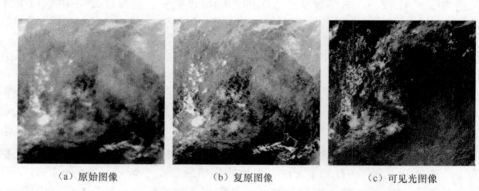

（a）原始图像　　　　　　　（b）复原图像　　　　　　　（c）可见光图像

图 10-1　FY-2G 红外图像复原效果

图 10-1 所示的是 FY-2G 中波红外复原图像（经过尺寸剪裁），图中区域是澳大利亚中南部（放大）图像，图 10-1（a）是 FY-2G 中波红外波段原始图像，图 10-1（b）是经过 MTF 复原后的图像，图 10-1（c）是同时次的高分辨率可见光图像，中波红外图像原始分辨率为 5km，可见光图像原始分辨率为 1.25km，所以可以用作高分辨率比较图像；由于观测波段不同，中波红外波段与可见光波段观测目标以及灰度特征有差异。

观察其细节，澳大利亚中南部目标类型覆盖了地球表面、云与海区等多种类型，方便比较复原方法对不同景物目标的效果。复原后的图像，从对图左部区域的云、右下部的云，以及右下部山脉与河流的细节表现能力看，边缘更加锐利，符合高分辨率图像的特征。与可见光图像相比，经过 MTF 复原的图像，整体细节分布与高分辨率的可见光图像趋向一致，证明复原操作对分辨率提高是有效且正确的，复原图像的能量空间分布向真值方向移动。

综上所述，经过目视分析，MTF 复原对中波红外波段图像的空间分辨率有提高作用。同时，利用式（10.28）、式（10.29）和式（10.30）进行定量化评价，评价结果见表 10-1。

式（10.28）是图像功率谱之和，对于固定场景来说，图像功率谱之和越大，则功率谱高频部分越多，原图像空间分辨率就越高，所以功率谱之和部分表征图像空间分辨率。

$$\mathrm{Sum}F = \sum_{u=0}^{M-1}\sum_{v=0}^{N-1} |F(u,v)|^2 \tag{10.28}$$

式（10.29）是图像平均梯度，图 10-1 实验中 G 采用索贝尔算子，图像梯度可以部分表征图像对景物细节的表现能力，图像平均梯度是指把全幅图像的梯度和平均到每个像素上，所以图像平均梯度越大，则图像中景物边缘表现得越锐利、清晰。

$$\text{TDavg} = \frac{1}{M \times N} \sum_{x=0}^{M-1} \sum_{y=0}^{N-1} \sqrt{G_x^2 + G_y^2} \tag{10.29}$$

式（10.30）是图像信息熵，信息熵是香农从热力学中引进的信息度量标准，是排除了信息冗余后的平均信息量。采用信息熵的概念评价图像质量，表达了图像中包含的信息量多少，对高频景物细节表现清晰的图像包含的信息量显然大于细节表现不清晰的图像，所以信息熵在一定程度上体现了图像对景物细节的分辨能力。

$$\text{CE} = -\sum_{i=1}^{K} p(x_i) \log\left[p(x_i) \right] \tag{10.30}$$

表 10-1　FY-2G 中波红外图像复原评价

图像平均梯度		功率谱分量和		图像信息熵	
原始图像	复原图像	原始图像	复原图像	原始图像	复原图像
48	174	$2.81 \times e^{18}$	$2.80 \times e^{18}$	8.76	8.91

10.6　有约束最小均方滤波

使用维纳滤波的先决条件是未退化图像和噪声的功率谱必须是已知的，当然可以通过与对功率谱比参数交互来得到较好的复原效果，但这主要取决于人的经验和感官，并且，维纳滤波建立在最小化统计准则的基础上，最小化统计准则意味着复原结果是平均意义上的最优，如果希望对每一幅图像都达到最佳复原效果，可以尝试本节讲解的有约束最小均方滤波。根据图像退化公式可推知

$$\|\eta\|^2 = \|g - Hf\|^2 \tag{10.31}$$

那么当实际图像的噪声 η 已知时，估计图像 $\hat{f}$ 满足式（10.27）约束则为最佳复原图像，而 η 一般能从一个给定的退化图像计算出来，这是有约束最小均方滤波一个很重要的优点。为了减小复原图像对噪声的敏感性，避免噪声引起的图像振荡，可以采用一种基于平滑度约束的最佳复原措施，这里用图像的二阶导数（"拉普拉斯变换"实现）代表图像的平滑度，那么平滑度约束函数为

$$\text{cn} = \sum_{i=0}^{M-1} \sum_{j=0}^{N-1} \left[\nabla^2 f(i,j) \right]^2 \tag{10.32}$$

有约束最小均方滤波即在式（10.28）准则下满足式（10.27）约束的图像估计，估计图像为最佳复原图像。满足最优图像复原的频域解决方法由式（10.33）给出。

$$\hat{F}(u,v) = \left[\frac{1}{H(u,v)} \cdot \frac{|H(u,v)|^2}{|H(u,v)|^2 + \gamma |P(u,v)|^2} \right] G(u,v) \tag{10.33}$$

式中，$P(u,v)$ 是四邻域拉普拉斯变换矩阵 $p(x,y)$ 的傅里叶变换矩阵，γ 是一个参数，对不同图像进行调整以满足式（10.27）条件。如同维纳滤波一样，γ 可以通过交互调参方式获

得人眼视觉效果最佳的复原图像，但是由于约束公式的存在，γ 也可以通过数学方法计算得到，一种简便的方法可以通过设置 γ 初值，计算式（10.29）得到复原图像，再比较式（10.27）等号左右两部分，通过比较结果调整 γ 值，从而使式（10.27）成立。虽然有约束最小均方滤波可以通过数学方法精确求解 γ 值，但是仍然不可忽视通过人眼交互方式获得 γ 值的方法，甚至很多时候会感觉数值解方法复原图像的效果不如人眼交互方式，这是因为仅靠单一标量约束无法从人眼对图像的多维感受来指导图像复原。

第11章

图像增强

图像增强的目的是增强其某一方面特征，以更好地适用于特定目的。要充分理解"特定"的含义，这表明不同的应用场景下最优的图像增强往往是不同的，并且，即使增强的目的是使目视解译更容易发现图像中的目标，由于图像来源和特征不同，比如遥感图像中的可见光图像和长波红外图像，图像增强需要的工作也是不一样的。通常来讲，当为视觉解释而处理图像时，观察者的视觉效果往往是终极评判的手段，这是一种高度主观的过程；当为机器感知而处理图像时，总归能以感知结果作为数值评价，得到一个"最优"的增强效果。总之，图像增强的强大魅力在于不断调整增强算法和算法参数，以使在最小代价的条件下获得符合特定应用目的的最佳图像。

11.1 灰度变换增强

灰度变换用于改善图像的灰度分布，在恰当的变换参数支持下，变换后的图像可以具有更好的观察效果，因此灰度变换是图像增强的重要方法之一。

常见的灰度变换方法在 8.1 节中已经讲解，这里不重复其具体细节，仅提出灰度变换增强的概念。

11.2 直方图调整

直方图反映图像中每种灰度出现的频率，设一幅图像的灰度级是$[0, L-1]$，那么每个灰度级上出现的像素个数表示为$n(l), l \in [0, L-1]$，$n(l)$称为图像直方图，得到图像的归一化直方图函数为

$$p(l) = \frac{n(l)}{\sum_{l=0}^{L-1} n(l)}, l \in [0, L-1] \tag{11.1}$$

从统计学角度看，$p(l)$给出了灰度级为l的像素的出现概率，且显然$\sum p(l) = 1$。

直方图直观显示了图像的灰度总体分布情况，是图像增强中的重要参考，从操作域来说，直方图增强也是灰度变换，但通常不把它归类为灰度增强。

11.2.1　直方图均衡化

直方图均衡化的核心是调整灰度级出现的概率分布，使整幅图像在灰度域分布更加均匀，观察效果更好，如图 11-1 所示。

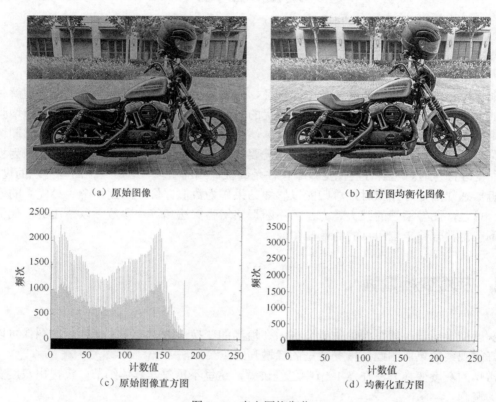

（a）原始图像　　　　　　　　　　（b）直方图均衡化图像

（c）原始图像直方图　　　　　　　　（d）均衡化直方图

图 11-1　直方图均衡化

直方图均衡化一般要求变换函数满足以下两个条件：

① 变换函数在变换区间内为单值且单调递增；

② 变换函数输出范围等于输入范围。

省略分析过程，给定归一化灰度函数（即 0 代表黑色、1 代表白色）为

$$S(l) = \sum_{j=0}^{l} p(j), l \in [0, L-1] \tag{11.2}$$

$S(l)$ 中各项是正数求和项，因此是单调递增的，且各灰度级出现的概率和为 1，因此 $S(l)$ 满足条件①和②。

通过式（11.2）不难知道，给定已知图像时，则其直方图调整完全依赖自身灰度分布特性，因此应用中具有极大的便利性和适应性。

11.2.2　直方图匹配（直方图规定化）

11.2.1 节中已经讨论，直方图均衡化能自动地确定变换函数，产生有均匀直方图分布的输出图像。但是对于有些图像应用场景，均匀分布直方图并不是最佳的输出方案，因此有时希望输出图像具有指定的直方图形状，处理图像所具有的直方图形状，称为直方图匹配或直方图规定化。

从式（11.2）出发讨论直方图匹配的方法。设另有灰度 z 的直方图均衡化结果为

$$S'(z) = \sum_{j=0}^{z} p(j), l \in [0, L-1] \tag{11.3}$$

要求直方图匹配，即满足式（11.4）

$$S(l) = S'(z) \tag{11.4}$$

显然

$$z = S'^{-1}[S(l)] \tag{11.5}$$

式（11.5）即直方图匹配式。

对于实际的离散化图像，函数 $S(l)$ 可通过输入图像精确计算，且 $S'(z)$ 可从待匹配直方图精确计算，但是从 $S'(z)$ 获得 $S'^{-1}[S(l)]$ 往往采用对 z 连续量化使 $S'(z) - S(l)$ 最接近 0 来获得对应查找表，从而进行近似处理。

因此，直方图匹配的操作步骤可总结如下。

① 求出已知图像的直方图。

② 利用式（11.2）获得原始图像到中间图像的灰度映射函数 $S(l)$。

③ 利用式（11.3）从给定的直方图得到变换函数 $S'(z)$。

④ 通过 z 连续量化得到 $S'(z)$ 到 z 的查找表。

⑤ 对原始图像上每个像素进行 $S(l)$ 变换，再利用查找表进行 S'^{-1} 映射，得到直方图匹配后的灰度级 z。

上述过程的①、②步为直方图均衡化的过程，①～⑤步清晰显示了直方图匹配的原理和过程，但是从计算角度来看，在第⑤步中对每个像素映射 2 次是不经济的算法，因此实际执行直方图匹配时，可以通过映射函数 $S(l)$ 级联查找表来获得统一的从 l 到 z 的查找表，再对原始图像进行处理，加快运算速度。

直方图规定化在遥感图像中的典型应用是对多元探测器的非均匀响应进行订正，即以某一元探测器直方图分布为基准，调整其他探测器直方图至该直方图分布。

11.3　图像算术增强

这里讨论的图像算术增强主要是指对两幅及以上图像进行像素级操作的方法，对发生在单幅图像内的算术操作和灰度变换是等价的。

在数学层面，图像算术增强算法是个非常复杂的操作过程，然而复杂的操作过程都可以分解为简单的基本运算，换句话说，任何其他的复杂逻辑运算都可以由图像基本运算通过某种顺序的组合来实现，因此我们只讨论简单的图像算术增强，这里重点讨论减法。

减法的基本功能是提取相对量，两幅图像 $f_1(x,y)$ 与 $f_2(x,y)$ 的差异表示为

$$d(x,y) = f_1(x,y) - f_2(x,y) \qquad (11.6)$$

图像的差异是通过计算这两幅图像所有对应像素的差而得出的，显然 $f_1(x,y)$ 和 $f_2(x,y)$ 越接近，其差越接近 0；$f_1(x,y)$ 和 $f_2(x,y)$ 越远离，其差越远离 0，从而增强两幅图像的差异。

在遥感图像中，图像配准很重要，因为很多定量产品算法需要计算相同位置的亮度差异。在原始图像中，直接依靠肉眼来分析微小的位置差别是不可能的，利用图像减法来强调这种差异则一目了然。

要注意的是，实际中大多数的图像由 8bit 二进制数表示，像素值的大小不会超出 0～255 的范围，彩色图像由 3 个 8bit 二进制数分别表示红、黄、蓝 3 个通道。而差值图像中，像素值的取值最小为−255，最大为 255，显然不符合常规图像模式来显示。处理这一现象也有很多办法，其中线性变换是比较简单直观的办法，具体细节参考 8.1.2 节。

11.4 空间域滤波

在 10.3.1 节中讲过，空间域滤波可以抑制图像噪声，从另外的角度看，经过空间域滤波的图像灰度分布发生了变化，特性有所不同，在某种意义上增强了图像在某个方向上的特征，且随着空间滤波掩模的不同，可以具有很强的增强效果。因此，10.3.1 节只讲解了滤波的概念和流程，在本节统一讲解不同的空间域滤波算法，以便在算法层面有较全面的了解和比较。

11.4.1 均值（平滑）滤波器

第一类滤波器为均值滤波器，从效果上来说可称为平滑滤波器。从字面意思来说，均值意味着中间的、平衡的，也就是消除极端的，因此均值滤波器的效果是使图像平滑，用于模糊处理和减小噪声。

平滑处理经常用于预处理，例如，在提取大的目标之前去除图像中一些琐碎的细节、桥接直线或曲线的缝隙，也可以减小噪声。

1. 算术均值滤波器

算术均值滤波器的输出是包含在滤波掩模邻域内像素的算术平均值，算术均值滤波器是最直观的平滑滤波器。它用滤波掩模确定的邻域内像素的平均灰度值去代替图像每个像素的值，这种处理减小了图像灰度的"尖锐"变化。由于典型的随机噪声由灰度级的尖锐变化组成，因此，常见的平滑处理应用就是减小噪声。然而，由于图像边缘往往是图像灰度迅速变化的区域，所以均值滤波处理会存在不希望看到的边缘模糊的负面效应。

算术均值滤波器的输出公式为

$$\hat{f}(x,y) = \frac{1}{ST}\sum_{ST} g(s,t) \tag{11.7}$$

一个 3×3 的均值掩模如图 11-2 所示，对于一个 $S \times T$ 掩模来说，应该有一个等于 $\dfrac{1}{ST}$ 的归一化常数，只需计算一次就可以了；且更少次数除法的应用，有利于保证计算精度。

图 11-2 中所示的第二种掩模叫作加权均值，指用不同的系数乘以像素值，由于处于掩模中心位置的像素比其他任何像素的权值都要大，因此，在均值计算中给定的这一像素显得更为重要；而距离掩模中心较远的其他像素就显得不太重要。把中心点加强为最高，而随着距中心点距离的增加系数值减小，这是为了减小平滑处理中的模糊度，也可以采取其他权重实现其他的细节。

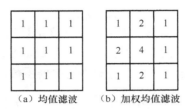

（a）均值滤波　　　（b）加权均值滤波

图 11-2　3×3 的均值掩模

2．几何均值滤波器

几何均值滤波器的输出公式为

$$\hat{f}(x,y) = \left[\prod_{ST} g(s,t)\right]^{\frac{1}{ST}} \tag{11.8}$$

每一个被复原像素由子图像窗口中像素的乘积并自乘到 $\dfrac{1}{ST}$ 次幂给出。

3．修正后的阿尔法均值滤波器

在掩模 ST 邻域内去掉 $g(s,t)$ 的 d 个最高灰度值和 d 个最低灰度值，且用 $g_{-2d}(s,t)$ 表示剩余的（$ST - 2d$）个像素，那么由（$ST - 2d$）个剩余像素的平均值形成的滤波器称为修正后的阿尔法均值滤波器。

$$\hat{f}(x,y) = \frac{1}{ST - 2d}\sum_{ST} g_{-2d}(s,t) \tag{11.9}$$

观察式（11.9），当 $d = 0$ 时，该滤波器退化为算术均值滤波器，当 $ST - 2d = 1$ 时，该滤波器退化为下文将要讲到的中值滤波器，因此阿尔法均值滤波器一般用在需兼顾均值滤波效果和中值滤波效果的图像处理中。

4．谐波均值滤波器

谐波均值滤波器的输出公式为

$$\hat{f}(x,y) = \frac{ST}{\displaystyle\sum_{ST} \frac{1}{g(s,t)}} \tag{11.10}$$

5. 逆谐波均值滤波器

逆谐波均值滤波器的输出公式为

$$\hat{f}(x,y) = \frac{\sum\limits_{ST} g(s,t)^{Q+1}}{\sum\limits_{ST} g(s,t)^{Q}}$$

(11.11)

式中，Q 为滤波器的阶数。当 Q 值为正数时，滤波器消除"胡椒"噪声效果比较好；当 Q 值为负数时，滤波器消除"盐"噪声效果比较好。当 $Q = 0$ 时，逆谐波均值滤波器退化为算术均值滤波器；当 $Q = -1$ 时，逆谐波均值滤波器退化为谐波均值滤波器。

6. 局部自适应滤波器

当处理千变万化的实际图像时，面对不同的图像特性，滤波器和滤波器系数是要有针对性调整的，甚至在同一幅图像的不同位置，图像特性也极有可能不一样，有没有一种滤波器能够自动设置滤波参数以应对变化的图像呢？

参考噪声的统计模型，随机变量最简单的统计度量是均值和方差，均值给出了计算均值的区域中灰度平均值的度量，而方差给出了这个区域的平均对比度的度量。把均值和方差应用于滤波器公式，自动根据均值和方差调整滤波器系数，就构成了局部自适应滤波器。

$$\hat{f}(x,y) = g(x,y) - \frac{\delta_{\eta}^{2}}{\delta_{L}^{2}}\left[g(x,y) - a_{L}\right]$$

(11.12)

式中，δ_{η}^{2} 是图像噪声方差，δ_{L}^{2} 是掩模局部方差，a_{L} 是掩模局部均值。

观察式（11.12），当 $\delta_{\eta}^{2} = 0$ 时，滤波器直接返回 $g(x,y)$ 的值，因为在没有噪声情况下，$g(x,y) = f(x,y)$；当 $\frac{\delta_{\eta}^{2}}{\delta_{L}^{2}} = 1$ 时，滤波器返回掩模局部均值，即退化为均值滤波器；当 δ_{L}^{2} 较大时，滤波器返回 $g(x,y)$，一个典型应用场景就是图像边缘要予以保留。

对于局部自适应滤波器来说，唯一需要知道或者需要估计的量是整幅图像的噪声方差，其他参数可在掩模内通过实时计算得到。

11.4.2 统计排序滤波器

统计排序滤波器是一种非线性的空间滤波器，它的响应基于滤波器掩模内图像中像素的排序，然后由统计排序结果决定的值代替掩模中心像素的值，最常用的统计排序滤波器是中值滤波器。尽管在图像处理中，中值滤波器是用得最广泛的统计排序滤波器，但这并不等于它是唯一的。所谓中值就是一系列像素值的第 50% 个值，理论上可以选择任意第 x% 个像素值作为滤波器输出，但一般来讲，常用的只取最大值（100%）、最小值（0%）和中值（50%）等。

1. 中值滤波器

中值滤波器输出公式为

$$\hat{f}(x,y) = \text{median}\left\{g(s,t) \middle| (s,t) \in ST\right\}$$

(11.13)

中值滤波器的使用非常普遍，对于一定类型的随机噪声，它提供了一种优秀的去噪能力，比小尺寸的线性平滑滤波器的模糊程度明显要低。中值滤波器对处理脉冲噪声（也称为椒盐噪声）非常有效，因为这种噪声是以黑白点叠加在图像上的。

中值滤波器计算时，先将掩模内欲求的像素及其邻域的像素值排序，确定出中值，并将中值赋予该像素，中值滤波器的主要功能是使拥有不同灰度的点看起来更接近它的邻近值。

2．最大值和最小值滤波器

尽管中值滤波器是目前为止图像处理中最常用的一种顺序统计排序滤波器，但它绝不是唯一的，取排序后的序列首个值和末尾值作为滤波器输出，分别得到最大值滤波器和最小值滤波器。

$$\hat{f}(x,y) = \max\left\{g(s,t)\middle|(s,t)\in ST\right\} \tag{11.14}$$

$$\hat{f}(x,y) = \min\left\{g(s,t)\middle|(s,t)\in ST\right\} \tag{11.15}$$

最大值滤波器在发现图像中的最亮点时非常有用，对消除"胡椒"噪声效果也很好，因为"胡椒"噪声是非常低的值；最小值滤波器对发现图像中的最暗点非常有用，也可以用来消除"盐"噪声。

3．中点滤波器

中点滤波器是在掩模内计算像素灰度最大值和最小值之间的中点。

$$\hat{f}(x,y) = \frac{1}{2}\min\left\{g(s,t)\middle|(s,t)\in ST\right\} + \frac{1}{2}\max\left\{g(s,t)\middle|(s,t)\in ST\right\} \tag{11.16}$$

这种滤波器结合了顺序统计和求平均，对于高斯分布和均匀随机分布噪声有较好的效果。

4．自适应中值滤波器

自适应中值滤波器的整体流程如图 11-3 所示，自适应中值滤波器的思路是这样的，首先对掩模 ST 内的图像内容进行统计排序，得到 Z_{max}、Z_{min} 和 Z_{med}，然后通过第一层判定 Z_{med} 是否是区域极值，如果是，则通过调整掩模大小来改变 Z_{med}，直至掩模大小超过预设大小，该循环操作争取令 Z_{med} 不是区域极值；当 Z_{med} 不是区域极值时，再通过第二层判定 $f(x,y)$ 是否是区域极值，如果是则输出滤波结果 Z_{med}，否则直接输出 $f(x,y)$。

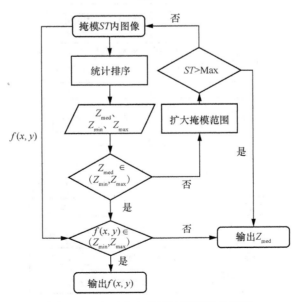

图 11-3　自适应中值滤波器的整体流程

由自适应中值滤波器的流程可知，其核心是对判定为极值（意即该点是噪声的可能性较大）的 $f(x, y)$ 进行处理，而非极值的 $f(x, y)$ 则不进行处理，这样可以保存更多原始图像的细节。算法每输出一个值，掩模 ST 就被移到图像的下一个位置，然后算法重新初始化，在新的像素位置应用。

5. 基于图像序列的中值滤波器

作者团队在研究基于图像序列的超分辨率重建时发现，散粒噪声在图像融合过程中会发生严重的扩散，导致了图像质量的快速下降和信噪比的迅速降低。为了抑制散粒噪声，选用了中值滤波器进行预处理，在实际中发现，基于单帧图像的中值滤波器无法完全滤除严重的散粒噪声，针对这个不足以及在实际工作中处理的是序列图像的特点，设计了基于图像序列的中值滤波器。

基于图像序列的中值滤波器出发点和自适应中值滤波器是一样的，即对判定为噪声点的像素进行滤波，而判定为非噪声点的像素不进行滤波，但是操作空间从单帧图像发展到序列图像。基于同一区域在不同原始图像上的像素灰度值进行中值滤波，而不是依靠同一图像内周围像素的值进行中值滤波，可以充分利用序列图像的先验信息，提高了对散粒噪声的滤波性能。

基于图像序列的中值滤波器的操作过程是首先求出原始图像序列中包含相同目标景物信息的像素的灰度均值，然后计算图像序列中对应像素到该均值的灰度差值，如果原始图像序列中的对应像素到该均值的最大灰度差大于对应像素到该均值的最小灰度差的 3 倍，就认为该原始图像像素受到了噪声污染，如图 11-4 所示。在序列图像融合过程中，没有受到噪声污染的像素并不进行滤波处理——利用该没有受到噪声污染的像素对预估计图像进行灰度修正，而只是对受到噪声污染的像素进行滤波——不利用该受到噪声污染的像素对预估计图像进行修正。在此滤波过程中没有对图像区域进行平滑操作，因此不会降低图像的空间分辨率。

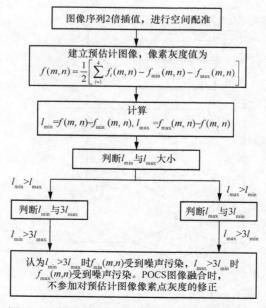

图 11-4　基于图像序列的中值滤波器的操作过程

在利用图像序列进行超分辨率图像融合重建的过程中增加基于图像序列的中值滤波器，会得到基于图像序列的中值滤波器滤波后的图像，如图 11-5 所示，首先通过目视检测图 11-5（e）～（f），无论滤波与否以及采用什么样的滤波方法，超分辨率重建后的图像空间分辨率都得到了提高，但是图 11-5（g）和图 11-5（f）相比，散粒噪声点明显减少，说明了基于图像序列的中值滤波器比基于单帧图像的中值滤波器能够更有效地滤除散粒噪声，而且不会像基于单帧图像的中值滤波器那样引起图像的平滑。

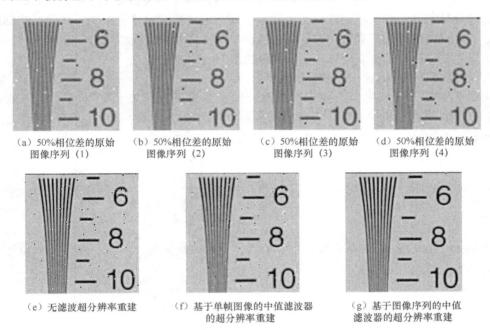

（a）50%相位差的原始　　（b）50%相位差的原始　　（c）50%相位差的原始　　（d）50%相位差的原始
　　图像序列（1）　　　　　　图像序列（2）　　　　　　图像序列（3）　　　　　　图像序列（4）

（e）无滤波超分辨率重建　　（f）基于单帧图像的中值滤波器　　（g）基于图像序列的中值
　　　　　　　　　　　　　　　　的超分辨率重建　　　　　　　滤波器的超分辨率重建

图 11-5　基于图像序列的中值滤波器滤波后的图像

从图 11-5 中可以看到原始图像、融合重建图像、基于单帧图像的中值滤波器滤除噪声的图像和基于图像序列的中值滤波器滤除噪声的图像之间的分辨率对比，以及噪声在图像上给人的直观感觉。无论是从图像的条纹细节判断图像的空间分辨率指标，还是从图像的噪声点多少观察噪声抑制效果，基于图像序列的中值滤波器滤除噪声的图像显示效果都是最好的。

11.4.3　锐化滤波

锐化滤波的主要目的是突出图像中的细节或是增强被模糊了的细节，图像纹理的灰度特征是相邻像素灰度值变化比较大，从数学角度分析，变化率是函数的微分，因此锐化滤波的处理就是对图像进行微分——类似对函数进行微分得到变化率。

根据数学上微分的定义 $\mathrm{d}(x) = \lim\limits_{\Delta x \to 0} \left[f(x + \Delta x) - f(x) \right]$，首先得到图像微分的定义。

图像一阶微分：

$$\frac{\partial f}{\partial x} = f(x+1) - f(x) \tag{11.17}$$

图像一阶微分是两个像素的灰度差值。

图像二阶微分：

$$\frac{\partial^2 f}{\partial x^2} = f(x+1) - f(x) - \left[f(x) - f(x-1) \right] = f(x+1) + f(x-1) - 2f(x) \tag{11.18}$$

图像二阶微分是一阶微分的再次微分。

根据数学上微分的定义可知，函数的微分表示该函数曲线的变化率，那么显然图像内景物的边缘等灰度突变区域的微分值比较大，而平坦区域的微分值较小，从而可知利用图像微分能够增强图像灰度变化大的区域、削弱灰度变化小的区域。

这里主要讨论基于一阶微分和二阶微分的细节锐化滤波器。

1. 梯度算子——图像一阶微分增强

图像在数学上可被视作平面二维矩阵，图像像素被看作关于空间位置 (x,y) 的函数 $f(x,y)$，因此图像的微分实际上是像素灰度对位置的微分，且由于存在 x 和 y 两个方向，所以图像微分需要在两个方向上分别进行，图像一阶微分表示为

$$\nabla \overrightarrow{f(x,y)} = \begin{bmatrix} \text{Grad}\_x \\ \text{Grad}\_y \end{bmatrix} = \begin{bmatrix} \dfrac{\partial f}{\partial x} \\ \dfrac{\partial f}{\partial y} \end{bmatrix} \tag{11.19}$$

式中，Grad_x 和 Grad_y 分别表示 x 和 y 两个方向的微分值，$\nabla \overrightarrow{f(x,y)}$ 是一个向量，它的模为

$$\nabla f(x,y) = \left| \nabla \overrightarrow{f(x,y)} \right| = \sqrt{\left(\frac{\partial f}{\partial x} \right)^2 + \left(\frac{\partial f}{\partial y} \right)^2} \tag{11.20}$$

对于点 (x,y) 来说，Grad_x 和 Grad_y 分别称为 x 和 y 方向上的梯度，而 $\nabla f(x,y)$ 称为"梯度"。

对于图像处理来说，希望用掩模的方式来达到处理的目的，为了推导方便，首先用 zx 来表示掩模中具体位置的系数，因此滤波掩模可表示为图 11-6。

z1	z2	z3
z4	z5	z6
z7	z8	z9

图 11-6　滤波掩模

根据定义式（11.17），分别得到 Grad_x 和 Grad_y 的计算式。

$$\begin{bmatrix} \text{Grad}\_x \\ \text{Grad}\_y \end{bmatrix} = \begin{bmatrix} z8 - z5 \\ z6 - z5 \end{bmatrix} \tag{11.21}$$

对于中心像素 $f(x,y)$ 来说，显然还存在其他方向的微分计算式。

$$\begin{bmatrix} \text{Grad}\_x \\ \text{Grad}\_y \end{bmatrix} = \begin{bmatrix} z9 - z5 \\ z8 - z6 \end{bmatrix} \tag{11.22}$$

式（11.22）是由 Robert 提出的交叉算子，因此简称 Robert 算子。

式（11.21）和式（11.22）中实际参与计算的是 2×2 的掩模，一种 3×3 的一阶微分算子表示为

$$\begin{bmatrix} \text{Grad}\_x \\ \text{Grad}\_y \end{bmatrix} = \begin{bmatrix} z7 + 2z8 + z9 - z1 - 2z2 - z3 \\ z3 + 2z6 + z9 - z1 - 2z4 - z7 \end{bmatrix} \tag{11.23}$$

式（11.23）称为 Sobel 算子，Sobel 算子的掩模如图 11-7 所示。

-1	2	-1
0	0	0
1	2	1

-1	2	-1
0	0	0
1	2	1

图 11-7　Sobel 算子掩模

由式（11.20）可知，梯度计算需要平方和开方，对于规模较大的图像来说，计算开销是不得不考虑的问题，因此也常用式（11.24）来代替式（11.20）进行运算。

$$\nabla f(x,y) = \left| \frac{\partial f}{\partial x} \right| + \left| \frac{\partial f}{\partial y} \right| \tag{11.24}$$

Sobel 算子中中心像素 $f(x,y)$ 的同行、列临近像素权重赋值为 2，是希望通过突出中心点的作用而达到平滑的目的。

尽管梯度向量的分量本身是线性算子，但这一向量的模值显然不是线性的，这是由于用到了平方和开方运算。另外，式（11.17）和式（11.18）中的偏导数并不是旋转不变的，但梯度向量的模值却是各向同性的。尽管从严格意义上来说，这并不正确，但我们一般把梯度矢量的模值称为梯度。为保持惯例，在以下的讨论中将使用这一术语，只有当它们两者会引起混淆时，才对向量和它的模值加以明确区分。

2. 拉普拉斯算子——图像二阶微分增强

参照图像一阶微分定义，可以得到图像的二阶微分算子，也称拉普拉斯算子。

$$\nabla^2 \overrightarrow{f(x,y)} = \begin{bmatrix} \text{Lpls}\_x \\ \text{Lpls}\_y \end{bmatrix} = \frac{\partial^2 f}{\partial x^2} + \frac{\partial^2 f}{\partial y^2} \tag{11.25}$$

采用图 11-6 所示的掩模表示的拉普拉斯算子为

$$\begin{bmatrix} \text{Lpls}\_x \\ \text{Lpls}\_y \end{bmatrix} = \begin{bmatrix} z8 + z2 - 2z5 \\ z6 + z4 - 2z5 \end{bmatrix} \tag{11.26}$$

则图像拉普拉斯算子运算后的模为

$$\nabla^2 f(x,y) = |\text{Lpls}\_x| + |\text{Lpls}\_y| = \\ f(x,y+1) + f(x,y-1) + f(x+1,y) + f(x-1,y) - 4f(x,y) \tag{11.27}$$

用掩模方式表达的拉普拉斯算子如图 11-8（a）所示。

（a）用掩模方式表达的　　　（b）加入对角线方向的
拉普拉斯算子　　　　　　拉普拉斯算子掩模

图 11-8　拉普拉斯算子掩模

对角线方向也可以加入离散拉普拉斯变换的定义中，只需在式（11.26）中添入两项，即两个对角线方向各加一个，每一个新添加项的形式与式（11.26）一样，只是其坐标轴的方向沿着对角线方向，这一新定义的拉普拉斯算子的掩模如图 11-8（b）所示。拉普拉斯算子是一种微分算子，会强调图像中灰度突变的边缘，将原始图像和拉普拉斯图像叠加在一起既能强化图像边缘，又能复原背景信息。

11.5　频率域滤波

通过第 8 章傅里叶变换内容可知，图像在空间域表示和在频率域表示是有严格的数学变换关系的，因此二者是完全等价的，当图像的空间域发生变化（如图像经过 11.4 节的空间域滤波）后，其频率域表示也必然会发生变化，且这样的变化是一一对应的。

从空间频率角度来理解图像，变化快的目标频率高，变化慢的目标频率低，所以可知图像锐利区域（灰度变化快）的傅里叶变换集中在高频区，如图像内景物的边缘和噪声，而图像平滑区域（灰度变化慢）的傅里叶变换对应着频率域的低频区，虽然这样的直观认识不是定量的，然而却指示了设计滤波器的方向。通过低通滤波器的图像与原始图像相比高频被削弱，因此图像上会减少一些快速变化的细节部分，图像整体变得更平滑，而通过高通滤波器的图像在平滑区域中将减少一些灰度级的变化，并突出图像上灰度快速变化区域的灰度级的细节，图像整体变得更锐化。

显然，频率域滤波的前提条件是把空间域图像变换为频率域，傅里叶变换方法已经在第 8 章给出，这里只给出频率域滤波的整体流程。

① 如式（8.23）所示，用 $(-1)^{x+y}$ 乘以输入图像进行变换，以便变换后低频信息出现在图像中心。

② 对①中处理后的图像进行傅里叶变换，得到 $F(u,v)$。

③ 用滤波器函数 $H(u,v)$ 乘以 $F(u,v)$。

④ 对③中的滤波结果进行傅里叶逆变换。

⑤ 取④中逆变换结果的实部。

⑥ 用 $(-1)^{x+y}$ 乘以⑤中的结果。

滤波器 $H(u,v)$ 的作用是使图像频谱按照滤波器规定的形状进行变化，以改变图像频谱，从而改变空间域图像，频率域滤波方便去除空间图像中具有某一频率特征的分量，虽然滤波处理的本意是去除这一频率点上的噪声，但不可避免地，这一频率点上的自然图像也会被同样处理。

用 $f(x, y)$ 表示空间域图像，其傅里叶变换为 $\boldsymbol{F}(u, v)$，代表步骤①中的输入图像，则频率域滤波公式为

$$G(u, v) = \boldsymbol{H}(u, v)\boldsymbol{F}(u, v) \tag{11.28}$$

式（11.28）中的相乘指两个二维矩阵中的对应元素相乘，不涉及其他位置的元素。理论上，当输入图像和滤波器函数都为实函数时，傅里叶逆变换的虚部应该为 0，实际上，由于计算的舍入误差，傅里叶逆变换一般有寄生的虚部成分，当其不大时可以忽略。

11.5.1 平滑（低通）滤波器

通过对空间域图像的直观认识，我们知道图像中景物边缘和其他尖锐变化区域（如噪声）在傅里叶变换后集中在高频部分，因此，平滑（低通）滤波器可以通过衰减傅里叶变换中高频成分来实现图像平滑、噪声抑制的目的。

常见的滤波器有 3 种，即理想滤波器、巴特沃斯滤波器和高斯滤波器，这 3 种滤波器都有低通、高通和带通滤波器，本节介绍低通滤波器。附图 4（a）是半径为 0.2 的理想低通滤波器、1 阶巴特沃斯低通滤波器和高斯低通滤波器的剖面图，这 3 种滤波器随频率变化的"截断"能力有所不同，"截断"能力最强的是理想低通滤波器，有明显的"截断"频率，而巴特沃斯低通滤波器和高斯低通滤波器随频率变化的响应逐渐降低。

巴特沃斯滤波器有个重要参数为滤波器的"阶数"，图 11-9 是 2～10 阶巴特沃斯低通滤波器剖面图，可见巴特沃斯低通滤波器的阶数越高，巴特沃斯低通滤波器越接近理想低通滤波器，巴特沃斯低通滤波器的阶数不同，其"截止"能力逐渐过渡。

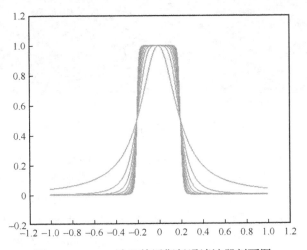

图 11-9 2～10 阶巴特沃斯低通滤波器剖面图

1. 理想低通滤波器

顾名思义，理想滤波器的性能指标是"理想"的，即通为通、止为止，滤波器截止频率内为通带，截止频率外则没有任何信息能够通过滤波器。理想低通滤波器的截断特性使得其是最简单的低通滤波器，能够截断截止频率外的所有高频成分，这些成分处在距变换

原点的距离比指定距离 R 远的位置，理想滤波器函数为

$$H(u,v) = \begin{cases} 1, D(u,v) \leqslant R \\ 0, D(u,v) > R \end{cases} \tag{11.29}$$

式中，R 是指定的非负数值，$D(u,v)$ 是 (u,v) 点到频率原点（傅里叶变换中心）的距离。根据傅里叶变换性质，如果空间域图像的尺寸是 $M \times N$，那傅里叶变换图像也有相同的尺寸，由于变换被中心化了，因此，频率原点的中心在 $(u,v) = (M/2, N/2)$ 处。所以，从点 (u,v) 到频率原点的距离如式（11.30）所示。

$$D(u,v) = \sqrt{\left(u - \frac{M}{2}\right)^2 + \left(v - \frac{N}{2}\right)^2} \tag{11.30}$$

滤波器通带内的频率分量占全部频率的比例为

$$\alpha = 100 \times \frac{\sum\limits_{u \in r} \sum\limits_{v \in r} P(u,v)}{\sum\limits_{u=0}^{M-1} \sum\limits_{v=0}^{N-1} P(u,v)} \tag{11.31}$$

附图 4（b）是理想低通滤波器的三维曲线，从图像上可清晰看出，"理想低通滤波器"是指在截止频率 R 处以内的所有频率都没有衰减地通过滤波器，而在此半径的圆之外的所有频率都完全被衰减掉，如果我们换个角度观察附图 4（b），从对其侧视变成从上向下俯视，并把其对应的时域滤波器也一并画出，则有图 11-10。

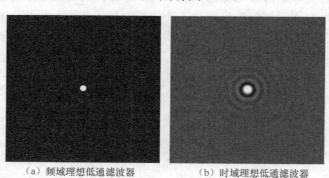

（a）频域理想低通滤波器　　　　　（b）时域理想低通滤波器

图 11-10　理想低通滤波器的频域图和时域图

图 11-10 是理想低通滤波器的频域图和时域图，回顾一下 3.5.2 节中关于 MTF 测试时讲到的内容，方波的傅里叶变换是 sinc 函数，从附图 4 中清晰可见，理想低通滤波器剖面是一个标准的方波，因此其在时域内的形式就是 sinc 函数。图 11-10（b）是二维 sinc 函数，即理想低通滤波器在时域内的形式。频域低通滤波器作用于目标图像即与目标图像相乘，等于空间域低通滤波和目标图像卷积，卷积核函数 $h(x,y)$（低通滤波器的时域形式）与 $f(x,y)$ 的卷积是在每个冲激处复制 $h(x,y)$ 然后在相同位置叠加的结果，$h(x,y)$ 的形式使 $f(x,y)$ 在每个 (x,y) 处能量外溢——这种能量外溢会产生典型的振铃效应，好像铃铛被敲击后产生的振荡波——从而使叠加结果受附近像元影响，此操作解释了为何原始图像通过低通滤波后会变模糊。同时，回顾一下 6.6.2 节中关于傅里叶光谱仪有限光程差和关于去趾的处理，显然，干涉域内有限光程差的作用和低通滤波器的效果是一样的，所以正如图 11-10（b）一样在

光谱图中出现了旁瓣，造成了干扰，导致了光谱分辨率下降。

2. 巴特沃斯低通滤波器

一个 n 阶巴特沃斯低通滤波器（BLPF）的函数为

$$H(u,v) = \frac{1}{1+\left[\dfrac{D(u,v)}{R}\right]^{2n}} \tag{11.32}$$

从图 11-9 及附图 4 可以看出，巴特沃斯低通滤波器在通带和被滤除的频率之间没有明显的截断。对于没有明显截断的滤波器，截止频率定义为 $H(u,v)=0.5$ 处位置上的频率，即该点响应幅度为最大值的一半；从图 11-9 可见，1 阶巴特沃斯滤波器没有振铃效应，但随着滤波器阶数增大，越来越接近理想低通滤波器，显然振铃效应也越来越明显。通常认为，2 阶巴特沃斯低通滤波器是有效的低通滤波和可以接受的振铃特性之间的折中。

3. 高斯低通滤波器

高斯低通滤波器的函数为

$$H(u,v) = e^{-\frac{D^2(u,v)}{2R^2}} \tag{11.33}$$

高斯函数是十分常见且经常应用的数学函数，第 10 章中讨论图像灰度分布时也曾介绍过高斯函数，指出 σ 是样本的标准差，与式（11.33）比较，显然 $R=\sigma$，表示高斯曲线的宽度。高斯低通滤波器用 R 表示截止频率，高斯函数在 1σ 处的归一化响应值大小为 0.607，即高斯低通滤波器在截止频率处的响应下降到最大值处的 607/1000。

高斯低通滤波器的傅里叶变换也是高斯的，这种函数特性意味着高斯低通滤波器不会产生振铃效应。图 11-11 所示是图像低通滤波的实验结果，滤波器分别采用理想低通滤波器、3 阶巴特沃斯低通滤波器和高斯低通滤波器（截止频率=0.15）。

（a）原始图像　　（b）通过理想低通滤波器处理的图像

（c）通过3阶巴特沃斯低通滤波器处理的图像　（d）通过高斯低通滤波器处理的图像

图 11-11　图像低通滤波的实验结果

11.5.2　锐化（高通）滤波器

11.5.1 节已经介绍了通过衰减傅里叶变换的高频成分可以使图像模糊。由于在灰度级的边缘和其他地方的急剧变化与高频成分有关，图像锐化处理能够在频率域用高通滤波处理实现。高通滤波器的目的显然和低通滤波器的目的是相反的，是使高于某一截止频率的频率成分得以保留，因此高通滤波器可以看作低通滤波器的反操作，由式（11.34）得到。

$$H_h(u,v) = 1 - H_l(u,v) \tag{11.34}$$

式中，$H_l(u,v)$ 是 11.5.1 节中讨论的低通滤波器的函数，则 $H_h(u,v)$ 为高通滤波器的函数。

在 11.5.1 节基础上，本节继续介绍理想高通滤波器、巴特沃斯高通滤波器和高斯高通滤波器，如同前文所述，在频率域和时域分别说明这些滤波器的特性。附图 5（a）是半径为 0.2 的理想高通滤波器、1 阶巴特沃斯高通滤波器和高斯高通滤波器剖面图，和低通滤波器一样，这 3 种滤波器随频率变化的"截断"能力有所不同，"截断"能力最强的是理想高通滤波器，有明显的"截断"频率，而巴特沃斯高通滤波器和高斯高通滤波器随频率变化的响应逐渐提升。

同巴特沃斯低通滤波器一样，巴特沃斯高通滤波器也有一个参数称为滤波器"阶数"，图 11-12 是 2～10 阶巴特沃斯高通滤波器剖面图，可见巴特沃斯高通滤波器阶数越高，巴特沃斯高通滤波器越接近理想高通滤波器，不同阶数的巴特沃斯高通滤波器的"截止"能力逐渐过渡。

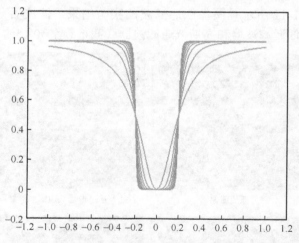

图 11-12　2～10 阶巴特沃斯高通滤波器剖面图

1. 理想高通滤波器

$$H(u,v) = \begin{cases} 0, D(u,v) \leqslant R \\ 1, D(u,v) > R \end{cases} \tag{11.35}$$

式（11.35）是理想高通滤波器的表达形式，可以以式（11.29）为基础，通过式（11.34）得来。由此可见，理想高通滤波器与理想低通滤波器的操作是"取反"的，将在截止频率 R

以内的所有频率置于 0，而截止频率以外的频率毫无衰减。基于 11.5.1 节的分析可知，理想高通滤波器也会引起振铃效应。

2．巴特沃斯高通滤波器

式（11.36）是巴特沃斯高通滤波器的函数，巴特沃斯高通滤波器的函数可以基于巴特沃斯低通滤波器的函数得来，通过附图 5（a）可知，与低通滤波器情况一样，巴特沃斯高通滤波器比理想高通滤波器更平滑。同样巴特沃斯高通滤波器有一个重要的参数"阶数"，巴特沃斯高通滤波器随着阶数变化，从理想高通滤波器逐渐趋向平滑，具体如图 11-12 所示。

$$H(u,v) = \cfrac{1}{1 + \left[\cfrac{R}{D(u,v)}\right]^{2n}} \tag{11.36}$$

3．高斯高通滤波器

$$H(u,v) = 1 - e^{-\frac{D^2(u,v)}{2R^2}} \tag{11.37}$$

高斯高通滤波器的函数如式（11.37）所示，滤波器截止频率为 R。高通滤波器除去了傅里叶变换的零频率成分，这使得被滤波图像的背景的平均强度减小到接近黑色，实际上此时的图像是对被滤波图像进行边缘提取的结果。图 11-13 所示的分别是 $R = 0.3$ 的理想高通滤波器、3 阶巴特沃斯高通滤波器和高斯高通滤波器对原始图像进行滤波的结果，此时得到的是原始图像的边缘信息，由于高通滤波器使图像的零频均值为 0，因此图像中会出现负值，图 11-13 显示时经过了拉伸。

（a）原始图像

（b）通过理想高通滤波器处理的图像

（c）通过3阶巴特沃斯高通滤波器处理的图像

（d）通过高斯高通滤波器处理的图像

图 11-13　图像高通滤波处理

4．高频提升

如果把一定比例的原始图像和高通滤波后的图像叠加在一起，则可以在保持原始图像的基本灰度的同时获得边缘更清晰的图像，这对图像质量是有益的，这种处理叫作高频提升滤波。图 11-14 所示的分别是 $R = 0.3$ 的理想高通滤波器、3 阶巴特沃斯高通滤波器和高斯高通滤波器对原始图像进行滤波后再叠加原始图像的结果（显示时经过拉伸），处理后的图像拥有更锐利的边缘。这一过程可以表示为

$$f_{\text{new}}(x,y) = k_1 \cdot f(x,y) + k_2 \cdot f_h(x,y) \tag{11.38}$$

一般地，高频提升时令 $k_2 = 1$；特别地，令式（11.38）中 $f(x,y) = 1$，则可以强调图像中的高频成分，此时称为高频增强，要求 $k_1 > 0$ 且 $k_2 > k_1$，k_1 典型值为 0.25～0.5，k_2 典型值为 1.5～2。

（a）原始图像

（b）基于理想高通滤波器处理的图像叠加原始图像

（c）基于3阶巴特沃斯高通滤波器处理的图像叠加原始图像

（d）基于高斯高通滤波器处理的图像叠加原始图像

图 11-14　图像高频提升处理

11.5.3　带通/带阻滤波器

带通、带阻滤波器可以使通带上的频率通过，而通带外的频率被削减，参考式（11.34）由低通滤波器得到高通滤波器的方法，得到带通、带阻滤波器的表达式：

$$\boldsymbol{H}_{\text{b}}(u,v) = 1 - \boldsymbol{H}_{\text{h}}(u,v) - \boldsymbol{H}_{\text{l}}(u,v) \tag{11.39}$$

即从全通滤波器中减除高通和低通部分，得到带通、带阻滤波器，下面具体给出理想滤波器、巴特沃斯滤波器和高斯滤波器的带通滤波器形式。

1．理想带通滤波器

只有一个通带的理想带通滤波器的表达式如式（11.40）所示，滤波器在低频部分的响应为 0、在高频部分的响应也为 0，只在一个宽为 W 的带内响应为 1，实现带通滤波的目的。

$$H(u,v) = \begin{cases} 0, & D(u,v) < R - \dfrac{W}{2} \\[2mm] 1, & R - \dfrac{W}{2} \leqslant D(u,v) \leqslant R + \dfrac{W}{2} \\[2mm] 0, & D(u,v) > R + \dfrac{W}{2} \end{cases} \tag{11.40}$$

2．巴特沃斯带通滤波器

一个 n 阶巴特沃斯带通滤波器的计算方法通过式（11.39）化简后得到的表达式为

$$H(u,v) = \dfrac{1}{1 + \left[\dfrac{D^2(u,v) - R^2}{D(u,v)W} \right]^{2n}} \tag{11.41}$$

3．高斯带通滤波器

同理，高斯带通滤波器的表达式为

$$H(u,v) = e^{-\frac{1}{2}\left[\frac{D^2(u,v) - R^2}{D(u,v)W} \right]^2} \tag{11.42}$$

第 12 章

彩色图像融合与重建

人类观察世界，眼中呈现的是五颜六色的景物，回顾 2.1.1 节中关于电磁波的知识，光是不同频率的电磁波，不同波长的光在人眼中形成的颜色是不同的，不同颜色的光相互组合才形成了千变万化的色彩。1666 年，牛顿发现了这样一种现象：当一束太阳光通过一个玻璃棱镜时，从棱镜射出的光束不是白色的，而是由从一端为紫色到另一端为红色的连续彩色谱组成的，彩色谱可分为 7 个宽的区域，分别为紫色、蓝色、青色、绿色、黄色、橙色和红色，并且颜色不是突变的，而是一种颜色连续地平滑过渡到下一种颜色。

从数字图像角度来看，一个 8bit 二进制值域空间的图像，由于其只能表现单一颜色光的图像，因此我们称之为灰度图，它可区分的不同信息为 $2^8 = 256$ 种。而彩色图像由于由 3 种单色光组成，因此需要 3 个 8bit 二进制值来分别表示 3 种单色光，所以其可区分的不同信息为 $2^{24} = 16777216$ 种。与单一的灰度空间相比，彩色空间能够提供更加丰富的细节来展现和区分目标，且人眼对色彩的敏感性要远远高于对灰度的敏感性。有研究表明，人眼可以辨别几千种颜色的色调和亮度，而只能辨别几十种灰度层次，因此对彩色图像进行分析更易于捕捉到感兴趣的信息。回顾 5.4 节对图像导航配准的评价，通过多通道合成的彩色图像，很容易发现图像几何定位与配准的误差。

本章着重讲解彩色图像融合及基于图像序列的超分辨率图像重建等内容。

12.1 彩色图像模型

人眼的锥状细胞是负责彩色视觉的"传感器"，锥状细胞中有 3 个主要的感觉类别，分别对应红、绿和蓝，大约 65%的锥状细胞对红光敏感，33%的锥状细胞对绿光敏感，只有2%的锥状细胞对蓝光敏感。由于人眼的这个特性，被人眼看到的颜色是由红、绿和蓝 3 种颜色组合而成的，这 3 种颜色被称为光的三原色，通常说的 RGB 图像就是指以三原色光组成的彩色图像。

需要注意的是，红、绿、蓝是光的三原色，其由光波波长定义；另外一种三原色是色彩三原色，其定义为减去或者吸收一种光的三原色而反射的或者传输的另外两种光的三原色。

考虑色彩三原色的定义，它和光的三原色定义是互补的。光的三原色符合加法定律，即每一种光的能量相加得到总的光强，因此光的三原色等量相加后得到白色光，即光源的能量越来越强；而色彩三原色相反，它表示从白色光中减去一种光的三原色，那么色彩三原色等量相加时，实际上等于从白色光中减去了 3 种光的三原色，结果是黑色。因为我们是得不到黑光的，但是对于物体来说，黑色表明目标不发射也不反射任何光。用光的三原色和色彩三原色表示的彩色模型分别称为 RGB 模型和 CMYK 模型。

另外一种重要的彩色模型是 HSI 模型，分别代表色调、饱和度和亮度。其中亮度是色彩明亮度的概念；色调是光波混合中与主波长有关的属性，色调表示观察者接收的主要颜色，这样当一个物体是红色、橘黄色、黄色时，是指它的色调；纯谱色是全饱和的，而像粉红色（红加白）和淡紫色（紫加白）是欠饱和的，饱和度与所加白光数量成反比。色调与饱和度一起称为色度，因此，HSI 模型下颜色可用亮度和色度来表征。

综合以上对色彩的定义和描述，彩色模型是坐标系统和子空间的阐述，每种颜色在彩色模型中都由一个确定的点来表示。

需要说明的是，彩色模型的种类有很多，根据具体的应用场合还有其他彩色模型，这里仅用几个与图像处理相关的主要模型来讲述彩色图像的相关知识和处理方法，并且有了本章内容为基础，学习其他模型也会比较容易。

12.1.1　RGB 模型

在 RGB 模型中，构成彩色模型坐标系的是红、绿、蓝 3 种光的三原色，为了方便表示，把三原色取值范围归一化到[0,1]，这样所有颜色在彩色空间中构成了一个颜色立方体，如附图 6 所示，每种颜色都可分解为红、绿、蓝 3 个原色光谱分量，坐标系原点和与其最远的顶点分别是黑色和白色。

RGB 模型基于光的叠加理论，采用 RGB 模型便于定义设备，如目前遥感仪器和显示系统多用 RGB 模型来描述，彩色图像收集（显示）设备分别设置与光的三原色对应的传感器（显示器），通过分量叠加来描述彩色图像。

12.1.2　CMYK 模型

如前文所述，CMYK 模型以色彩三原色为基准，显然 CMYK 模型对彩色打印机和复印机这一类需要在纸上沉积彩色颜料的设备非常友好，因为我们得不到黑色的光，却能看到黑色的物体。

用 CMYK 模型可以方便描述彩色图像如何通过颜色设备打印出来。彩色图像从 RGB 模型转换为 CMYK 模型非常简单，根据色彩三原色的物理定义：减去或者吸收一种光的三原色而反射或者传输另外两种光的三原色，那么转换式为

$$\begin{bmatrix} C \\ M \\ Y \end{bmatrix} = 1 - \begin{bmatrix} R \\ G \\ B \end{bmatrix} \tag{12.1}$$

式中，假设所有的彩色值域范围归一化到[0,1]。

但是 K 在哪里呢？式（12.1）中只出现了 CMY，实际上，采用等量的色彩三原色在理

论上可以产生黑色，但在彩色输出设备中组合得到的并不是纯黑色，而是深灰色，为了得到纯黑色，又加入了第 4 种颜色——黑色，所以称为 CMYK 模型。打印机的色彩输入往往采用 CMYK 模型，通过组合可以打印输出包括黑色在内的丰富彩色图像。

12.1.3　HSI 模型

彩色图像在 RGB 和 CMYK 模型下的转换简单易懂，且 RGB 模型符合人眼对红、绿、蓝三原色敏感的事实，基于光叠加理论使 RGB 模型在发光设备中易于实现，而 CMYK 模型对彩色打印系统是极其友善的。但是科学家通过研究发现，这两种模型都不能很好地描述人眼观察一个彩色物体时的感知方式。

人眼用色调、饱和度和亮度来解释物体的彩色信息，色调是描述纯色的属性（纯黄色、橘黄或红色），饱和度给出纯色被白光稀释的程度，亮度体现了无色强度的概念，而且是描述色彩的关键参数。采用色调、饱和度和亮度作为坐标轴的彩色模型叫作 HSI 模型，其中 H 代表色调，S 代表饱和度，I 代表亮度。由于 HSI 模型比较符合人眼对色彩的感知方式，因此对开发基于彩色描述的图像处理方法是极其友好的。

RGB 模型基于光的叠加理论，物理过程明确，CMYK 模型基于光的相减理论，用 1–RGB 即可得到 CMYK 描述的彩色图像，因此物理过程也是明确的，那么 HSI 模型是如何定义 HSI 分量的呢？和 RGB 模型又是如何联系的呢？

从 HSI 模型的定义出发，I 分量表示色彩的亮度，附图 6 所示的 RGB 颜色立方体中，从坐标系原点到与其最远的顶点连线，此连线上所有的值都是等分量 RGB 的，因此是无色彩的，其值仅表示色彩的亮度，所以 RGB 模型中在此条连线上的值即为色彩的 I 分量。

数学上，直角坐标系坐标轴彼此正交，显然 H 和 S 分量构成的平面垂直于 I 分量连线（即 RGB 颜色立方体原点和对应最远点的连线），每个 I 分量对应的 HS 平面上的所有点具有相同的亮度，H 和 S 分量又定义了色彩在 HS 平面上的位置，从而 H、S 和 I 分量精确确定了一个色彩在颜色立方体中的位置，显然 HSI 模型和 RGB 模型从不同角度描述了同一个颜色空间，因此必有其对应的法则，即两个模型的转换关系。

在 HS 平面上，根据 H 和 S 分量的定义，H 代表色调，S 代表饱和度，颜色立方体的 8 个顶点中，I 分量连线的两个顶点分别是黑色和白色，其余 6 个顶点分别代表红色、绿色、蓝色和深红色、黄色、青色，分别是光的三原色和色彩三原色，根据色彩三原色定义，其是白光减去光的三原色中的一种而剩余的颜色，则显然色彩三原色是另外两种光的三原色相加的颜色，因此色彩三原色又称二次色，而光的三原色称为一次色。一次色和二次色在 HS 平面上呈 60° 角均匀分布，色调即颜色的"朝向"，如绿色调、红色调等，如果把红色定义为 0° 色调（通常但不绝对），那么用 HS 平面的旋转角度就可以准确描述一个颜色的方向，这个角度就是色调分量，即 H 分量，如图 12-1 所示。

又根据定义，S 分量表示该颜色被白光稀释的程度，在 HS 平面上，显然越靠近该平面原点（I 分量连线与 HS 平面的交点），颜色越接近灰色；越远离原点，颜色越"纯"，因此在 H 分量指定的方向上，从原点开始到该方向上的距离为 S 分量，S 越小，色彩越靠近 HS 平面原点，表示色彩被白光稀释得越多；S 越大，色彩越远离 HS 平面原点，表示色彩被白光稀释得越少。

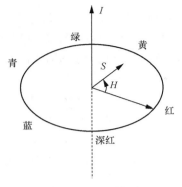

图 12-1　HSI 模型

1. 从 RGB 模型到 HSI 模型的颜色转换

有了前面对物理概念的讨论，这里略去推导过程，直接给出 RGB 模型描述的色彩到 HSI 模型（以红色为 0°色调）描述的色彩的转换式。

$$H = \begin{cases} \theta, & B \leqslant G \\ 360 - \theta, & B > G \end{cases} \tag{12.2}$$

$$S = 1 - \frac{3}{R + G + B}\big[\min(R, G, B)\big] \tag{12.3}$$

$$I = \frac{R + G + B}{3} \tag{12.4}$$

式中，θ 为

$$\theta = \arccos\left\{ \frac{\frac{1}{2}\big[(R - G) + (R - B)\big]}{\big[(R - G)^2 + (R - B)(G - B)\big]^{1/2}} \right\} \tag{12.5}$$

在 RGB 模型下已经将 R、G、B 的值归一化到[0,1]，显然 S 和 I 分量的值域范围也是[0,1]，根据式（12.2）算出的 H 值域范围是[0,360]，为了归一化表示，可将 H 除以 360 归一化到 [0,1]。

2. 从 HSI 模型到 RGB 模型的彩色转换

在[0,1]内给出 H、S、I 值，要在相同的值域找到对应的 R、G、B 值时，可利用式（12.6）～式（12.16）进行转换，转换之前先把 H 乘以 360，这是色调值计算式（12.2）的计算结果范围[0,360]。

注意式（12.3），它不是一个完全精确的计算式，而是一个有条件的选择计算式，S 分量的精确计算式受 R、G、B 分量的关系影响，S 分量由 R、G、B 分量中的最小值决定，那么从 HSI 模型转到 RGB 模型时，S 分量参加的计算式需要针对不同条件分别讨论，需要先在 HSI 模型下判断出 R、G、B 分量的大小，才能明确式（12.3）的精确计算式，而此时 R、G、B 分量尚未得到，不能从数值上直接分辨。

考虑 HS 平面上一次色的分布，光的三原色按照 120°角均匀分布于 HS 平面，那么距离某一原色如蓝色顶点距离相对最远时，显然 B 值是 R、G、B 这 3 个分量中最小的，根据平面几何关系，R、B 分量大小的平分点是绿–深红连线，G、B 分量大小的平分点是青–红连线，显然两条分界线 B 值相对小一侧的公共区域，满足 B 分量最小，同理推知 R、G 分量最小的区域，用 H 分量（角度信息）刚好可以描述平面方位区分，具体如下。

RG 扇区（$0° \leqslant H < 120°$）内，当 H 位于这一扇区时，R、G、B 分量由式（12.6）给出。

$$B = I(1-S) \tag{12.6}$$

$$R = I\left[1 + \frac{S\cos H}{\cos(60° - H)}\right] \tag{12.7}$$

$$G = 3I - (R+B) \tag{12.8}$$

GB 扇区（$120° \leqslant H < 240°$）内，如果给定的 H 值在这一扇区，首先从 H 中减去 $120°$，即

$$H = H - 120° \tag{12.9}$$

然后 R、G、B 分量为

$$R = I(1-S) \tag{12.10}$$

$$G = I\left(1 + \frac{S\cos H}{\cos(60° - H)}\right) \tag{12.11}$$

$$B = 3I - (R+G) \tag{12.12}$$

BR 扇区（$240° \leqslant H < 360°$）内，如果 H 在这一扇区，从 H 中减去 $240°$，即

$$H = H - 240° \tag{12.13}$$

然后 R、G、B 分量为

$$G = I(1-S) \tag{12.14}$$

$$B = I\left(1 + \frac{S\cos H}{\cos(60° - H)}\right) \tag{12.15}$$

$$R = 3I - (G+B) \tag{12.16}$$

12.2 彩色图像融合

彩色图像符合人眼观察自然世界的规律，前文已经提到过，人眼对色彩的敏感度远高于对灰度的敏感度。从图像解译的角度来说，利用色彩表现的目标特性比用灰度表现的目标特性更易于被发现，因此把灰度图像融合生成彩色图像除显示效果更绚丽外，对图像应用也有很强的实际意义。

本节主要讲解由灰度图像在 RGB 域以及 HSI 域融合生成彩色图像的常用方法，其他变换域（如小波变换、主成分分析（PCA）变换等）方法可参考其他资料。

12.2.1 RGB 域彩色图像融合

RGB 模型下，彩色图像由 3 个单色图像组合而成，即每个像素有 3 个值，分别是红、绿、蓝单色强度值，被观察时 3 个通道按照单色光的不同强度组合生成不同色彩值。所以，RGB 域内的彩色图像融合非常简单，把 3 个二维数组组合成一个三维数组就得到了 RGB 域彩色图像。

在本书 5.4.1 节讲解的基于图像的精度检验中已经实现了彩色图像合成，附图 2 就是针

对具体应用的 RGB 域彩色图像合成效果。对于以评价为目的的彩色图像合成，附图 2 的关注重点是合成后的图像中目标的空间配准的精度，此时可以忽略合成后图像的显示习惯问题，如附图 2 合成后出现的橘红色云完全不是考虑的重点。而对于考虑符合人眼观察彩色图像的视觉规律的彩色合成图来说，人眼的 R、G、B 通道对彩色图像合成是方便的，但如果单幅图像的光谱响应和人眼的光谱响应并不相同，那么合成后的彩色图像往往不符合人眼对目标的观察习惯。附图 7（c）是原始观测图像直接合成彩色图像的结果，由于观测图像的波长不是人眼的 R、G、B 响应光谱，合成图像明显不符合人眼对自然景物的观察习惯。

通常，为了使彩色合成图像更符合人眼观测的习惯，根据原始图像波长采取一系列算法来生成接近人眼 R、G、B 响应光谱的图像，再进行彩色图像合成来获得符合人眼观察习惯的彩色图像。

12.2.2 HSI 域彩色图像融合

HSI 域彩色图像融合和 RGB 域彩色图像融合需要指定 R、G、B 分量一样，需要指定图像的 H、S 和 I 分量，由于显示系统一般采用 RGB 模型，因此 HSI 域彩色图像融合往往要转换到 RGB 域进行显示。附图 7 是由可见光图像和红外图像分别在 RGB 域和 HSI 域进行彩色图像融合的效果，HSI 域融合时可见光图像指定为 I（亮度）分量，红外图像指定为 H（色调）分量。在附图 7 实验中，由实际观测图像指定了 H 和 I 分量，而饱和度分量 S 是人为指定的，图中可见，HSI 域彩色图像融合的效果和 RGB 域内直接彩色融合截然不同，它提升了彩色图像合成和应用的效果。在附图 8 实验中，分别指定了不同的饱和度生成彩色图像来观察合成效果，6 幅图从前往后饱和度逐渐变大，分别设置为 0.16、0.32、0.48、0.64、0.80 和 0.96，从中可以清晰观察到不同饱和度对图像合成效果的影响。

12.2.3 色彩映射的彩色图像融合

色彩映射是根据特定的准则对灰度值赋予色彩的处理过程，生成的图像被称为伪彩色图像，伪彩色（或假彩色）一词用于区分真彩色图像处理和为单色图像赋予彩色的处理。伪彩色处理主要是为了目视观察、解释一幅图像或序列图像中的灰度目标。正如在本章开始指明的那样，利用伪彩色的主要动力之一是人类可以辨别上千种颜色和亮度，而只能辨别几十种灰度层次。

1. 灰度分层

灰度分层技术（有时也叫密度分层）和彩色编码是伪彩色图像处理最简单的例子，灰度分层可以描述为把图像灰度分割成若干层，每一层中包含若干个连续灰度值，并且对每一层赋予一个固定的彩色值。一般图像可以用函数 $f(x,y)$ 表示，当 (x,y) 确定时则 $f(x,y)$ 表示位置 (x,y) 上的灰度，当进行灰度分层时，令

$$f(x,y)=c_k, k\in[0,P-1] \tag{12.17}$$

式中，c_k 表示灰度 $f(x,y)$ 被赋予的颜色，P 表示灰度分层的总层数，k 的具体取值由 $f(x,y)$ 的值属于哪一层来决定，对应关系可用图 12-2 来表示，一个具有 S 级灰度的图像被分为 P 层、赋予了 P 种颜色，这样通过灰度分层把一幅灰度图像变换为一幅彩色图像。

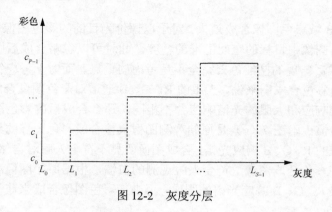

图 12-2 灰度分层

2．灰度变换

所有的伪彩色生成方式都是一种"变换"过程，否则怎么实现显示效果的变化呢？所以申明本节讨论的灰度变换是一种把灰度分别映射到 R、G、B 这 3 种原色的变换过程，与前一节讨论的简单分层技术相比，这种变换更加通用，也更能拓宽伪彩色增强结果的范围。

$$\begin{cases} R(li) = f_r(li) \\ G(li) = f_g(li), li \in [0, L_{S-1}] \\ B(li) = f_b(li) \end{cases} \tag{12.18}$$

式（12.18）显示了一幅灰度图像中的每个灰度都通过 3 个变换函数变成了 3 种不同的灰度，从而使图像上每个像素具备了 R、G、B 这 3 个分量，可以生成一幅彩色图像，灰度变换生成的色彩由变换函数决定，当采用不同的变换函数时，得到的彩色图像是不一样的。本节只讨论灰度变换的概念和方法，基于变换函数的灵活性，灰度变换方法可以产生的伪彩色是多种多样的，然而面向不同的目标图像时，这些方案的效果是大相径庭的，因此在对实际图像采用灰度变换生成伪彩色时，设计变换函数是非常重要的，是获得高质量伪彩色图像的保证。

12.3 彩色图像增强

为了提高彩色图像的显示效果，彩色图像增强往往是图像处理的必要步骤，本节重点讲解彩色图像增强方法。从原理上说，彩色图像处理比灰度图像处理要复杂，通过颜色模型可以看出，彩色图像的每个像素至少有 3 个分量，而灰度图像只有 1 个分量。从图像处理的空间来看，对彩色图像的处理既可以在 RGB 空间进行，也可以在 HSI 空间进行，但一个事实是，色彩分量的处理结果往往不等同于在彩色向量空间的直接处理，对于不同的处理目的，选择合适的处理空间和处理方法是非常重要的。

12.3.1 基于 RGB 模型的彩色图像增强

从彩色图像是由三层灰度图像组成的角度看彩色图像增强，很容易把 11 章中关于图像增强的知识应用到彩色图像增强——把彩色图像的 3 个分量进行分层增强处理，但是要注意，单独的色彩分量处理结果往往不等同于彩色向量空间的直接处理结果。回顾 11.2 节中关于直方图调整的内容，把直方图调整方法在 RGB 域内直接独立应用于彩色图像的 3 个独立分量，很容易把直方图调整在 RGB 域实现直方图均衡化，即对 R、G、B 这 3 个分量分别进行直方图均衡化，采用累积函数使图像的像素灰度均匀化分布，达到提升图像视觉效果的目的。

附图 9（a）是随机挑选的 Himawari-8 高级成像仪（AHI）的三通道合成真彩色图像，具备该类图像的一般性和代表性，成像仪真彩色通道的中心波长分别为 0.47μm、0.51μm 和 0.64μm，目的是拍摄符合人眼习惯的真彩色图像，通过图像直接反映目标事物的特征属性。由于遥感图像固有的能量弱、信噪比低等特点，Himawari-8 的真彩色图像整体偏暗、色彩感不强、目标辨识能力偏低，附图 9（b）是在 RGB 域内进行直方图均衡化增强的图像，图像整体增亮、显示效果有所提高。但是仔细观察发现，附图 9（b）色调偏离了原始图像，原因是对 R、G、B 这 3 个分量分别进行直方图均衡化，各个色彩分量都是按照自己的统计特性进行均衡化，失去了通道间的相对关系，破坏了原有的色调结构。

12.3.2　基于 HSI 模型的彩色图像增强

RGB 域直方图均衡化提升了视觉效果，但色调结构发生了变化，而 HSI 模型是基于色调、亮度和饱和度来描述色彩，如果在 HSI 模型下保证色调分量不变，从理论上分析应该可以有效避免色调偏离这个问题，保留原始图像的色调结构。

1．亮度直方图均衡化增强

附图 9（c）是 HSI 域内进行亮度分量直方图均衡化的结果，观察附图 9（c），图像整体亮度增加，视觉效果增强，陆地、云、海洋明显可以区分，与 RGB 域直方图均衡化相比，保留了原始图像的色彩结构。但是也发现，在图像冷空间区域，原本呈现黑色的冷空目标显示出了色彩，分析这种现象的原因，由于直方图均衡化的灰度映射曲线是概率累积函数，函数特性确保增强图像必然会出现高灰度值目标，所以附图 9（c）在保持图像原有色调特征的前提下整体提高亮度，显示效果增强，但是原始图像的统计特性导致低灰度值目标没有被很好地保持，图像上不同目标的亮度区分不明显。根据附图 9（a）的特点具体分析原因，由于图中存在地球圆盘外的大量黑色背景区域，大量黑色背景的计数值（0）的概率较高，按照直方图均衡化规则，其映射后的 DN′也较大，等于"消灭"了 DN′以下的值域空间，压缩了增强图像的 DN 范围。

而低灰度值目标大量存在是部分空间遥感图像的重要特征，尤其是静止轨道卫星遥感图像中有大量冷空区域图像，针对这一现象，作者团队在处理过程中提出了一种"亮度直方图局部线性化"增强方法。

2．亮度直方图局部线性化增强

针对 RGB 域直方图均衡化和 HSI 域亮度直方图均衡化对附图 9（a）的增强效果不理想的现象，提出基于 HSI 模型的亮度直方图局部线性化图像增强方法，方法流程如图 12-3 所示，与传统直方图均衡化相比，需要确定线性化阈值 T，当原始图像 DN 在阈值以下时采用线性灰度映射曲线，在阈值以上采用直方图均衡化灰度映射曲线，新的映射曲线为

$$N_j = \begin{cases} L, j \leqslant T \\ T_j, j > T \end{cases} \tag{12.19}$$

式中，阈值 T 需要根据具体图像来分析确定，这里采用 $j@\max\{\mu \mid \mu = \nabla[f(m,n) \cdot (L_j + T_j)], j \in [0,1]\}$ 确定线性化阈值 T，∇ 是梯度算符。

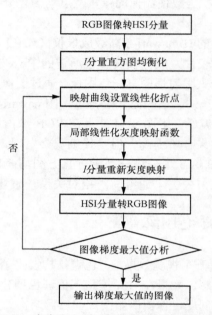

图 12-3　亮度直方图局部线性化图像增强流程

图 12-4 显示了针对附图 9（a）最终确定的直方图局部线性化映射曲线形式，HSI 域处理保证了增强图像和原始图像色调一致，新的灰度映射曲线低端动态范围采用线性函数，提高增强图像对低端动态范围的利用率，陆地、海洋和云层可视效果有效分离，提高可视化效果，图像处理结果如附图 9（d）所示。当 $T = 0$ 时直方图局部线性化图像增强方法转化为传统的直方图均衡化，当 $T = 1$（归一化后）时转化为线性化映射，所以直方图局部线性化图像增强方法是传统的直方图均衡化和线性化增强的灵活应用，兼顾了两种方法的优点。

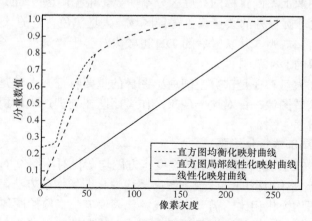

图 12-4　亮度分量增强映射曲线

图 12-5 是附图 9 对应的直方图。其中图 12-5（a）是原始图像的直方图，大部分像素灰度集中在 30～70，整体偏暗；图 12-5（b）是 RGB 域直方图均衡化增强图像的直方图，从灰度分布上看，改变了原始图像的灰度分布特征，且对 R、G、B 这 3 个分量分别进行直方图均衡化，失去了分量之间的相对关系；图 12-5（c）是 HSI 域亮度直方图均衡化增强图像的直方图，由于在 HSI 域内仅对亮度直方图进行均衡化，所以直方图结构和原始图像保持一致，但是累积函数的特点导致当原始图像中存在大量低端动态范围 DN 时，增强图像动态范围有所压缩；图 12-5（d）是亮度直方图局部线性化增强图像的直方图，保持了和原始图像一样的灰度分布特征，还利用了线性化增强扩展了低端灰度动态范围，增强效果最好。

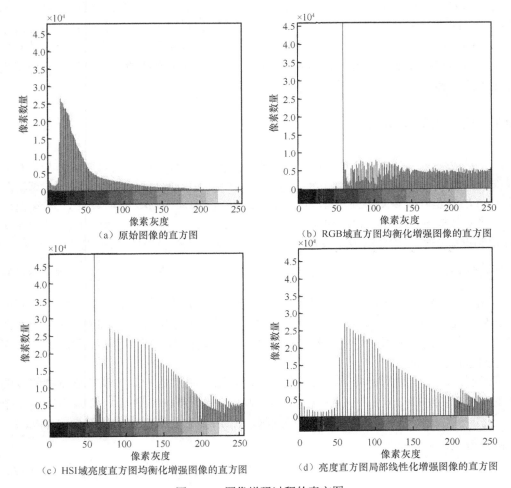

图 12-5　图像增强过程的直方图

当然，第 10 章中提到，提高图像处理效果的核心是采用正确的方法和恰当的参数，二者缺一不可，这需要对图像特征的深刻理解和对处理方法的熟练掌握，亮度直方图局部线性化增强算法主要针对存在大量低端动态范围像素的图像，说明分析具体图像的属性特征，灵活应用、设计图像增强算法并有针对性地调整合适的参数，是获得高质量处理结果的核心。

12.4　基于图像序列的超分辨率重建

第 3 章已经讨论过，光学遥感仪器的基本性能由其结构和参数确定，由此也确定了图像的基本属性，第 10、11 章讨论了针对遥感仪器属性的单帧图像复原和增强。在 3.2 节中分析过，图像传感器敏感元的大小和焦距决定了仪器的瞬时视场的大小，也决定了仪器的空间分辨率指标，通过式（3.23）可以看出，要想提高成像仪器的空间分辨率指标，就要在相同的空间内增加传感器件的敏感元数量，减小瞬时视场，也就是提高对景物的空间采样频率。但在一定技术水平条件下，依靠减少每个敏感元的面积提高传感器件本身的采样率会降低图像信噪比；另有一类工作场景，可以通过仪器获得目标的序列图像，针对包含相同目标的序列图像重建，可以达到提高原始图像空间分辨率的效果，等价于实现了更小瞬时视场的遥感成像仪器。

12.4.1　采样与频谱混叠

从遥感成像原理可知，成像系统对自然景物成像的过程可以视为对连续信号进行采样的过程，在频域角度则可以视作自然景物的频谱通过了低通滤波器。根据采样定理，如果函数 $f(x)$ 的傅里叶变换是截止频率为 Ω 的带限函数，当采样频率 $\omega > 2\Omega$ 时，那么 $f(x)$ 就可唯一地从其样本函数 $f(n)$ 得到准确恢复；如果 $\omega < 2\Omega$，那么 $f(x)$ 就不能从其样本函数 $f(n)$ 得到准确恢复，这在时域里表现为采样粗糙，在频域里表现为频谱混叠。

换句话说，当采样频率 ω 固定时，可以恢复出来的信号最高频率为 $\dfrac{\omega}{2}$，对自然目标进行遥感成像时，针对特定的遥感仪器，总可以把自然目标的频谱视作无限带宽，即其截止频率远高于遥感仪器这个低通滤波器的截止频率，所以频谱混叠不可避免。超分辨率图像重建技术从频域角度来看，就是从混叠的频谱中获得截止频率更高的无混叠频谱，然而该如何达到这样的效果呢？

首先假定这样一种工作场景，某一景物的理想连续图像是 $f(x)$，获取该景物的 p 幅欠采样图像 $g_k(n)$，其中 $k = 0,1,\cdots,p-1; n = 0,1,\cdots,N-1$，即获得 p 幅图像、每幅图像为 N 个采样点，规定 p 幅欠采样图像遵循如下采样规则，$g_k(n)$ 按照等间隔由连续图像 $f(x)$ 从 $x = \delta_k$ 处采样获得且仅存在平移，则

$$g_k(n) = f(nT + \delta_k) \tag{12.20}$$

对自然景物成像时，可视为采用周期性冲激响应函数对连续函数进行采样，从信号采样角度看，式（12.20）可以表示为

$$g_k(n) = f(x + \delta_k) \cdot \sum_{n=-\infty}^{\infty} \delta(x - nT) \tag{12.21}$$

式中，δ 表示冲激响应函数。两个函数相乘后进行傅里叶变换，等于对每个函数进行傅里叶变换再进行卷积，将式（12.21）进行傅里叶变换得到

$$G_k(\mathrm{j}\omega) = \frac{1}{2\pi}\left[X_K(\mathrm{j}\omega)*P(\mathrm{j}\omega)\right] \tag{12.22}$$

式中，$G_k(\mathrm{j}\omega)$、$X_k(\mathrm{j}\omega)$、$P(\mathrm{j}\omega)$ 分别是 $g_k(n)$、$f(x+\delta_k)$、$\sum\limits_{n=-\infty}^{\infty}\delta(x-nT)$ 的傅里叶变换，

*表示卷积。由冲激响应函数的傅里叶变换性质可知 $P(\mathrm{j}\omega) = \dfrac{2\pi}{T}\sum\limits_{m=-\infty}^{\infty}\delta\left(\omega-\dfrac{2\pi m}{T}\right)$，所以

式（12.22）可表示为

$$G_k(\mathrm{j}\omega) = \frac{1}{T}\left[X_K(\mathrm{j}\omega)*\sum_{m=-\infty}^{\infty}\delta\left(\omega-\frac{2\pi m}{T}\right)\right] \tag{12.23}$$

另有性质，信号与单位冲激响应函数的卷积就是该信号的平移，所以式（12.23）可改

写为

$$G_k(\mathrm{j}\omega) = \frac{1}{T}\sum_{m=-\infty}^{\infty}X_K\left[\mathrm{j}\left(\omega-\frac{2\pi m}{T}\right)\right] \tag{12.24}$$

由于 $X_K(\mathrm{j}\omega)$ 的原函数是 $f(x+\delta_k)$，根据傅里叶变换时移性质，有 $X_K(\mathrm{j}\omega) = \mathrm{e}^{\mathrm{j}2\pi\delta_k\omega}X(\mathrm{j}\omega)$，其中 $X(\mathrm{j}\omega)$ 是 $f(x)$ 的傅里叶变换，所以有

$$G_k(\mathrm{j}\omega) = \frac{1}{T}\sum_{m=-\infty}^{\infty}\mathrm{e}^{\mathrm{j}2\pi\delta_k\left(\omega-\frac{2\pi m}{T}\right)}X\left(\omega-\frac{2\pi m}{T}\right) \tag{12.25}$$

采用矩阵形式表示为

$$\begin{bmatrix} G_0(\mathrm{j}\omega) \\ G_1(\mathrm{j}\omega) \\ \vdots \\ G_{p-1}(\mathrm{j}\omega) \end{bmatrix} = \frac{1}{T}\begin{bmatrix} \phi_{00} & \phi_{01} & \cdots & \phi_{02L-1} \\ \phi_{10} & \phi_{11} & \cdots & \phi_{12L-1} \\ \vdots & \vdots & \vdots & \vdots \\ \phi_{p-10} & \phi_{p-11} & \cdots & \phi_{p-12L-1} \end{bmatrix}\cdot\begin{bmatrix} X\left[\mathrm{j}\left(\omega-\dfrac{2\pi\cdot 0}{T}\right)\right] \\ X\left[\mathrm{j}\left(\omega-\dfrac{2\pi\cdot 1}{T}\right)\right] \\ \vdots \\ X\left[\mathrm{j}\left(\omega-\dfrac{2\pi\cdot(2L-1)}{T}\right)\right] \end{bmatrix} \tag{12.26}$$

式中，$\phi_{km} = \mathrm{e}^{\mathrm{j}2\pi\delta_k\left(\omega-\frac{2\pi m}{T}\right)}$。

对于式（12.26），当 $2L < p$ 时，可以求出 $X(\mathrm{j}\omega)$ 上的 $2L$ 个采样值，对所有 N 个频率点进行计算，可一共求解得到 $2LN$ 个 $X(\mathrm{j}\omega)$ 上的采样值。

离散傅里叶变换有如下性质，对于时域有限信号 $x(t), t\in[0,T_0]$，如果按照间隔 T 进行

采样、样本数为 N，则其在频率域的离散频谱分辨率为 $W = \dfrac{1}{NT}$，其离散频谱为

$X\left(\dfrac{2\pi m}{NT}\right), m = 0,1,\cdots,N-1$；若频率域间隔为 $W = \dfrac{1}{NT}$，每个周期有 N 个样本

$X(0), X(W), \cdots, X[(N-1)W]$ 的频率域周期信号，则可以恢复出时间间隔为 $T = \dfrac{1}{NW}$ 的时间

域样本信号频率域周期信号 $x(nT), n = 0,1,\cdots,N-1$。

根据以上性质,得到 $X(j\omega)$ 上的 $2LN$ 个样本值就可以估出 $f(x)$ 在时间域采样后周期长度为 NT 内的 $2LN$ 个样本值,因此,时间域内的采样间隔变为 $\dfrac{NT}{2LN} = \dfrac{T}{2L}$,即分辨率提高 $2L$ 倍。这说明通过图像融合可以改变图像的空间分辨率,达到提高采样频率的目的,等价于提高遥感仪器的空间分辨率。

12.4.2　超分辨率重建算法

超分辨率重建算法是超分辨率图像重建技术的重要组成部分,因为过采样探测提供了丰富的原始图像信息,但是这些信息并不适合人眼的直接观察,要把这些信息通过图像超分辨率重建算法处理成适合观察的空间图像信息,而算法的选择与改进直接影响图像重建的质量。

从序列图像中生成一幅高分辨率图像,参照图像复原和图像增强两章的内容,其算法有频率域超分辨率重建算法和空间域超分辨率重建算法。

频率域超分辨率重建算法是指通过在频率域消除频谱混叠而提高图像空间分辨率的方法,由于图像的细节靠高频信息来表现,而通过消除频谱混叠可以获得更多的被淹没掉的高频信息,从而增加图像的细节,提高图像空间分辨率。在频率域中采用的算法一般有消混叠方法、递归最小二乘法和多通道采样定理的方法等,频率域超分辨率图像重建算法流程如图 12-6 所示。

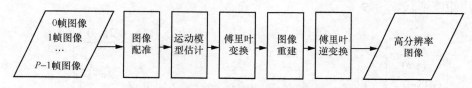

图 12-6　频率域超分辨率图像重建算法流程

在频率域中由多帧低分辨率(LR)图像重建生成一幅高分辨率(HR)图像,都需要经过上面这 5 步,其中图像配准和运动模型估计的精度越高,图像重建的效果就越好。

空间域超分辨率重建算法是指在图像像素的尺度上,通过对图像像素灰度值的变换、约束进而提高图像空间分辨率的方法。由于各种噪声的影响和光学系统点扩散函数的作用,采集到的每个像素都无法真实地再现景物信息,虽然每个像素都依赖于真实的景物信息,但还是不可避免地存在误差。如果能够对产生的误差进行修正,令其趋向 0,那么就可以有效地增加每个像素的灰度准确度,从而提高图像空间分辨率。空间域超分辨率图像重建算法流程如图 12-7 所示。

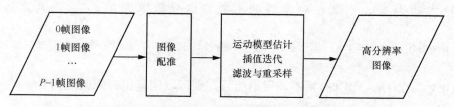

图 12-7　空间域超分辨率图像重建算法流程

从图 12-7 所示的步骤可以看出，在空间域进行超分辨率图像重建时，将复杂的运动模型与相应的插值迭代及滤波重采样放在一起作为图像重建的全部内容，这样更符合图像退化的复杂过程。在空间域中采用的方法主要包括集合理论复原（凸集投影）法、统计复原（最大后验概率估计和最大似然估计）法以及非均匀空域样本内插法和迭代反投影法等。

频率域超分辨率重建算法和空间域超分辨率重建算法各有优缺点，其特点见表 12-1。

表 12-1　频率域和空间域超分辨率重建算法特点

频率域超分辨率重建算法特点	空间域超分辨率重建算法特点
思路清晰，机理直观	机理不如频率域方法直观
算法简单，数据量大	算法复杂，数据量较小
不能灵活采用空域中的退化模型	可以灵活采用空域中的退化模型
很难包含各种先验知识	可以包含图像的先验知识

表 12-1 对频率域超分辨率重建算法和空间域超分辨率重建算法的特点做了总结比较，可以看出，频率域超分辨率重建算法重在原理的阐述和再现，而空间域超分辨率重建算法重在灵活地计算，实际图像处理中使用较多的是空间域超分辨率重建算法，近些年，基于人工智能的超分辨率图像重建受到越来越多的重视，也取得了很好的效果。

传统的基于图像序列的超分辨率算法资料已经很多，本书不再讲述具体的算法流程，有兴趣的读者可参考相关资料，这是比较容易获得的。作者团队基于 POCS 法对实拍的分辨率鉴别板图像进行了超分辨率重建，具体如图 12-8 所示，展示了超分辨率重建算法的效果。

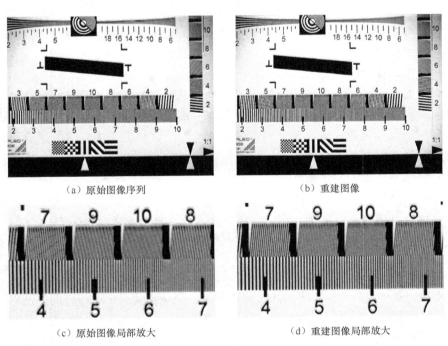

（a）原始图像序列　　　　　　　　　　（b）重建图像

（c）原始图像局部放大　　　　　　　　（d）重建图像局部放大

图 12-8　超分辨率图像重建

12.5 超分辨率遥感

图像序列包含的信息比单一图像包含的信息要多，这是实现基于图像序列的超分辨率重建的必要条件，那么如何从工程应用的角度设计遥感仪器来实现超分辨率重建呢？根据12.4.1 节的理论分析，并参考式（3.23）关于 MTF 的讨论可知，在一个瞬时视场内均匀间隔的空间采样序列（过采样）是工程应用超分辨率重建技术的具体实现——这和图像序列数据集是等价的。下面介绍几种实际的遥感图像超分辨率重建。

12.5.1 SPOT5 卫星图像超分辨率重建

法国的 SPOT5 卫星采用了图 12-9 所示结构的双线阵 CCD 探测器，该探测器由法国 THOMONS 公司研制，相较于传统单线阵探测器，双线阵 CCD 探测器在同一焦平面上封装有两条 CCD，这两条 CCD 在线阵方向错位 1/2 个像元，因此结合卫星飞行推扫成像后，两条 CCD 所成图像具有 50%相位差。

图 12-9　双线阵 CCD 探测器

一般线阵探测器遥感仪器工作时都是推扫成像，鉴于推扫成像的灵活性，双线阵探测器有以下 3 种工作模式。

（1）传统工作模式

虽然采用像元错位排列的成像仪排列了双列甚至更多的图像传感器，但是可以利用电路曝光来控制其单列工作，其他列属于闲置状态——可以作为备份器件，那么工作的图像传感器得到的图像和普通成像仪得到的图像是一样的。这种工作模式的数据量和传统单线阵方式成像的遥感仪器是一样的。

（2）采样频率不变的工作模式

双线阵探测器如果按照单线阵探测器的常规积分时间来获取图像，就可以保证每列传感器都能够按照普通成像方式来工作，工作模式如图 12-10（a）所示。对每一列传感器来说，工作模式没有变化，该工作模式获得了双幅传统工作模式下的图像，所以数据量增加了一倍。

（3）采样频率加倍的工作模式

双线阵探测器在线阵方向等于增加了采样频率，但是在垂直于线阵方向并没有增加采样频率，因此可以通过电子学控制增加垂直于线阵方向的采样频率，工作模式如图 12-10（b）所示，这种工作模式提高了采样频率，在线阵方向和垂直于线阵方向的采样频率都提高了一倍，所以这种工作模式下的数据量为单线阵传统工作模式的 4 倍。

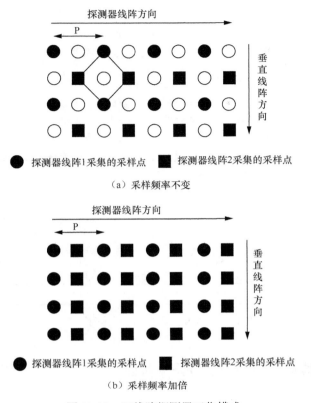

● 探测器线阵1采集的采样点 ■ 探测器线阵2采集的采样点

（a）采样频率不变

● 探测器线阵1采集的采样点 ■ 探测器线阵2采集的采样点

（b）采样频率加倍

图 12-10 双线阵探测器工作模式

据报道，SPOT5 卫星上的高分辨率几何成像装置（HRG）采用了图 12-9 所示的双线阵探测器后，从获得的 5m 空间分辨率原始图像序列中重建得到了 2.5～3m 空间分辨率图像。

12.5.2 MSG 卫星图像超分辨率重建

人眼观察一幅图像，通常是以"行"和"列"为基准的，图像显示时"行"和"列"是对齐的，因此图像获取往往是以人类观察图像的习惯，在行和列两个方向上对齐排列传感器敏感元的，这样的排列方式为图像获取和图像处理带来了方便，但是值得思考的是，有没有其他形式排列的探测器来达到别样的成像效果呢？

图 12-11 所示的是欧空局的第二代静止气象卫星 MSG 采用的菱形排列探测器。探测器采用菱形排列以后，减小了行与行、列与列之间的距离，增加了在水平和垂直轴两个方向的采样频率，形成了原始图像数据的过采样探测特征。根据探测器大小和仪器焦距设计，MSG 卫星原始数据红外通道空间分辨率为 4.8km，可见光通道空间分辨率为 1.6km。采用菱形排列的探测器采集到的像素数据不能完美地配准成纵横点阵形式，因此要对菱形排列的探测器采集到的数据进行超分辨率处理，最终 MSG 获得了行列方向都是 3km 空间分辨率的红外图像和 1km 空间分辨率的可见光图像，数据空间分辨率得到了有效提升。正是由于增加了超分辨率重建的处理步骤，一般用户获取到的 MSG 数据标识为 1.5 级。

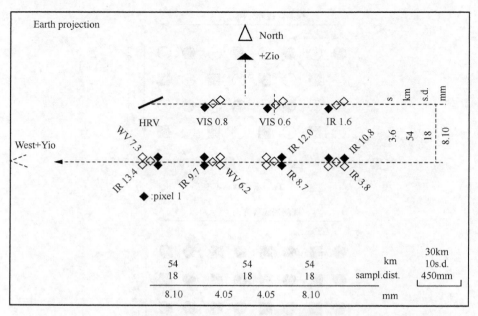

图 12-11　MSG 卫星的菱形排列探测器

12.5.3　FY-3 微波成像仪图像超分辨率重建

我国第二代极轨气象卫星风云三号（FY-3）搭载了微波成像仪（MWRI），极大地提高了我国在微波遥感领域的观测能力，能够全天时、全天候监测云雨大气的垂直分布，得到降雨云台的结构特征，在台风监测、数值天气预报系统中作用明显。FY-3/MWRI 在 5 个频点工作，分别为 10.65GHz、18.7GHz、23.8GHz、36.5GHz、89GHz，地面足迹如图 12-12 所示。

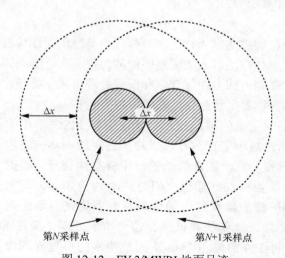

图 12-12　FY-3/MWRI 地面足迹

根据设计，MWRI 各频点采用同一天线，但是频点不同导致不同通道的地面足迹大小不同，图 12-12 中相切的实线小圆是 89GHz 相邻采样足迹，虚线大圆是 10.6GHz 相邻采样足迹，采样足迹在空间上是过采样的，带来的信息冗余是超分辨率图像重建的基础。作者团队在研究中设计的超分辨率图像重建整体流程如图 12-13 所示，以结合卫星遥感实际过程来实现超分辨率图像重建。

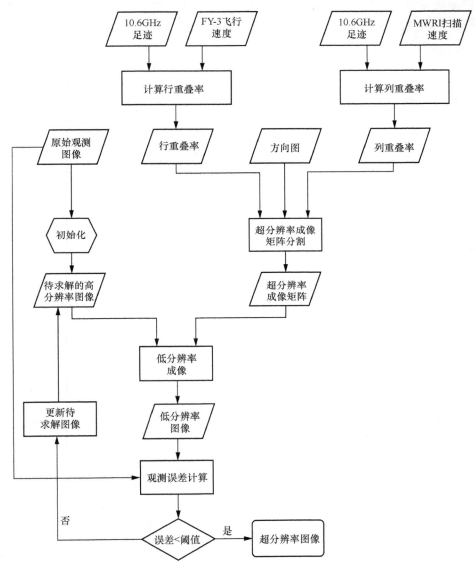

图 12-13　FY-3/MWRI 图像超分辨率重建整体流程

　　首先根据飞行速度、扫描速度和 10.6GHz 地面足迹大小分别计算出行方向和列方向的重叠率，在行方向，卫星的速度为 V，飞行高度是 H，考虑其对地面成像矩阵和信息重叠率的影响，将其转换为地速 $V1=V\cdot\cos\theta$，其中 θ 是卫星速度方向的俯仰角，由此确定了卫星运动方向的信息重叠率；同时，MWRI 扫描镜扫描角速度决定了穿轨方向的信息重叠率。流程中代入 FY-3 各项参数可以得到行和列方向的重叠率，行和列重叠率的倒数为各自方向上的相位差，然后根据相位差对天线方向图进行分割得到超分辨率成像矩阵。

　　重建选用 POCS 法，利用超分辨率成像矩阵对待求解的高分辨率图像（初值可由实际观测的低分辨率图像插值得到）进行重采样，得到符合真实观测条件的低分辨率图像，再用重采样图像减去实际观测图像求出待求解高分辨率图像的误差，再通过误差反传修正待求解高分辨率图像，不断迭代得到理想的超分辨率图像。

（a）QuickBird 0.6m空间分辨率彩色合成图像

（b）高分卫星2m空间分辨率彩色合成图像

（c）Landsat8 30m空间分辨率灰度图像

（d）FY-4A 1000m空间分辨率灰度图像

附图 1　不同性能参数的遥感图像

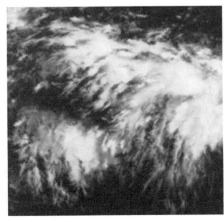

（a）FY-4A/AGRI的10.3~11.3μm图像

（b）FY-4A/AGRI三通道图像的11.5~12.5μm图像

附图 2　彩色图像合成评价配准精度

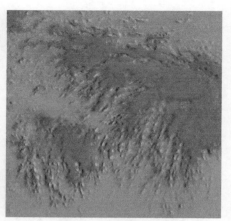

（c）FY-4A/AGRI三通道图像的13.2~13.8μm图像 　　　　　　（d）三通道彩色合成图

附图 2　彩色图像合成评价配准精度（续）

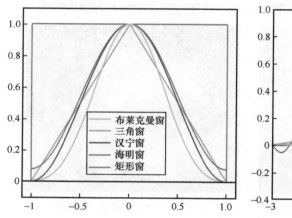

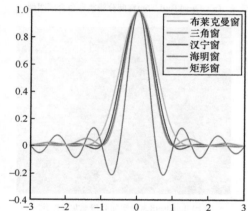

附图 3　干涉域去趾函数和光谱域去趾函数

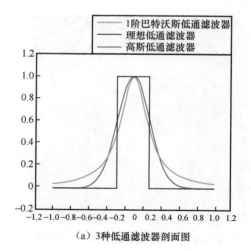

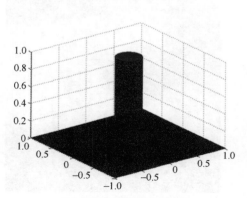

（a）3种低通滤波器剖面图 　　　　　　　　（b）理想低通滤波器三维曲线

附图 4　低通滤波器

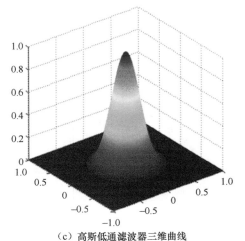

（c）高斯低通滤波器三维曲线　　　　　　（d）1阶巴特沃斯低通滤波器三维曲线

附图4　低通滤波器（续）

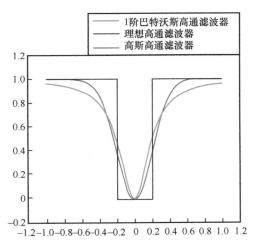

（a）3种高通滤波器剖面图

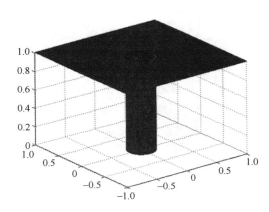

（b）理想高通滤波器三维曲线

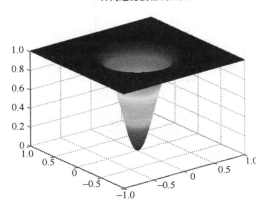

（c）高斯高通滤波器三维曲线

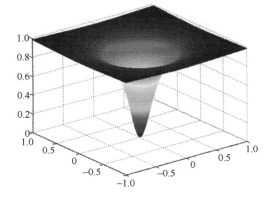

（d）1阶巴特沃斯高通滤波器三维曲线

附图5　高通滤波器

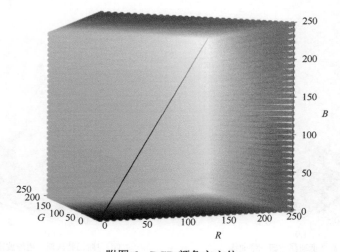

附图 6　RGB 颜色立方体

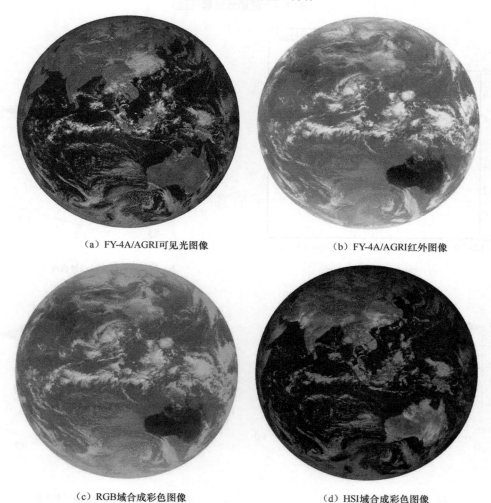

（a）FY-4A/AGRI可见光图像　　　　　　　（b）FY-4A/AGRI红外图像

（c）RGB域合成彩色图像　　　　　　　（d）HSI域合成彩色图像

附图 7　彩色图像融合

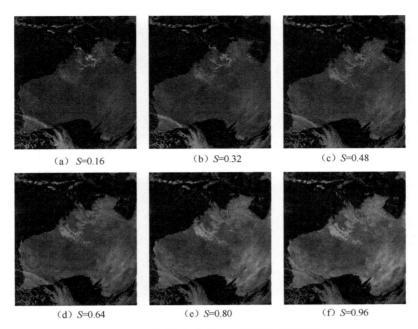

（a）S=0.16　　　　　　（b）S=0.32　　　　　　（c）S=0.48

（d）S=0.64　　　　　　（e）S=0.80　　　　　　（f）S=0.96

附图 8　不同饱和度的 HSI 域彩色图像融合

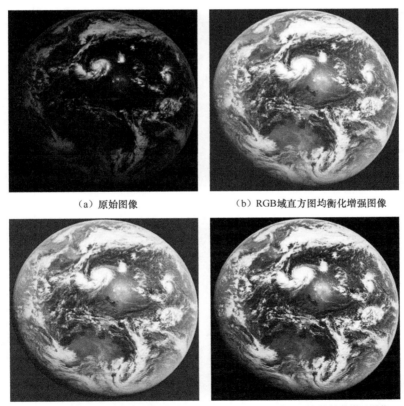

（a）原始图像　　　　　　　　　（b）RGB域直方图均衡化增强图像

（c）HSI域亮度直方图均衡化增强图像　　（d）亮度直方图局部线性化增强图像

附图 9　彩色图像增强